Live2D基础入门教程

二维动态人物制作

[日]乃树坂串绪 著
刘 丹 陆德炜 译

人民邮电出版社
北京

图书在版编目（CIP）数据

Live2D基础入门教程 ： 二维动态人物制作 / （日）
乃树坂串绪著 ； 刘丹， 陆德炜译. -- 北京 ： 人民邮电
出版社， 2024.6
ISBN 978-7-115-62952-4

Ⅰ. ①L… Ⅱ. ①乃… ②刘… ③陆… Ⅲ. ①动画制
作软件—教材 Ⅳ. ①TP391.414

中国国家版本馆CIP数据核字(2023)第207537号

Author : Kushio Nogisaka

Edit/ Layout Design: linkup inc.

Cooperation: Live2D Inc.

Cover Design: Masatoshi Sakai (Tokyo Ad Designers Inc.)

Editor：Hitoshi Mitomi (BNN, Inc.）

内 容 提 要

是不是想让静态的二次元插画动起来？是不是想制作虚拟主播却不会使用 3D 动画软件？没关系，不需要使用复杂的 3D 软件进行建模和渲染，这些愿望都可以通过 Live2D 来实现！而且还能保留原有插画的风格。

本书是 Live2D 的基础入门教程。全书共 4 章：第 1 章是认识 Live2D，介绍 Live2D 中部件拆分、变形器的使用等基础知识；第 2 章是绘制虚拟主播，介绍如何细化人物设计、描线、上色等，为制作 Live2D 模型打下基础；第 3 章是制作 Live2D 模型，用案例介绍如何对一个设计好的虚拟主播进行建模，为眼睛、头发、嘴唇等部件创建图形网格并添加参数和动作；第 4 章是实现让人物动起来，介绍为 Live2D 模型设置物理模拟、配合动作捕捉软件进行直播的方法和技巧等。本书还附赠了范例电子文件（可根据书内提示下载），方便读者学习和使用。

快来用 Live2D 让插画人物动起来！

◆ 著　　　　[日] 乃树坂串绪
　译　　　　刘 丹 陆德炜
　责任编辑　邹 源
　责任印制　周昇亮

◆ 人民邮电出版社出版发行　　北京市丰台区成寿寺路 11 号
　邮编　100164　　电子邮件　315@ptpress.com.cn
　网址　https://www.ptpress.com.cn
　北京九天鸿程印刷有限责任公司印刷

◆ 开本：787×1092　1/16
　印张：11.5　　　　2024 年 6 月第 1 版
　字数：294 千字　　2024 年 6 月北京第 1 次印刷

著作权合同登记号　图字：01-2022-0989 号

定价：99.80 元

读者服务热线：(010)81055296　印装质量热线：(010)81055316
反盗版热线：(010)81055315
广告经营许可证：京东市监广登字 20170147 号

前言

首先，感谢您购买此书。我是从事插画制作、Live2D设计与制作等工作的插画家乃树坂串绪。

本书详细讲解了Live2D Cubism的多种功能和相关知识，希望每个人都能制作出Live2D虚拟形象所用的模型（以下称为Live2D模型）。

如今，越来越多的人热衷在YouTube等媒体平台上制作虚拟形象，因此，人们对Live2D的需求与日俱增。我知道可能许多人虽然想试着接触Live2D，但觉得其门槛很高。

确实，若没有掌握相关知识，就会觉得Live2D很难。但从另外一个角度，这也意味着可发挥的自由空间很大，可实现许多效果。

我会在本书中对自己想做的事进行详细解说，以增加大家制作Live2D模型的兴趣，使大家能够更加快乐地接触Live2D并掌握相关技巧。

我将本书定位为 Live2D入门书，从介绍Live2D软件开始，循序渐进，通过操作步骤让读者加深理解，最终目标是让读者能使自己的插画动起来。

若您想让自己绘制的2D数字插画动起来并公开发布，请一定要抓住这个机会。我相信新世界的大门一定会向您打开。若此书能帮助到想挑战Live2D建模的人，我会感到十分荣幸。

2021年3月

乃树坂串绪

本书的使用方法

How to use

▶各节序号和标题

以标题的形式表示各节的序号和内容。

▶各节的内容和要点

总结各节的内容和要点。

▶解说

对功能和步骤进行解说。

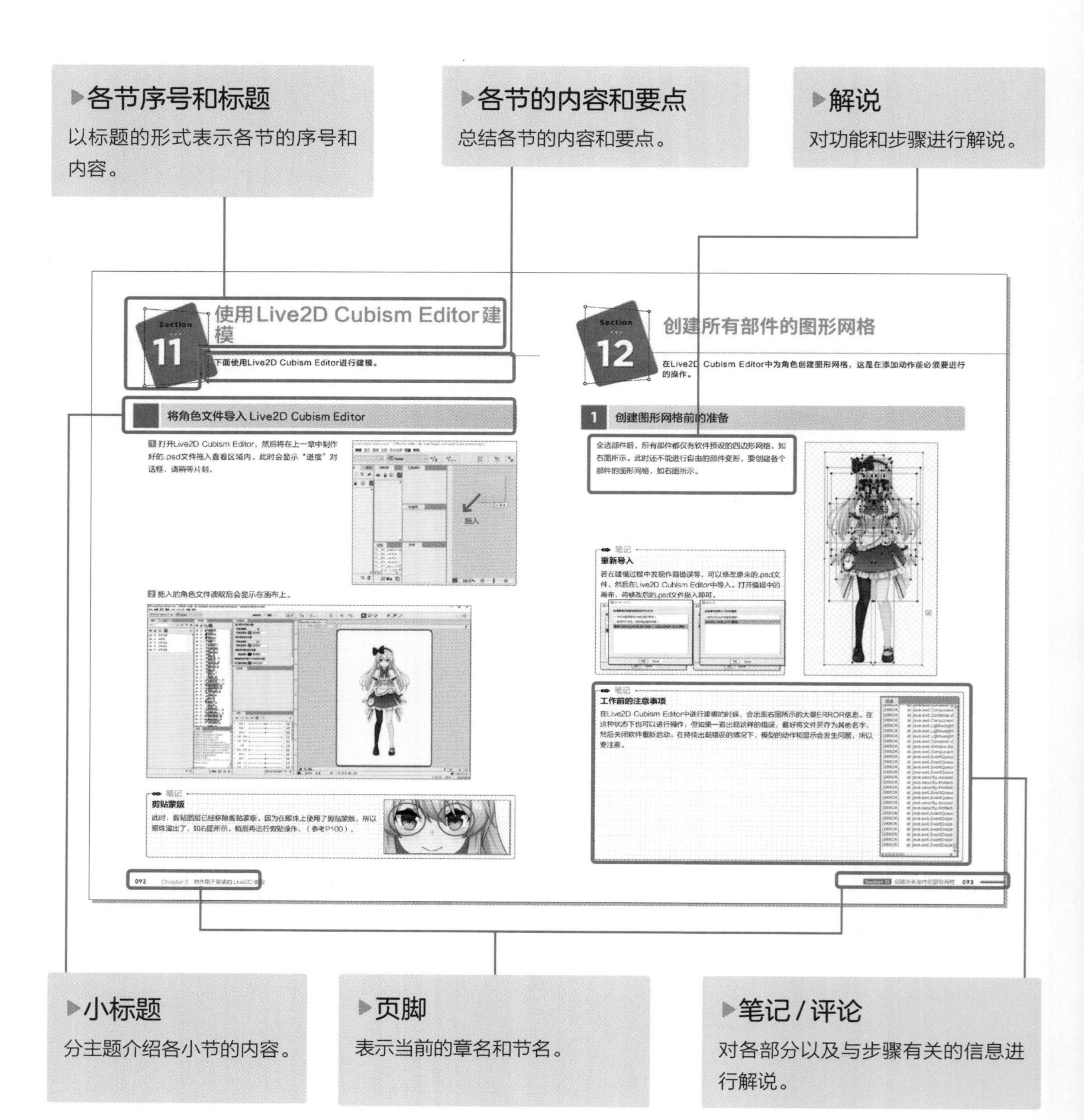

▶小标题

分主题介绍各小节的内容。

▶页脚

表示当前的章名和节名。

▶笔记/评论

对各部分以及与步骤有关的信息进行解说。

本书是以使用Live2D软件制作直播用的虚拟形象为前提的解说书，主要针对的对象是有一定插画绘制经验的读者，并且以制作虚拟主播等用途的虚拟形象为重点进行解说。本书在进行解说时使用的是Live2D Cubism Editor的PRO版，可能会有不同于FREE版的功能和说明。另外，请注意本书内容与制作一幅插画或者游戏中包含的角色动画等有所不同。

◆注意

- 本书采用电脑操作（操作系统为Windows或macOS）进行解说。
- 本书主要使用的是Live2D Cubism Editor 4.0.05与4.0.07，根据Live2D Cubism Editor的设置、版本、使用的模型、电脑和平板电脑的操作系统等，画面显示和操作过程可能会有所不同，可能无法完全再现书中的内容。
- 本书中的内容仅以提供信息为目的，包含作者独特的调查结果和见解。
- 请根据自身的需求和判断使用本书。关于使用本书后产生的的结果和影响，人民邮电出版社、日方出版社BNN以及作者不承担任何责任。
- Live2D Cubism Editor以及其他Live2D产品是Live2D股份有限公司在国内和其他国家的商标或注册商标。
- 其他的商品名、系统名等是各公司、各国的商标或注册商标。
- 本书省略了™、©、®的标识。
- 本书有时会使用注册商标等常用的通称。

目录

试着制作Q版角色模型

试着绘制虚拟主播所用的角色

制作用于直播的Live2D模型

试着让制作好的模型动起来

Live2D的介绍与Live2D Cubism的安装

Live2D是Live2D股份有限公司开发、提供的，用于制作2D动画的软件，具有划时代意义的技术，它在保持2D插画形象的同时可实现模拟立体表现。

以前要让静止图像动起来，需要好几张原画和中间画，而现在将静止图像拆分成多个可动部件，通过移动部件形成连续的新图像就能实现。这种介于2D插画和3D模型之间，被称为2.5D的新维度呈现方式流行于各个领域。游戏、影视作品、动画等都可以用Live2D来表现。

安装

Live2D Cubism是创建、编辑、预览Live2D模型的整合包，包含Live2D Cubism Editor、Live2D Cubism Viewer两款软件。

进入Live2D官方网站，单击“马上下载试用版（免费）”后跳转至下载页面。滚动页面，阅读软件使用协议后勾选“同意软件使用授权协议”。选择“首次下载”，输入电子邮箱地址，然后选择符合系统版本的整合包，单击“下载最新版”开始下载。下载完成后按页面提示进行安装。

关于许可证

Live2D Cubism的许可证主要有3种：免费版（FREE）、付费版（PRO）、试用版。FREE版有很多限制，不适用于制作本书介绍的Live2D模型。本书基本是以PRO版或试用版进行讲解的。

若要使用PRO版，则需单独购买订阅。

另外，如购买包年及以上的订阅，时间越长越划算。（若是中型以上的企业，需购买商务订阅。）

试用版的体验时长为42天，功能与PRO版相同。

推荐体验试用版后再购买订阅。

Live2D Cubism Editor的界面构成与面板的基本操作

界面构成

Live2D Cubism Editor的界面构成如下。

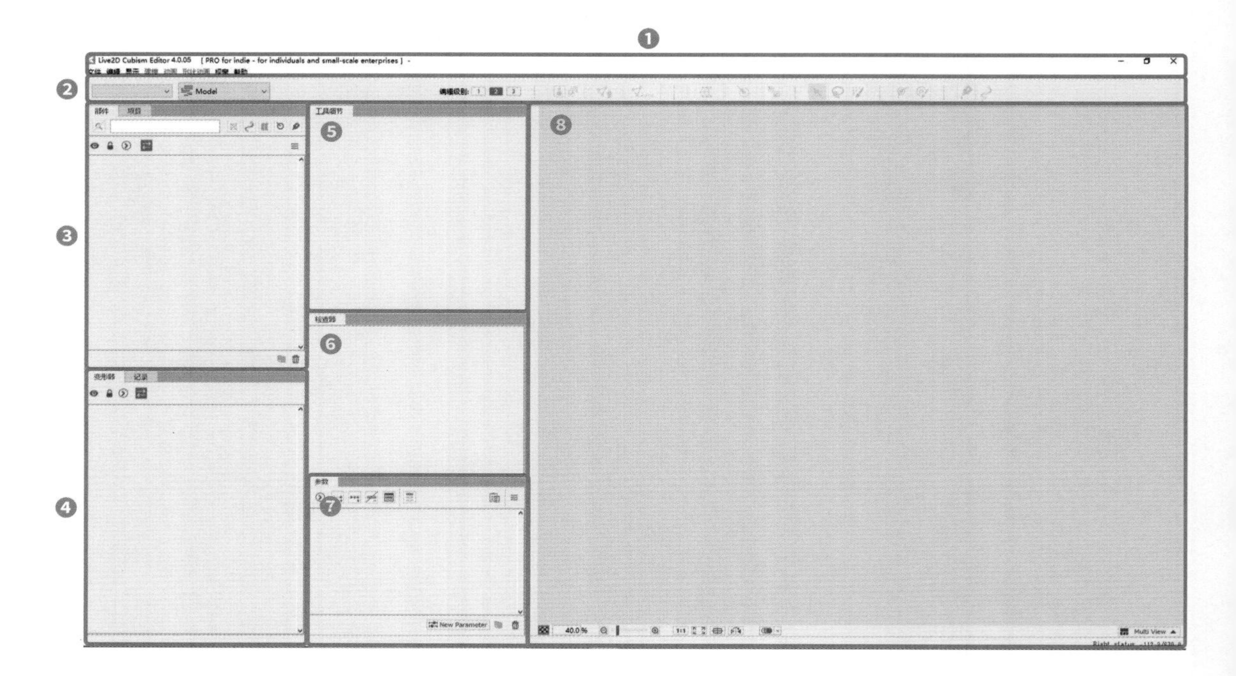

❶ **菜单栏**	包含基本菜单命令
❷ **工具栏**	提供用于设置使用版本、切换工作区等的工具
❸ **部件面板和项目面板**	部件面板是进行图层对象或图层组管理的面板。项目面板是查看和管理模型数据和文件结构的面板
❹ **变形器面板和记录面板**	变形器面板是管理图层对象层级关系的面板。记录面板是查看操作记录的面板
❺ **工具细节面板**	对选择的工具进行详细操作的面板
❻ **检查器面板**	设置图形网格和变形器的面板
❼ **参数面板**	管理图层对象的变形、移动等参数的面板
❽ **查看区域**	查看Live2D模型的区域。在这个区域可以直接编辑模型

面板的基本操作

使用Live2D Cubism Editor中的面板可以更改配置和显示，下面介绍面板的基本操作。

●改变大小

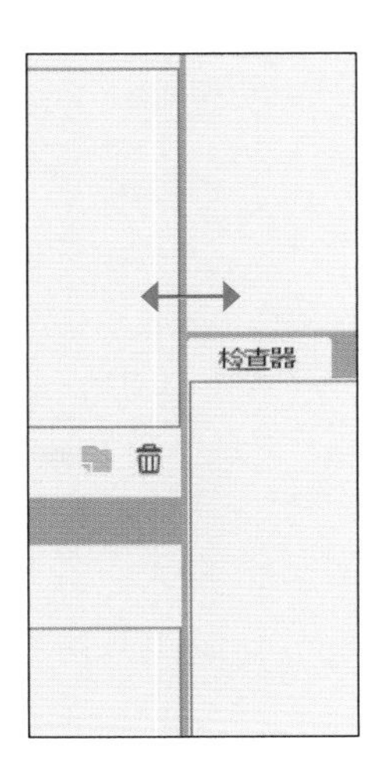

将鼠标指针移动到面板之间，它会变为左右箭头的样式。在此状态下拖动面板边框即可改变面板大小。

●插入

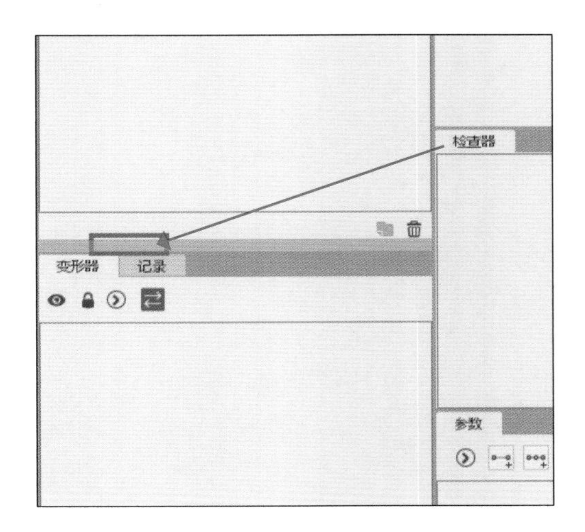

选择想要移动的面板，并将其拖动到将插入位置的面板与面板之间。出现橙色长条后松开鼠标左键即可插入面板。可以横向或纵向插入面板。

●合并

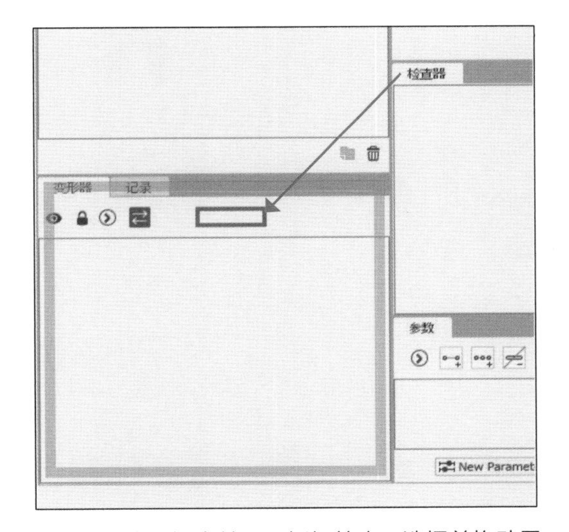

可以将面板合并至面板标签内。选择并拖动需要的面板至目标面板中，当出现方框时松开鼠标左键即可将该面板合并至面板标签内。

●悬浮

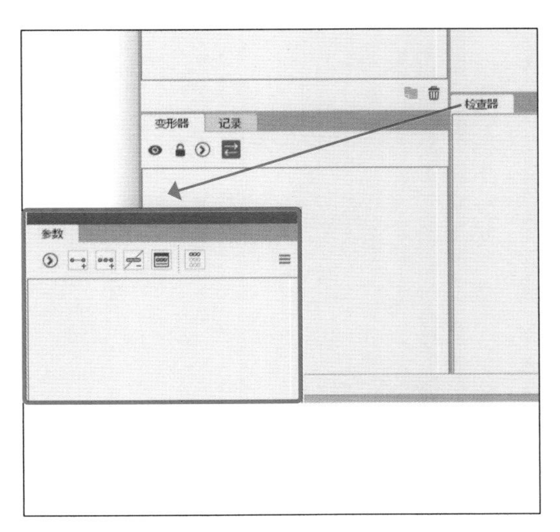

将面板移动至Live2D Cubism Editor界面外，即可使面板悬浮。

本书附赠的电子资源

●电子资源

本书附赠的教学视频、范例插画分层文件、范例模型等电子资源文件可以通过扫描本书封底的二维码来获取。

电子资源内容

- 3个本书绘制的范例插画分层文件（第1、2章）。
- 2个本书制作的Live2D范例插画分层文件（第1、3章）。
- 3个本书制作的可直接在动作捕捉软件中使用的模型文件（分别对应FaceRig、Animaze、VTube Studio）。
- 重点部分的教学视频（可播放的视频内容旁带有▶图标）。

【电子资源使用注意事项】

※电子资源仅供本书购买者使用。

※电子资源的著作权归作者所有。

※严禁将电子资源用于复制、出售、转载或附送等商业用途。

※范例插画分层文件和范例模型文件可用于练习。你也可以将自己做的练习文件发布到媒体平台。

※范例模型文件可用于YouTube等媒体平台直播，但禁止用于营利。

※若有修正电子资源等情况，有可能在不通知的情况下直接变更。

※关于使用电子资源造成的结果，作者、出版社、软件公司均不承担任何责任。

Chapter 1

试着制作 Q 版角色模型

先制作简单的Q版角色模型，然后试着使用Live2D Cubism Editor 让其动起来。在本章中，从画插画时拆分部件的基础开始，学习图形网格和参数的制作等基础知识。

标注有图标的内容，

表示有对应的教学视频可供参考。

Section 01 让插画动起来

让我们通过制作一个简单的Q版角色模型，学习Live2D的模型制作吧！

让插画动起来，实际上是让使用插画制作的角色模型动起来，需要使模型的每一个部件独立，并处于可动状态。

各部件在结构上有上下层之分，相互重叠可组成需要的模型。

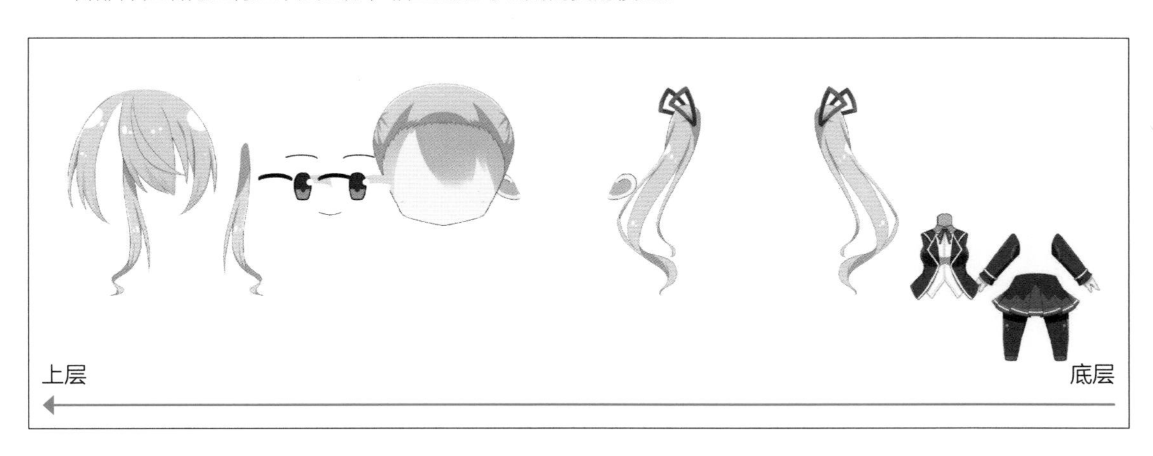

通过部件的各自移动，就能让角色模型动起来，从而呈现出插画动起来的效果，看似“2.5D动画”。

使用插画软件绘制左右对称的Q版角色模型的草图

在使用Live2D Cubism Editor制作模型前，先绘制想要动起来的插画。下面使用优动漫PAINT绘制角色插画。

1 准备左右对称尺

绘制左右对称的角色身体有很多好处。例如，为左右对称的模型添加动作更容易，在添加倾斜或横向的动作时能够复制其中一边的动作设置到对称的另一边使用。但并非所有的部件都需要绘制成左右对称的。

绘制左右对称的插画时，推荐使用优动漫PAINT（CELSYS公司推出的绘画软件CLIP STUDIO PAINT的官方简体中文版）。推荐的理由是优动漫PAINT除了具有创建图层等基础功能外，还可以为图层组设置左右对称尺，切换打开或关闭对称尺功能也很便捷。

1 打开优动漫PAINT，在工具栏中单击“尺子”工具的图标，在弹出的下拉列表中选择“创建尺子”→“对称尺”。

2 选中想要创建左右对称尺的图层或图层组，此处选择“组1”，按住Shift键，在画布中央画一条竖线。

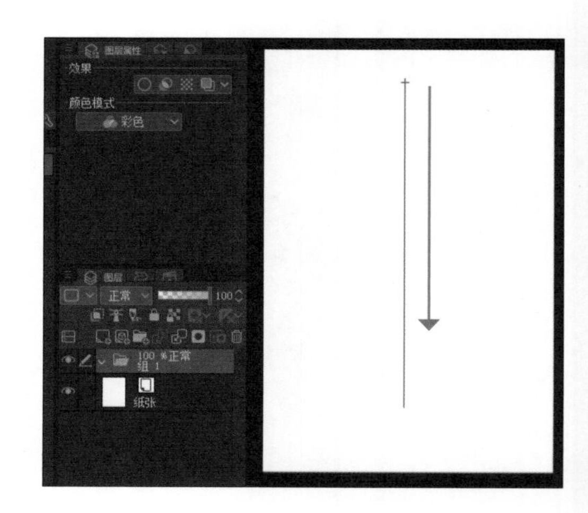

3 此时，画布上的线呈淡紫色，图层组图标旁会显示左右对称尺图标。

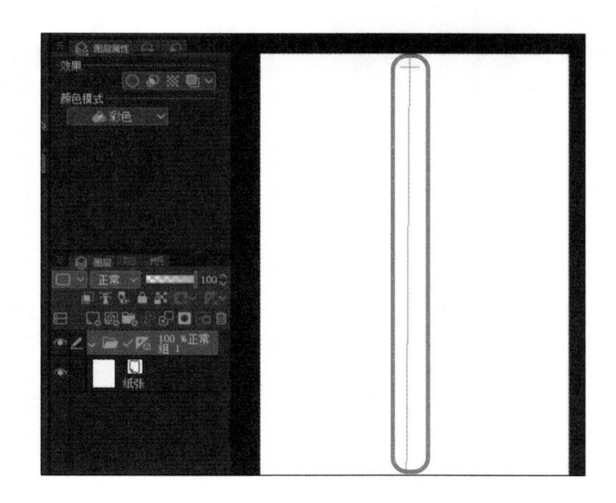

4 在图层组“组1”中建立的所有图层上作画时，都能绘制以竖线为对称轴，左右对称的图形。

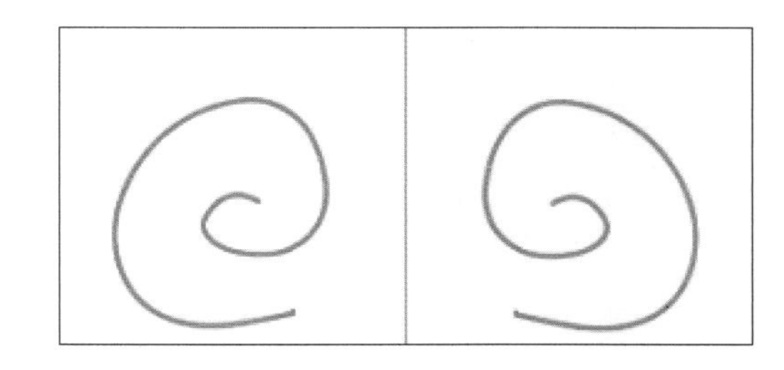

笔记

左右对称尺功能的开关

按住Shift键并单击图层组图标旁的尺图标，就能实现其功能的开关。Photoshop等其他插画软件中也都有对称绘图工具，根据自己的习惯使用合适的软件即可。

2 绘制 Q 版角色模型的草图

1 绘制Q版角色模型的素体。此时，简单勾绘眼部。

2 给素体加上头发和服饰。在这里，用蝴蝶结绑起双马尾，并绘制学生制服。

3 擦除素体与上一步骤绘制的头发和服饰重叠的部分，即可完成草图。

笔记

角色中部件拆分的难易度

这里制作了绑着双马尾、穿着学生制服的角色，若将其设计成右图所示的较为简单的角色，在Live2D Cubism Editor中进行部件拆分的难度所降低。

示例

- 将发型或服装的构造简化。
- 添加双马尾会增加部件的数量，可将头发设计成长发或波波头。
- 如果将服装分成上身和裙子，会增加部件的数量，可设计成连衣裙等单件衣物。

在进行描线时先拆分部件

模型各部分的拆分很重要，下面来了解进行描线时拆分部件的基本原则。

1 拆分部件

下面介绍拆分的简单步骤和诀窍。

1 从全身来看，可将模型分为头和身体上下两个部分。其中，头用红色表示，身体用蓝色表示。

2 头发会随着角色脸部的运动而移动，我们将脸部和头发区分开。其中，脸部用肉色表示，头发用粉色表示。

3 可以将头发部分分为❶刘海儿、❷鬓发、❸双马尾、❹头顶。还能进一步细分，但这里简单拆分即可。

4 可以将身体部分简单拆分为❶身躯、❷手臂、❸裙子、❹腿部。

5 模型的简单拆分效果如右图所示。

6 如果在移动部件时没有进行填补的话，部件与部件之间重叠的部分就会缺失，出现空隙。需要进行填补，如下图所示。

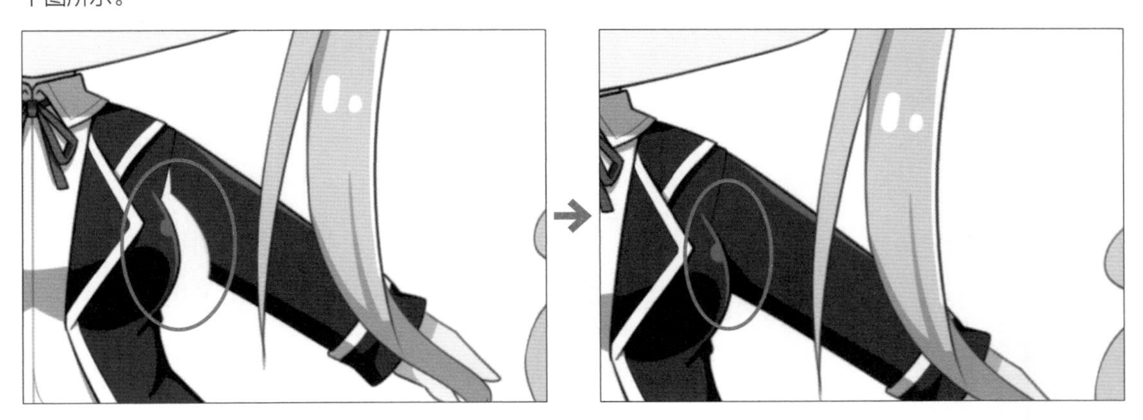

7 根据各部件的动态范围，像这样“下层部件的内侧”也要绘制出来（如下图虚线区域所示，下巴在移动时脖子部分可能露出的区域）。将部件的内侧绘制出来,就像图示的感觉。把一个一个的部件都单独制作好，就像是在做蒙眼拼像游戏一样。

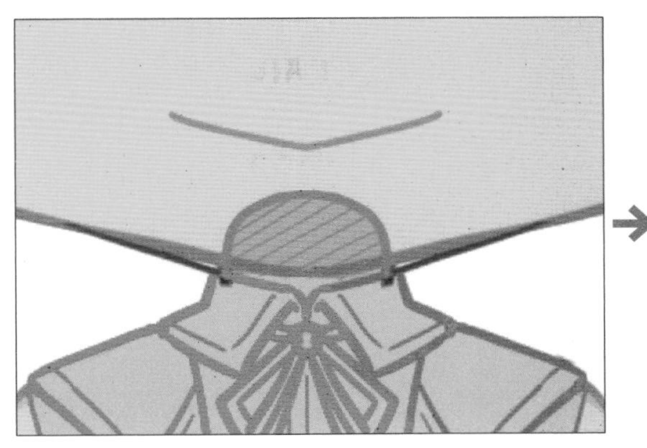

8 具体来说，为了移动而对部件进行填补，就是“把在各自移动范围内有遮挡关系的部件都绘制完整，范围包括动作的初始位置。”以双马尾、鬓发、手臂为例，以右图中3个点为中心的移动范围内都要进行填补。

2 进行描线和上底色

1 下面为每一个部件进行描线和上白色底色。先为刘海儿部分进行描线，并上白色底色。为了容易理解，下面右图中红线围成的区域就是需要用白色上底色的区域。

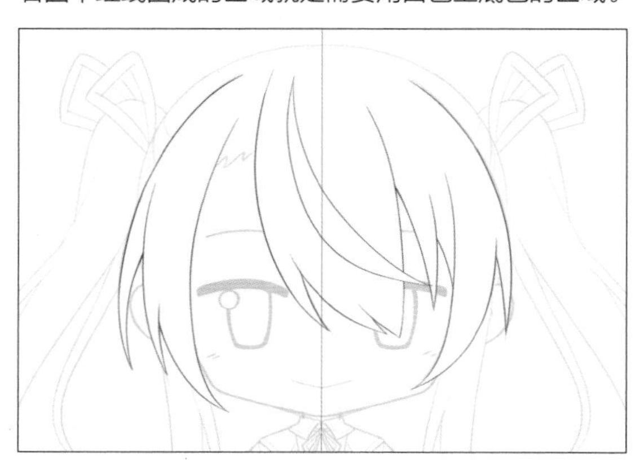

2 为脸部和鬓发进行描线，并上白色底色，然后依次为双马尾部分、身躯部分进行描线，并上白色底色。

3 依次为手臂和下半身进行以上操作。这里，将腿部和裙子看作一个部件。

笔记

参照范例文件来确认图层结构

在下载的范例文件“SDmodel底色（白）.psd”中确认如何分图层绘制。

以拆分部件为基础着色，合并图层并另存为 .psd 文件

下面以拆分部件为基础着色，在另存为 .psd 文件前，将每个部件合并为单一图层。

1 为模型着色

1 开始上色为各部件分别绘制线稿并上底色，根据白色背景色来区分角色的颜色。

2 如右图所示，将上好底色的各部件像蒙眼拼像一样排列好。因为也有白色的部件，易与白色背景色混在一起，可以用红色给各部件描边来检查是否已绘制完整，检查完毕后去掉红色描边。

3 为整个角色细化上色。因为有多个部件，所以在填涂的同时要仔细确认不要有漏涂的地方。

4 上色时需要注意，部件接合的地方容易出现颜色不一样的情况，这时需要及时修正。比如，在使用渐变色填涂时，就可能出现部件和部件的接合处呈现圆形的界线的情况，如右图所示。

5 全部填涂好后的部件就如右下图所示。

6 部件和部件重叠、有遮挡的部分也要注意填涂。如下图所示，❶中部件和部件重叠部分的阴影都填涂好了颜色，但❷中阴影部分的内部却没有填涂完整。拆分后的角色部件在摆放好的状态下，一眼看上去都填涂好了，但实际移动起来后就能看到没有填涂的部分，所以部件重叠的部分也要用心地填涂好。

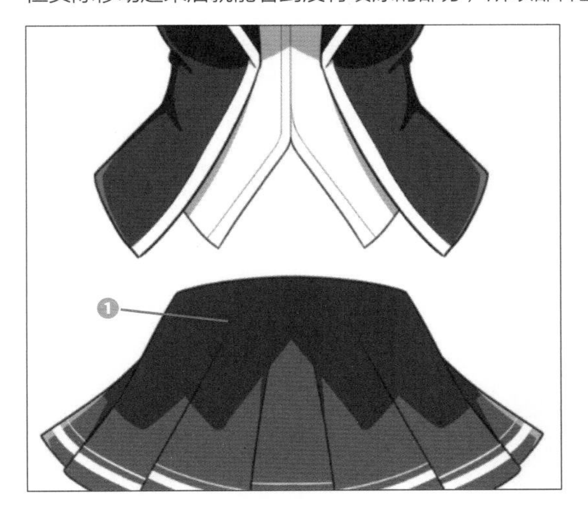

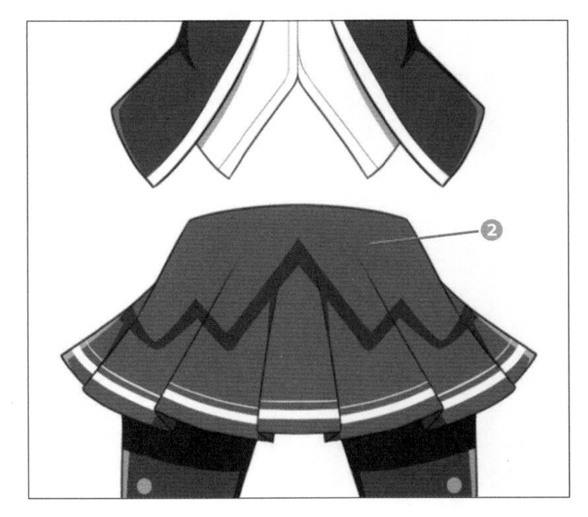

2 按部件合并为单一图层

将同一个部件的图层合并为一个图层。这样可避免在Live2D Cubism Editor中因误操作而修改原图。推荐在合并图层前保存一份原图层的备份。

1 以刘海儿部分的图层为例。合并“刘海儿”图层组中的所有图层。

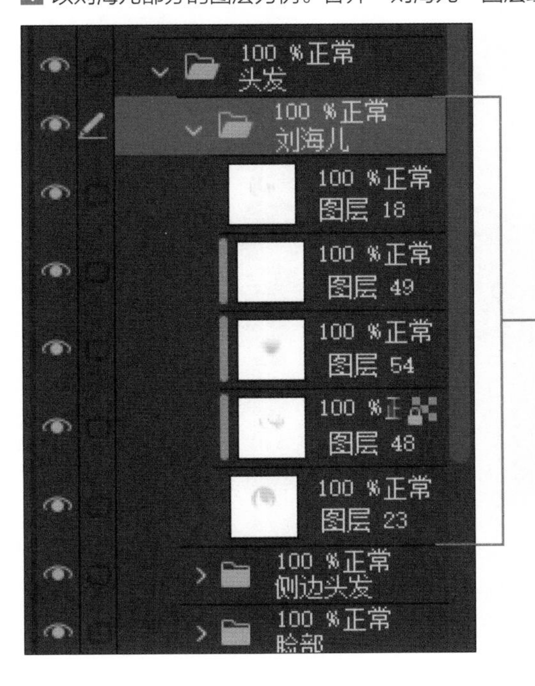

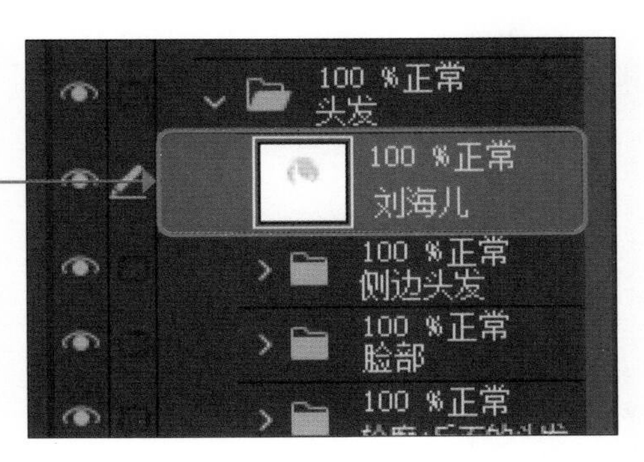

2 将双马尾、鬓发、手臂等区分左右的部件细分，都做成各自独立的部件。

3 合并为单一图层后的刘海儿左侧、刘海儿右侧、左眉、右眉等部件的图层，效果如右图所示。

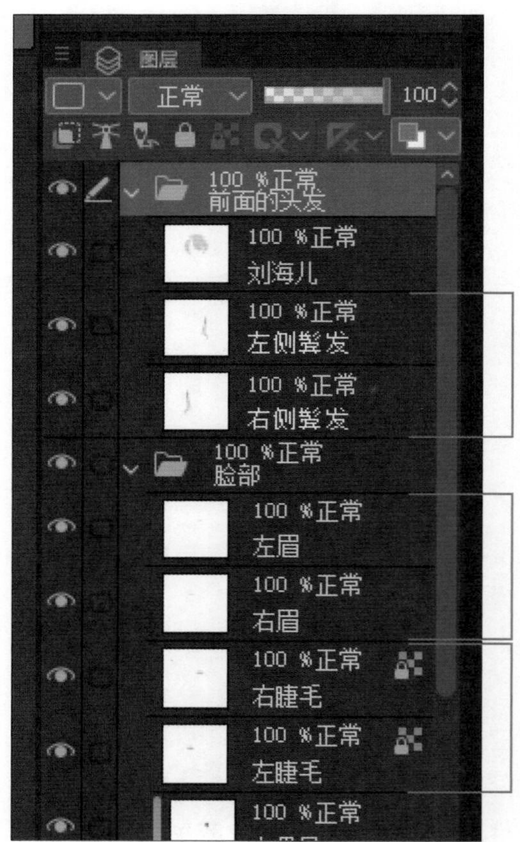

4 合并完所有部件的图层后，将另存为.psd文件。注意，此时不是选择“拼合图像后导出.psd”文件，而是选择“另存为.psd文件”，以保留图层结构。

导出为 .psd 文件时的图标

在Live2D Cubism Editor中读取.psd文件和保存文件

模型准备完成后可以将其加载到Live2D Cubism Editor中，添加各种各样的动作。

1 读取.psd文件

下面以下列内容为目标，在Live2D Cubism Editor中进行操作，制作用于直播的模型。

· 头部左右摇动。
· 头发轻轻摆动。
· 手臂和身体轻轻移动。

1 启动Live2D Cubism Editor。

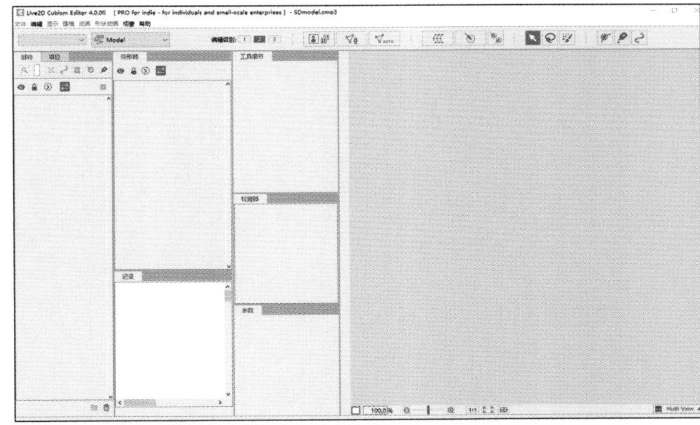

2 将制作好的.psd文件拖入Live2D Cubism Editor中。

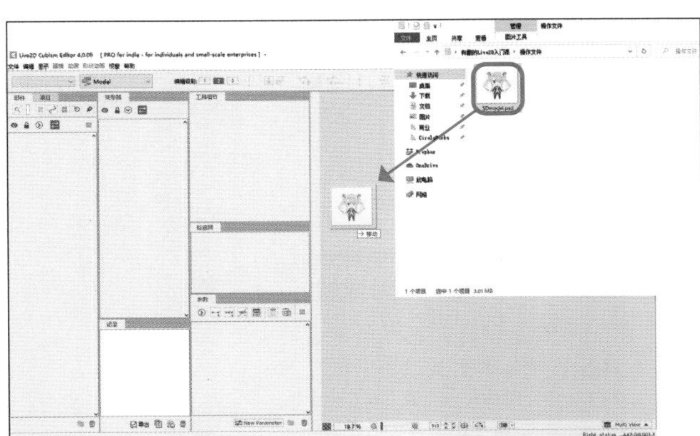

笔记

“进度”对话框

当开始读取文件时，Live2D Cubism Editor中会显示“进度”对话框，请稍等片刻。

3 .psd文件中的模型显示在查看区域中，部件面板和变形器面板也会显示相应数据。以拖入的方式导入.psd文件非常简单。

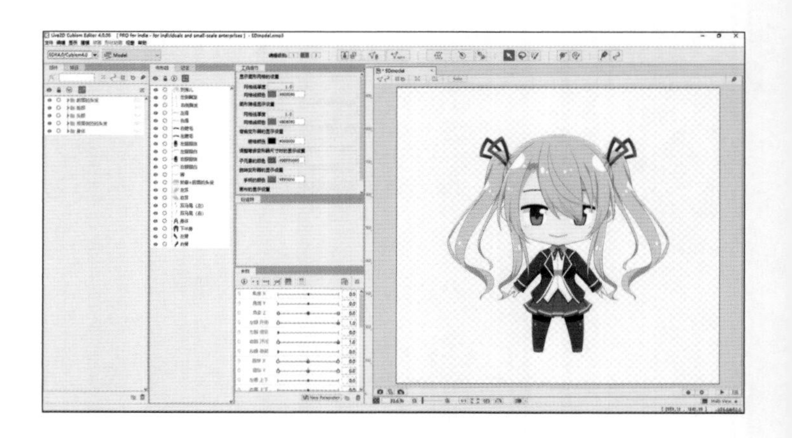

2 .psd 文件的其他读取方法

1 在菜单栏中选择“文件”→“创建”→“模型”，即可创建名为“Untitled Model”的新模型文件。

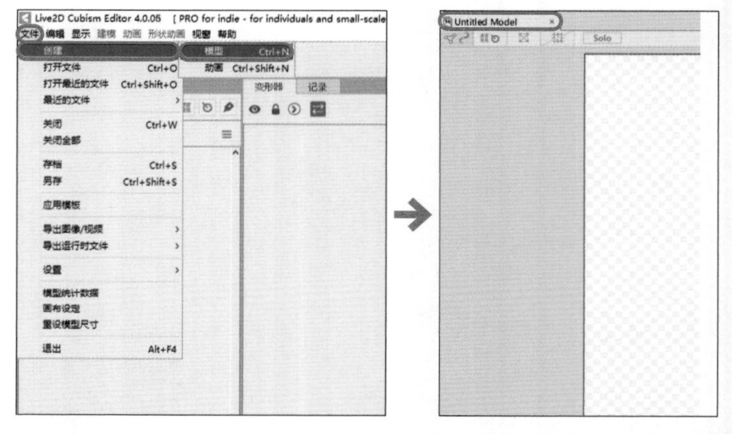

2 将需读取的.psd文件拖入查看区域中，打开“模型设定”对话框。选择“Untitled Model（模型）”，单击“OK”后会弹出“再次导入的设定”对话框。

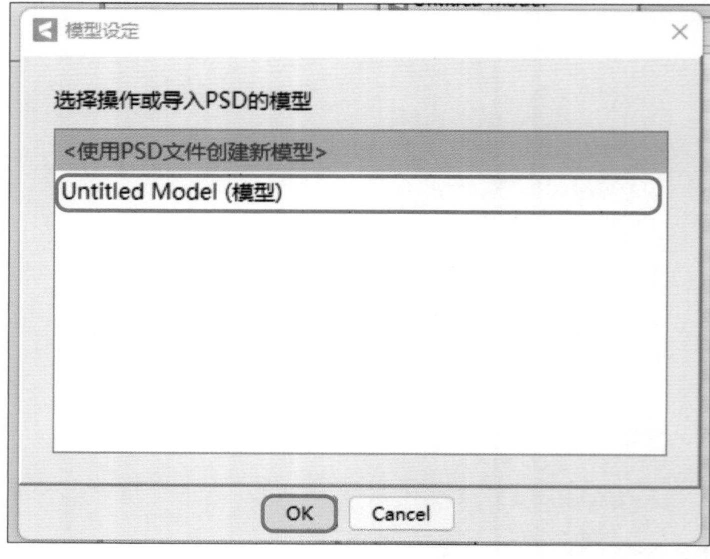

笔记

使用 .psd 文件创建新模型

若在“模型设定”对话框中选择“使用PSD文件创建新模型”则不会弹出“再次导入的设定”对话框，直接完成导入。

3 在“再次导入的设定”对话框中选择“<将所有图层添加为新的图形网格>”，单击“OK”，即可导入.psd文件。

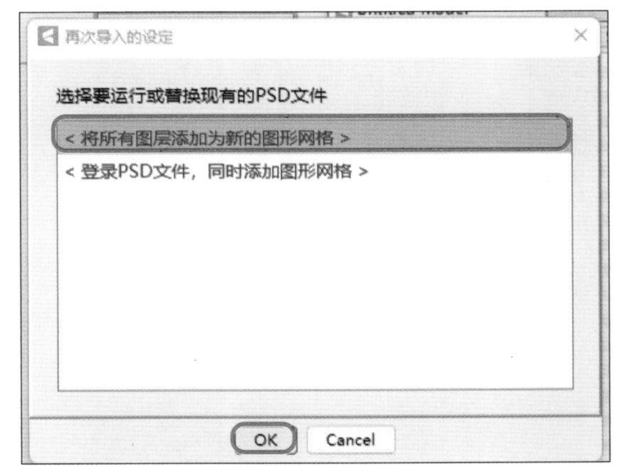

4 如果导入的.psd文件的尺寸大于新创建的模型文件的画布尺寸，则可能出现模型超出画布的情况。如果需要将.psd文件导入固定尺寸画布，也可以使用这种方式，但推荐以P27的直接拖入的方式进行。

5 在查看区域中用鼠标拖动部件，确认部件是否为独立且分开的状态，如果是，则.psd文件导入完成。

3 保存文件

1 创建好模型文件后，保存文件。从菜单栏中选择“文件”→“存档”或“文件”→“另存”。

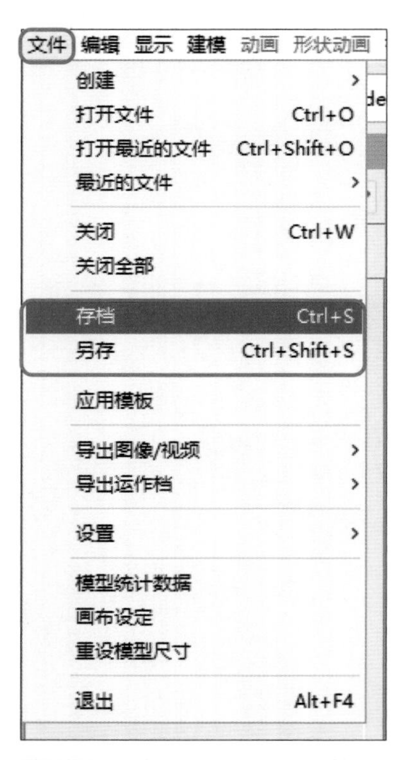

2 选择要保存文件的路径，并为文件设置名称（推荐使用英文或数字）。设置完后单击“保存”即可保存文件。

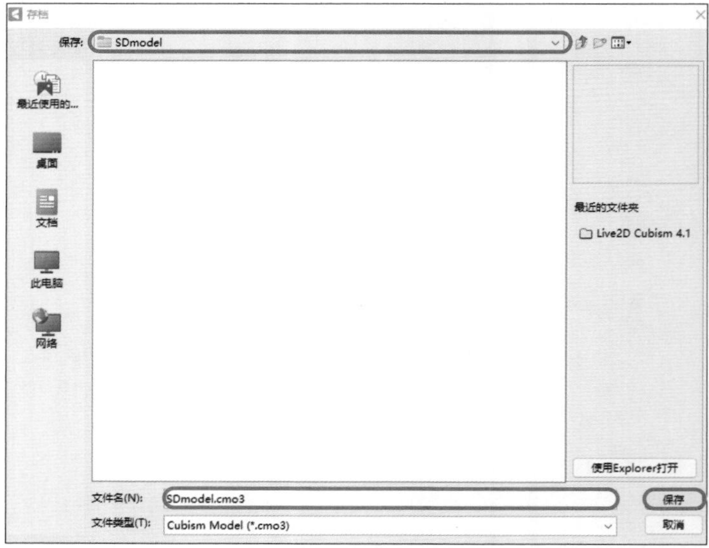

3 保存的文件格式为.cmo3，如右图所示。

使用Live2D Cubism Editor所需的知识

下面介绍Live2D Cubism Editor中的重要功能。

1 各部件的前后关系和绘制顺序

通常部件按照从导入的.psd文件中读取图层的顺序进行排列，从上面开始排，读取顺序靠前的排在上面，读取顺序靠后的排在下面。

查看区域左侧标有0~1000刻度的长条是表示部件绘制顺序的仪表盘。选择部件后，长条上的相应数值会用橙色线标注出来，可用于确认部件的绘制顺序。

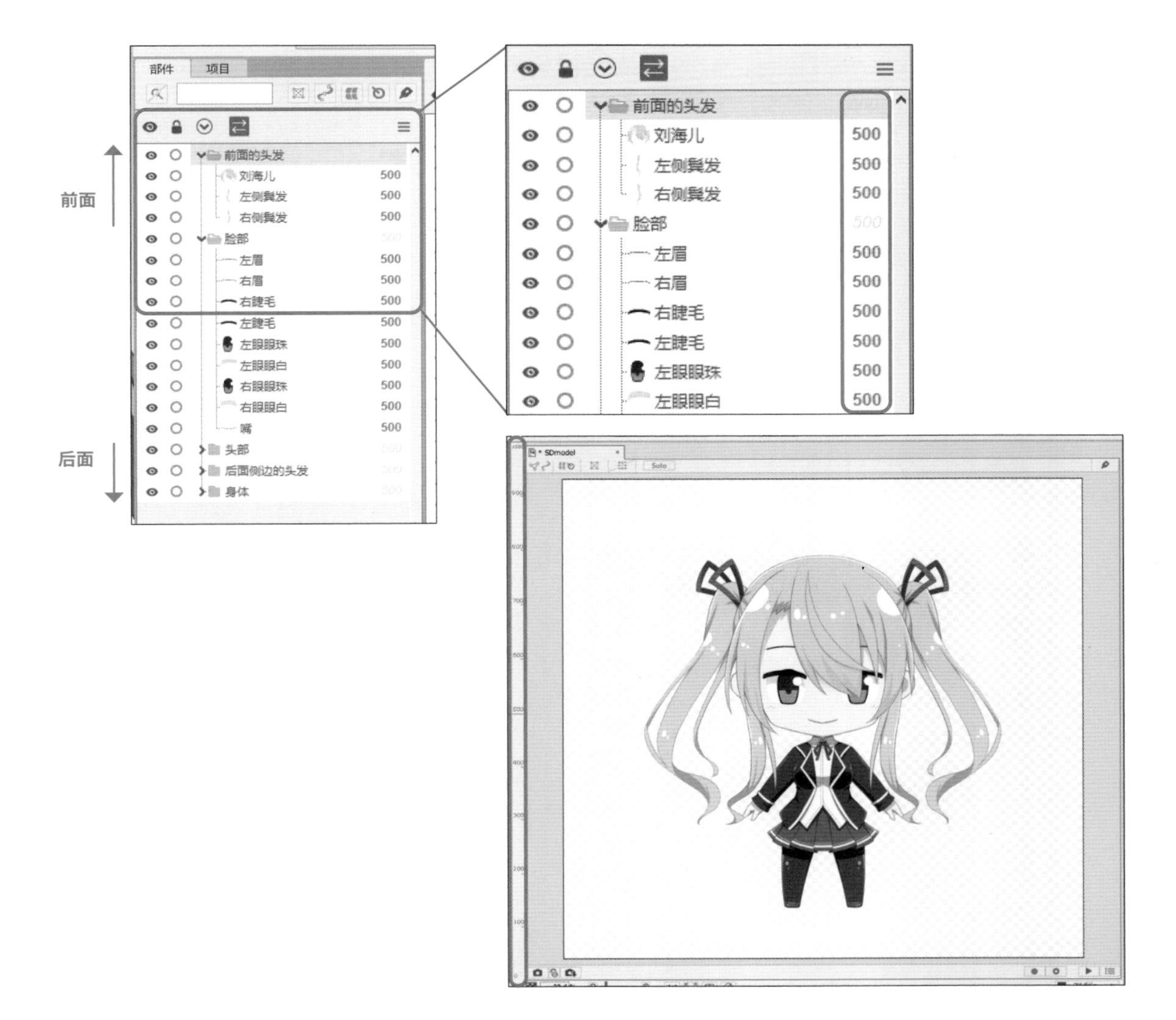

表示绘制顺序的数值可以通过检查器面板中的“绘制顺序”参数更改。

笔记

绘制顺序的示例

前面的头发的部件顺序是刘海儿、左侧鬓发、右侧鬓发。左侧鬓发的绘制顺序的数值为600，所以在查看区域显示的模型中，左侧鬓发在刘海儿的上层。

前面的头发 500
刘海儿 500
左侧鬓发 600
右侧鬓发 500
脸部 500

2 图形网格

图形网格是指分配给读取的模型部件的网状结构。它通常是三角形的集合，通过移动部件的网格顶点可实现模型多角度的变形，给插画添加动作。

模型导入后，部件最初的图形网格为右图所示的四边形网格。这是软件预设的保持部件形状的基本图形网格，因此它不适用于变形。可从中拆分用于变形的图形网格。

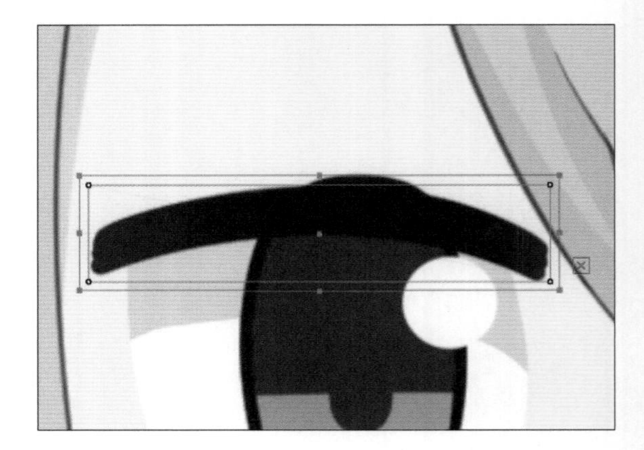

下面讲解一个拆分网格的例子。将某部件的四边形网格拆分成多个三角形网格。所有部件的图形网格都可以像下面左图所示一样进行编辑。通过图形网格，可以平滑地将部件变为下面右图所示的形状。

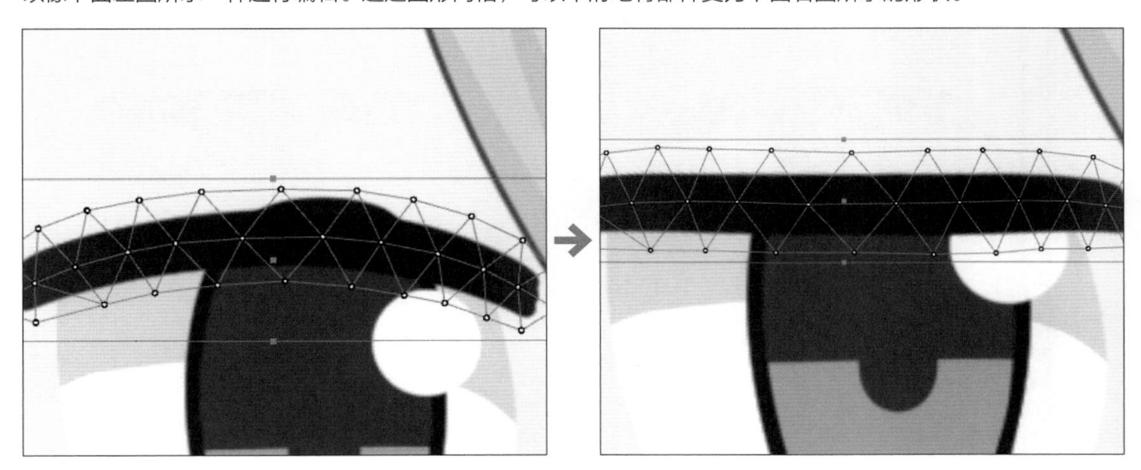

笔记

图形网格的编辑

可以单击工具栏中的相应图标，或在菜单栏里选择“建模”→“纹理”→“网格编辑”或“自动网格生成”来编辑图形网格。

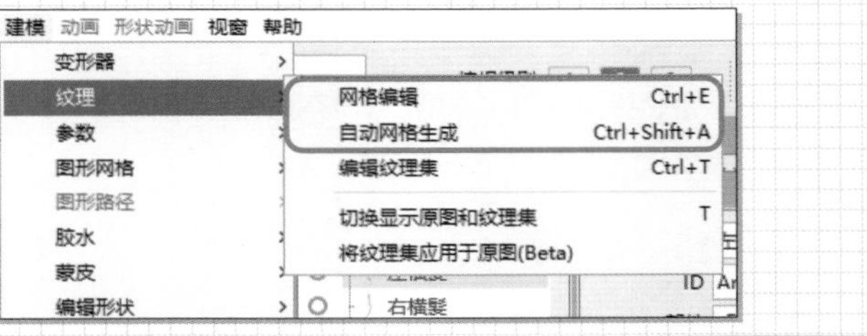

3 参数

通过参数可为部件添加特定的动作，例如嘴巴的闭合与打开、部件的显示与隐藏等动作。在Live2D Cubism Editor中为部件添加动作时，可通过参数面板进行相关参数的设置。

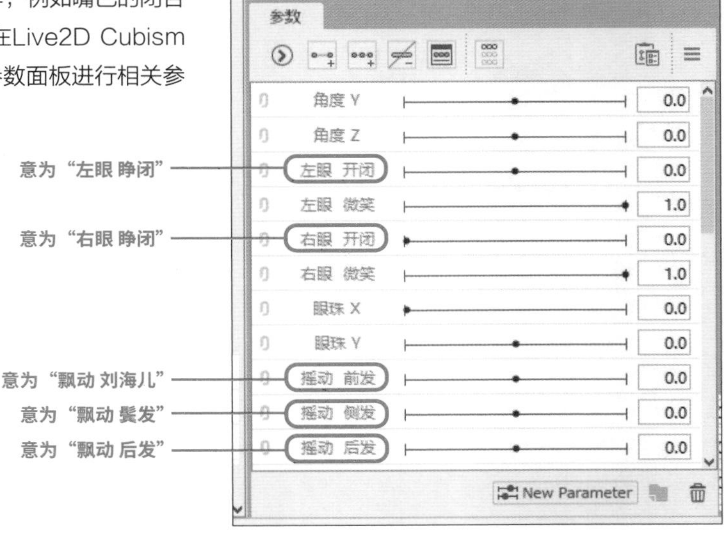

注：本书所有配图中，软件各面板内的名称很多是预设的，它们可能与常见的中文名称不同，如参数面板中的“左眼 开闭”意为“左眼 睁闭”、“摇动 前发”意为“飘动 刘海儿”等。为了便于读者对照软件一边操作一边学习，本书配图保留了这些软件预设的名称。如不习惯，读者可以自行在软件中修改。

例如，设置不满的眼神，在预设值是“1”时，上眼睑是正常弯曲，向左拖动“不满的眼神”参数的滑块，使其数值变为“0”，上眼睑会随之逐渐变平，如下图所示。

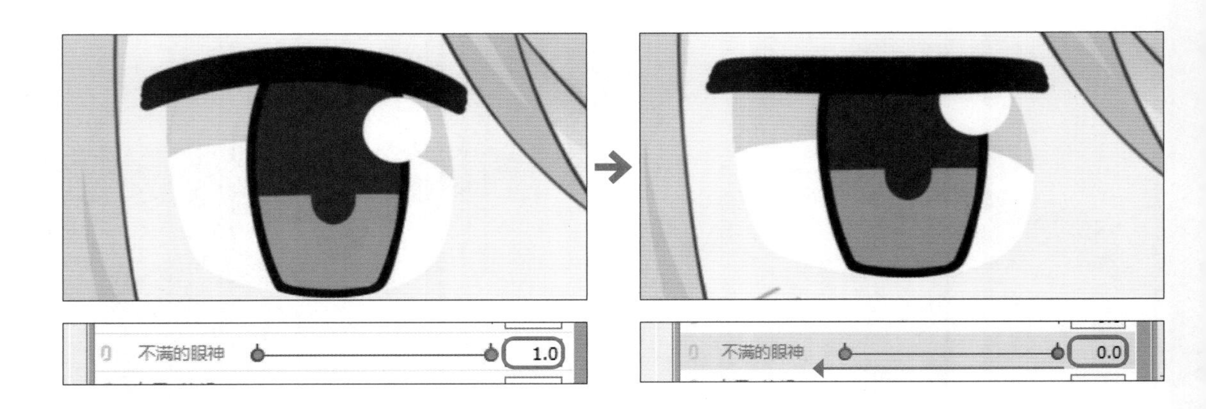

4 弯曲变形器

简单来说，弯曲变形器就是用于移动、变形的工具。放入弯曲变形器中的对象，可以随着弯曲变形器的变形而变形。一个个地操作部件的图形网格顶点来使之变形是一项辛苦的工作，使用弯曲变形器可进行部件整体的粗略变形，能够提高变形操作的效率。

使用弯曲变形器变形时，其中的图形网格也会随之变化。

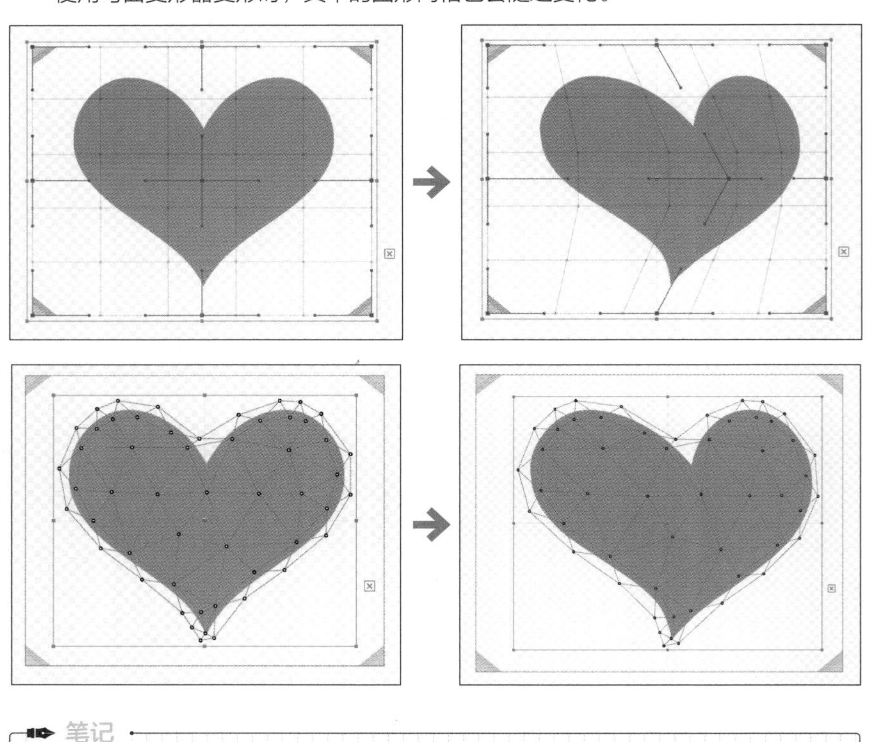

笔记

创建弯曲变形器

可以单击工具栏中的“创建弯曲变形器”图标来创建弯曲变形器。

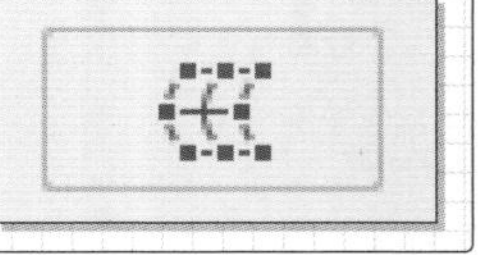

可以在弯曲变形器中加入多个图形网格，此时，弯曲变形器中所有的图形网格也会随之变化。

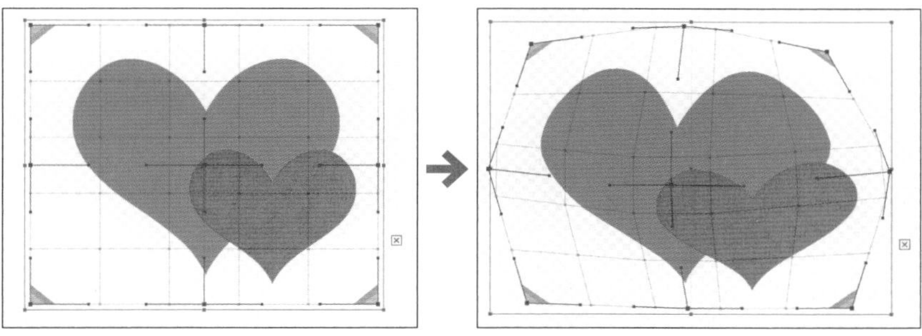

笔记

弯曲变形器的错误例子

图形网格大于或超出弯曲变形器都是不可取的。虽然这样可以进行变形，但模型的动作会很沉重，加重电脑的运行负担，变形也有可能失败。应注意将图形网格添加在弯曲变形器的范围之内。

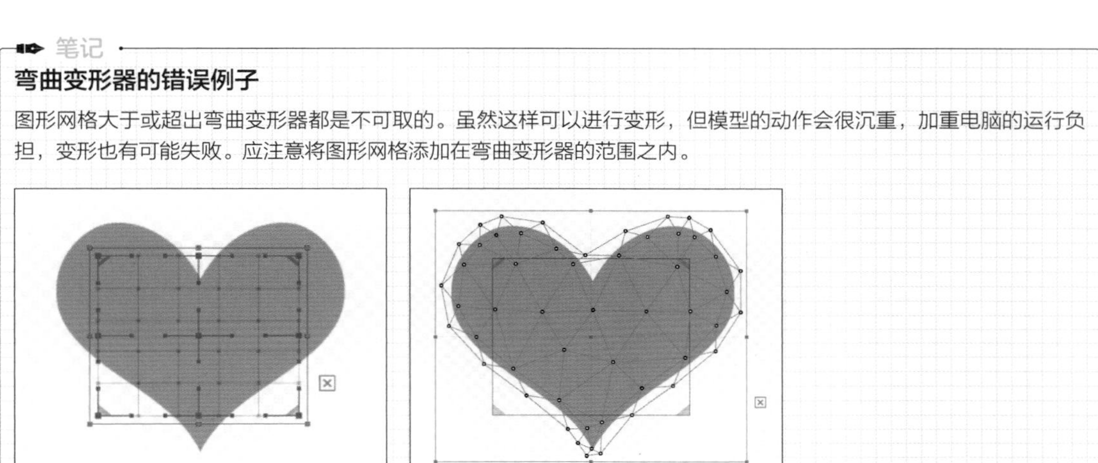

5 弯曲变形器的父子关系

在弯曲变形器里不仅可以添加图形网格，还可以添加弯曲变形器。位于外层的为父弯曲变形器，位于内层的为子弯曲变形器。对父弯曲变形器进行更改，子弯曲变形器也会随着变化。弯曲变形器的父子关系，在后文中会多次使用。

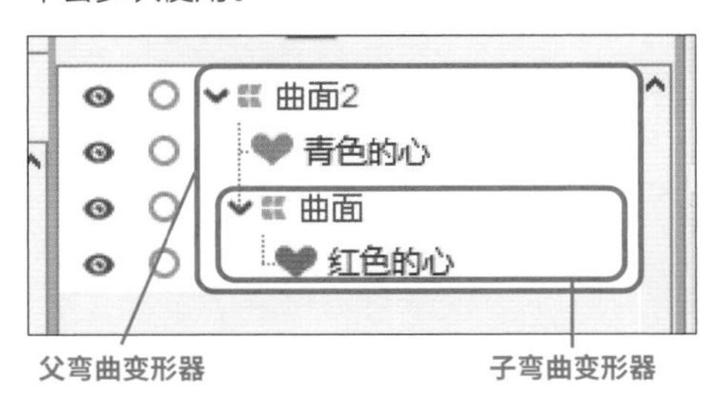

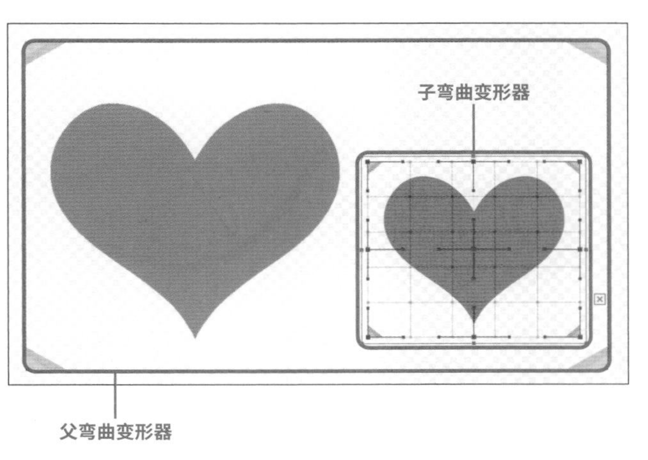

子弯曲变形器可在父弯曲变形器中移动。

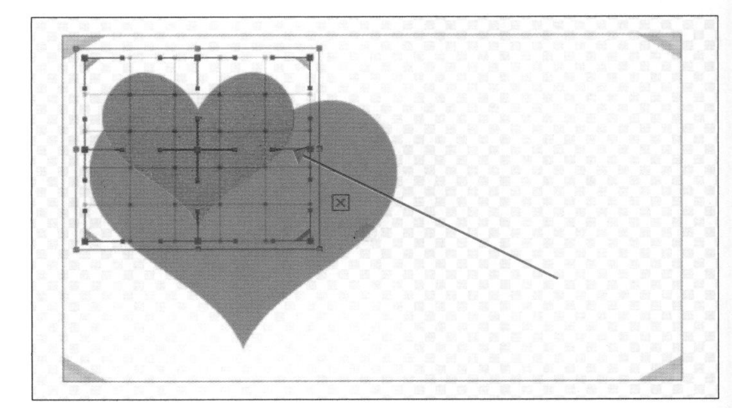

当子弯曲变形器在父弯曲变形器中时，改变父弯曲变形器后，子弯曲变形器也会随之变化。

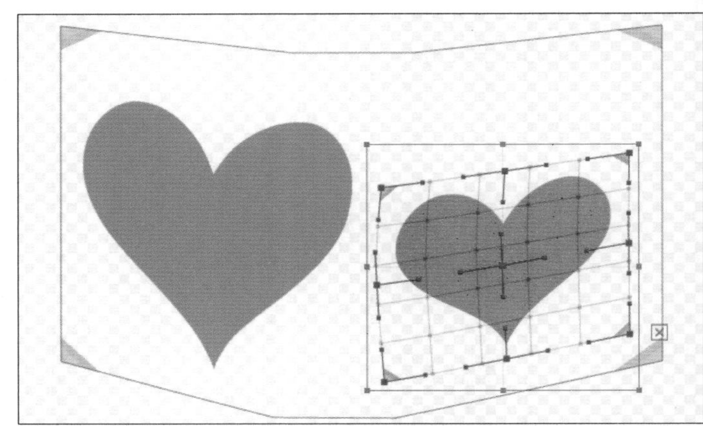

当只改变父弯曲变形器中的子弯曲变形器时，父弯曲变形器不受影响。

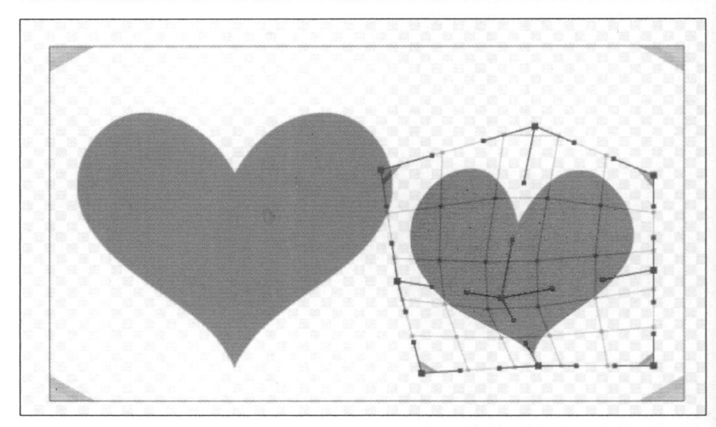

之前我们提到过图形网格应添加在弯曲变形器的范围之内。同样，子弯曲变形器也不能移出父弯曲变形器的网格范围外。

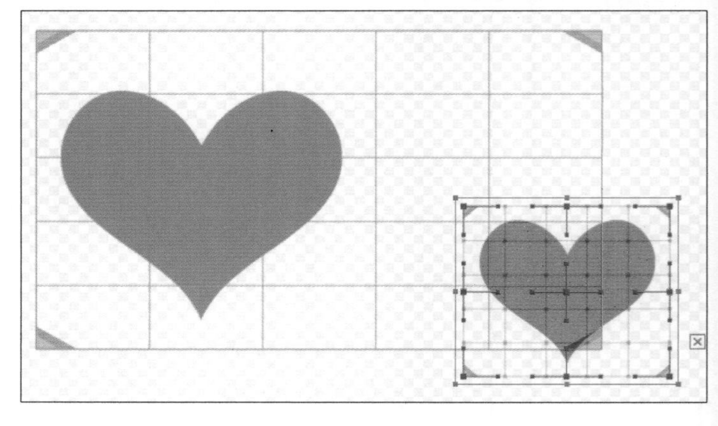

6 旋转变形器

旋转变形器是可为指定对象添加旋转效果的变形器。另外，它也可用于放大或缩小指定对象，一般在调整对象的角度时使用。

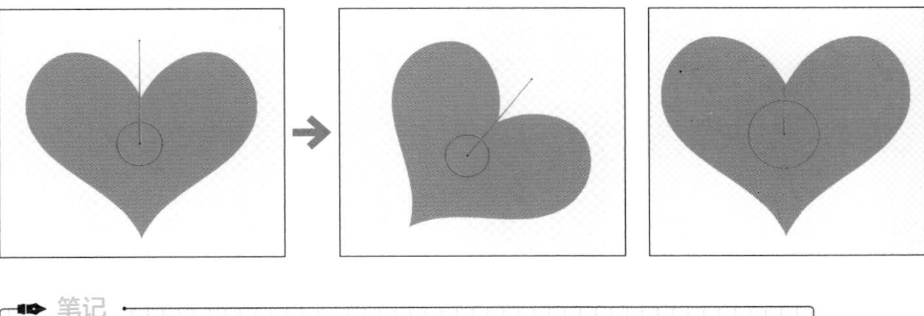

笔记

创建旋转变形器

可以通过单击工具栏中的“创建旋转变形器”图标来创建旋转变形器。

7 变形路径编辑工具

变形路径编辑工具是能对设置了变形路径的图形网格起到辅助变形作用的路径工具。对象的变形一般使用弯曲变形器，但无法通过弯曲变形器实现的变形，或线状对象的变形可以使用变形路径编辑工具实现。

变形路径编辑工具的运用范围很广，还有其他功能，这些功能会在后文进行讲解。

可对线状对象的图形网格使用变形路径编辑工具。

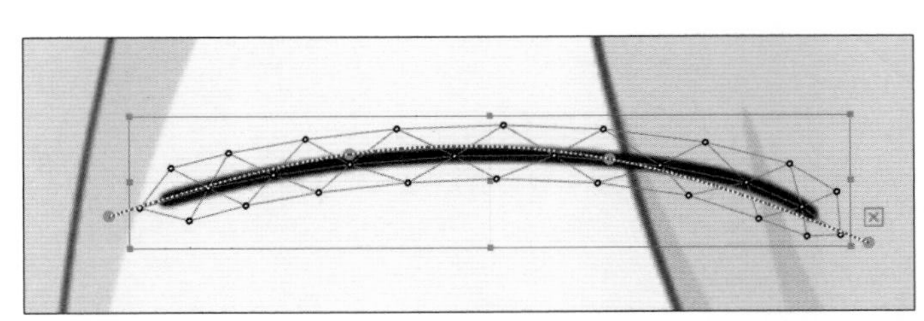

在使用变形路径编辑工具时，移动对象的控制点，即可使之自由变形。

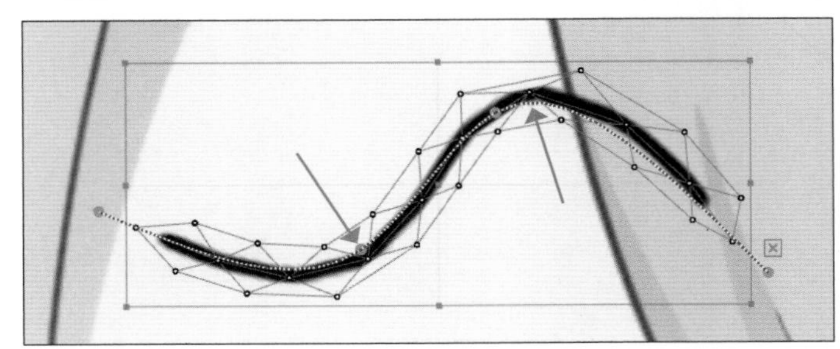

笔记

创建变形路径编辑工具

可以通过单击工具栏中的“变形路径编辑”图标来进行变形路径编辑。

在读取的部件上创建图形网格

在对模型进行添加动画的操作前，还需要为其所有部件设置图形网格。手动设置图形网格是基本操作，下面以几个部件为例进行示范操作。

1 手动设置眼珠的图形网格

下面以右眼的眼珠为例，设置简单的图形网格。像眼珠这一类不需要复杂变形的部件，即使将其图形网格设置得简单、粗略一些，也不会有什么大问题。

1 选中右眼的眼珠，然后单击工具栏中的（手动编辑网格），即可切换至网格编辑模式。

视频：Chapter1_1

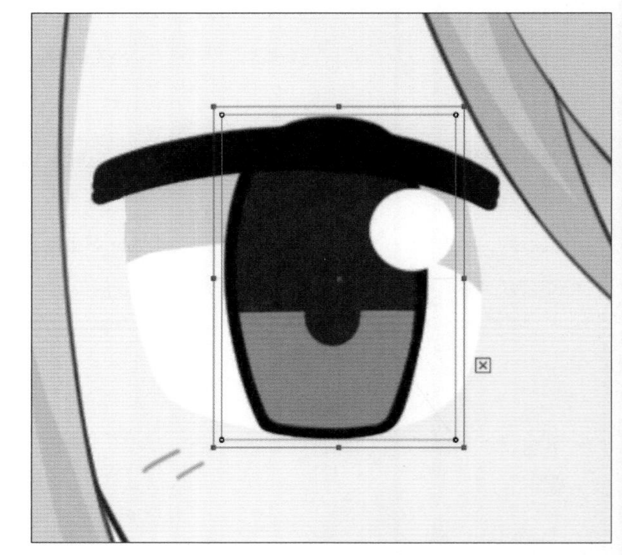

2 切换至网格编辑模式后，界面就变成右图所示的状态。

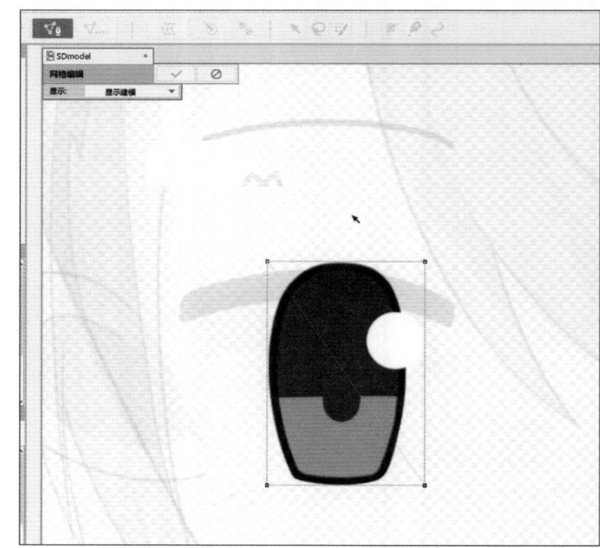

3 在工具细节面板中单击（套索工具）。

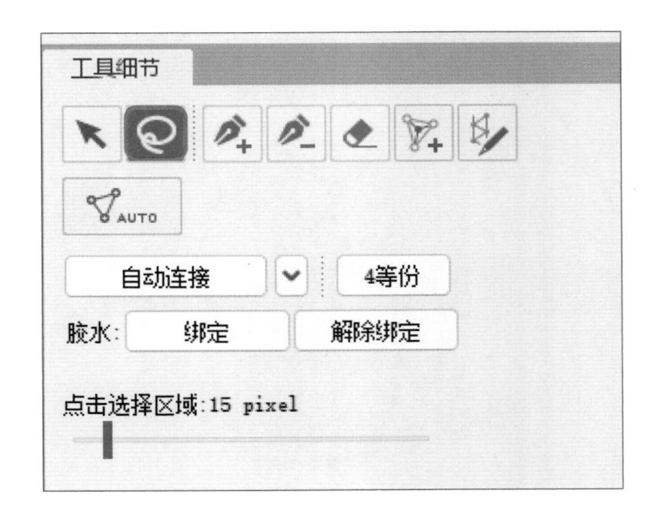

4 框选所有的图形网格顶点，按Delete键删除。

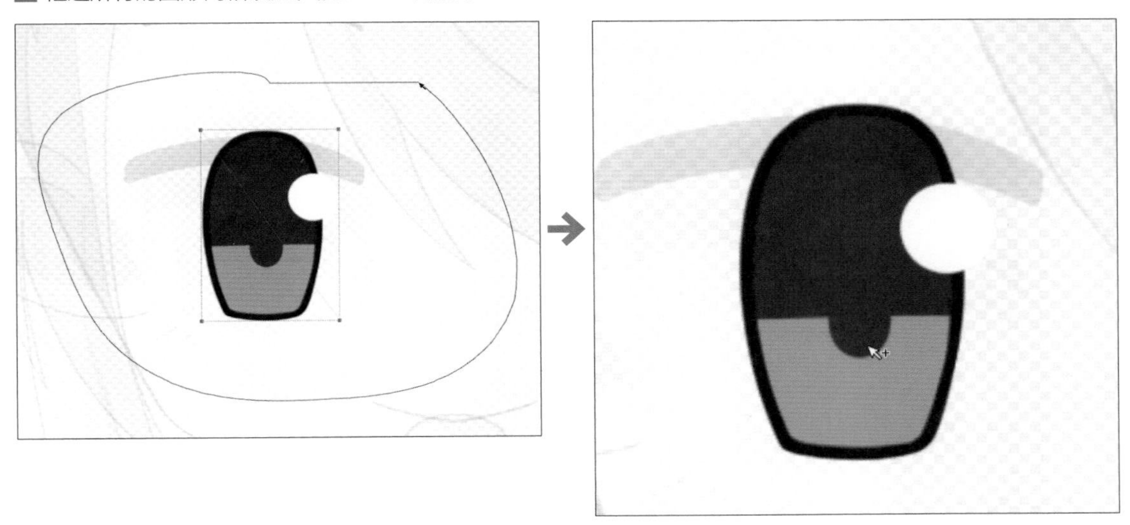

5 重新编辑图形网格。单击工具细节面板中的（新增顶点），从眼珠中间开始向周围绕眼珠添加顶点。

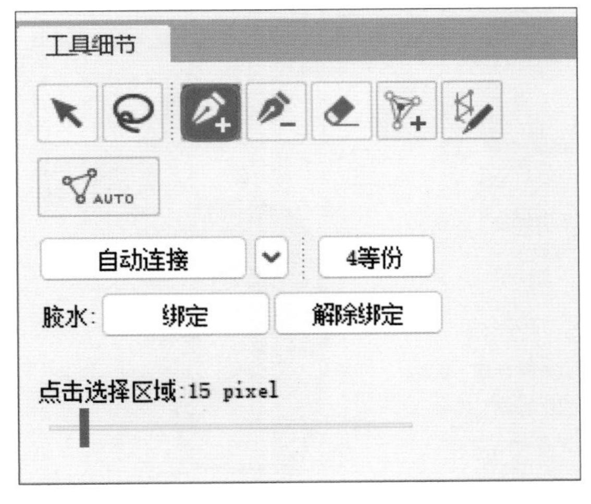

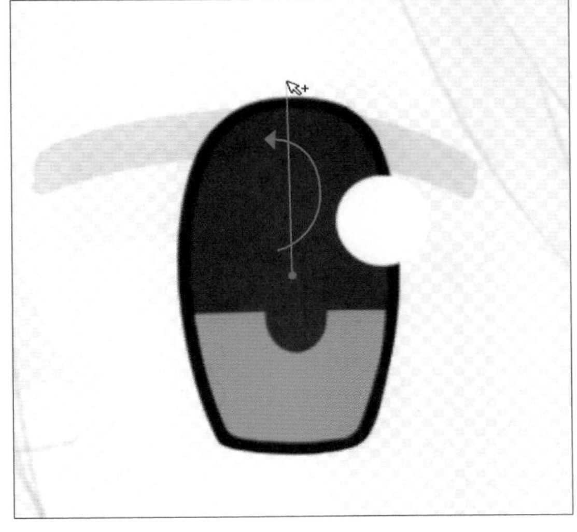

6 添加的顶点会以线段连接。

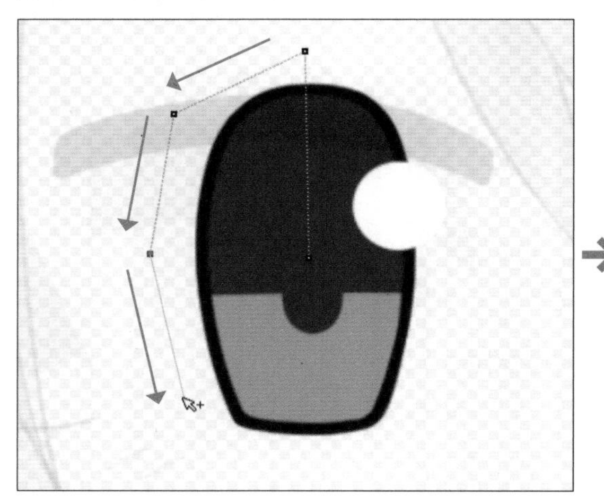

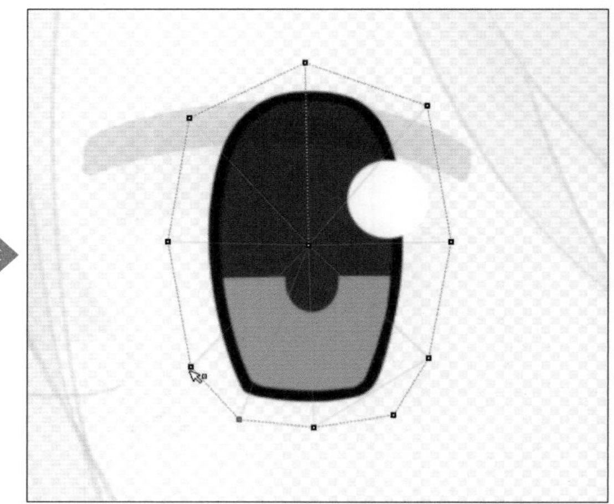

7 此时，眼珠周围的部分顶点没有与眼珠中间的顶点连接，需要补充连接。按住Shift键并选择眼珠中间的顶点，然后选择眼珠周围的顶点，即可快速连线。

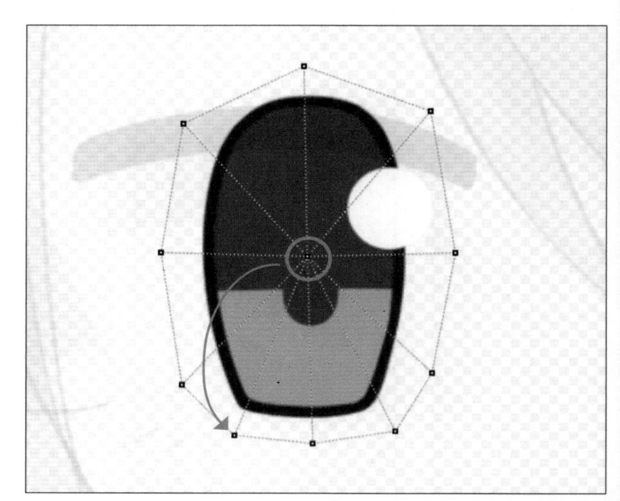

8 在给眼珠添加好图形网格后，单击✓即可保存编辑内容。

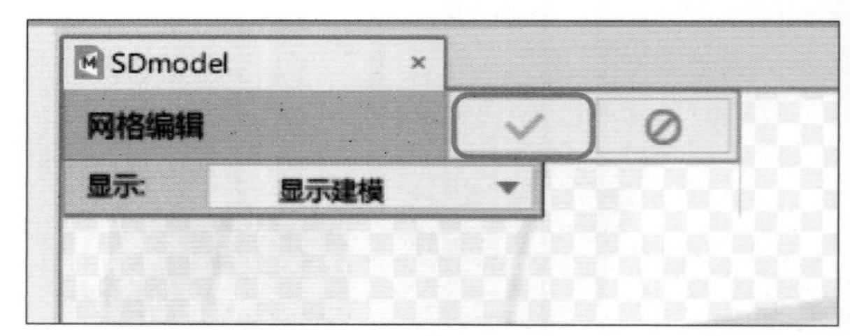

笔记

图形网格是三角形的集合体

图形网格是三角形的集合体。尽量将图形网格的三角形画得漂亮些，这样变形时就不容易出现破绽，避免将其画成尖锐的等腰三角形。

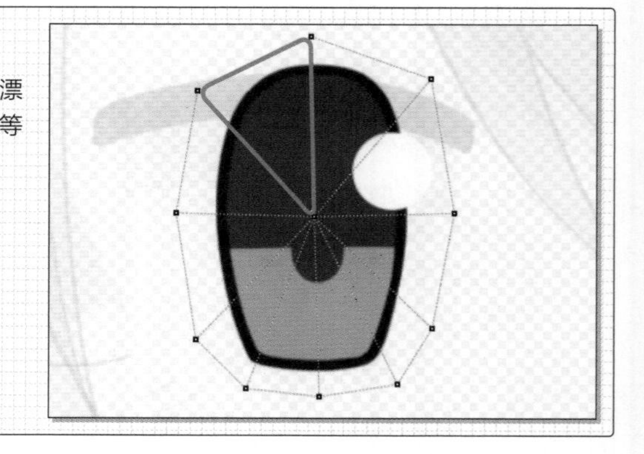

9 此时，拖动图形网格的顶点，眼珠也会随之变形。

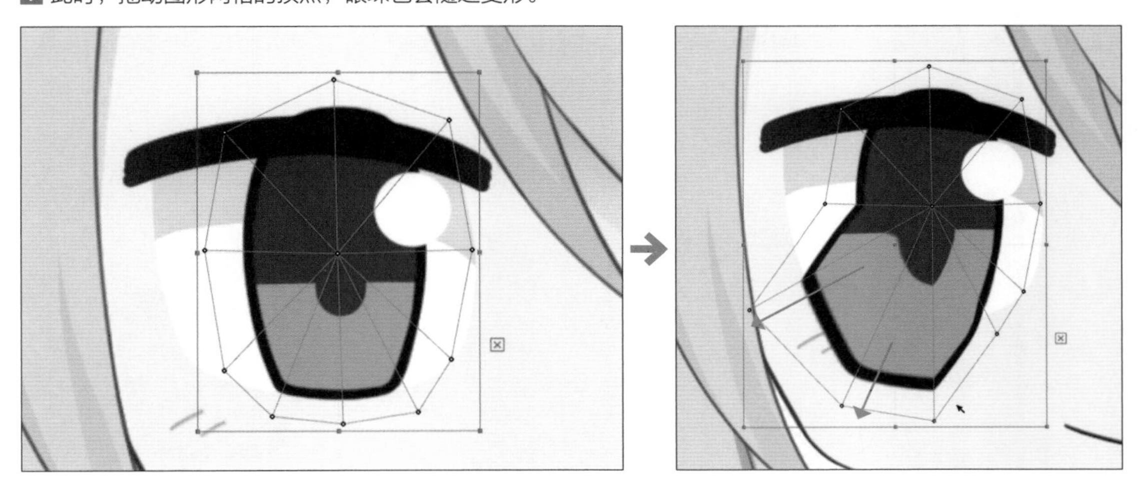

评论

当图形网格发生错误时

图形网格的外围必须是封闭的线段。如未封闭，右下角会出现红色提示（见右图的右下角）。如果最外围的线段忘记连接的话，就会出现下图所示的图形网格缺失的图形情况。要注意闭合外围部分。

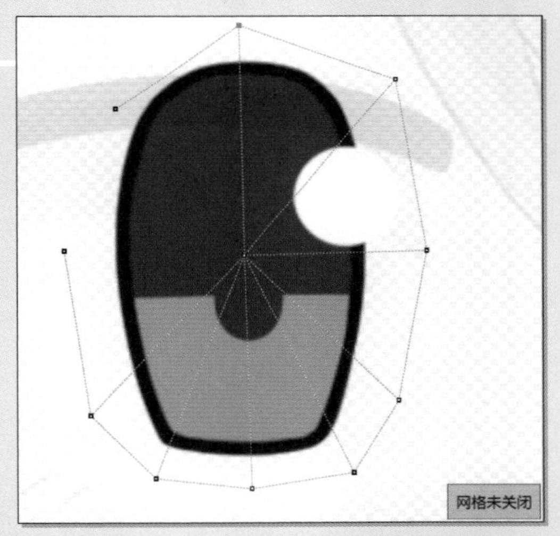

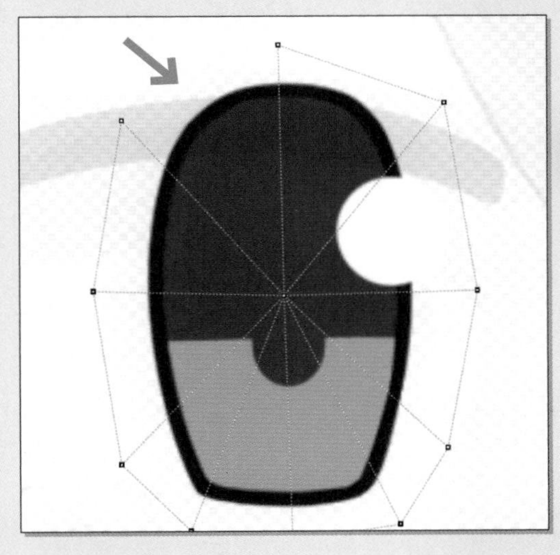

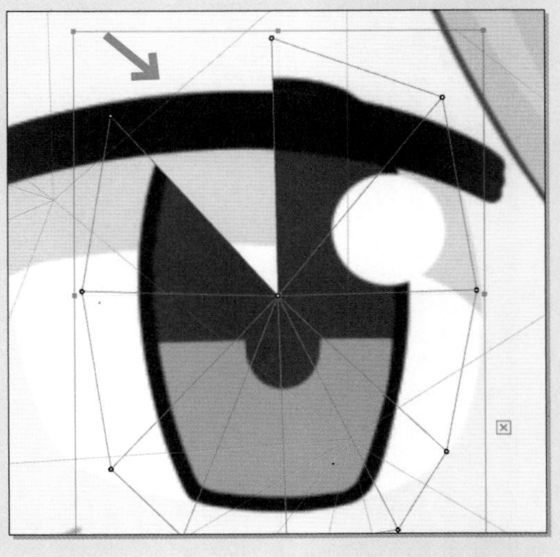

2 手动设置眼白的图形网格

下面设置右眼眼白的图形网格。这里展示用于变形的网格拆分方法。

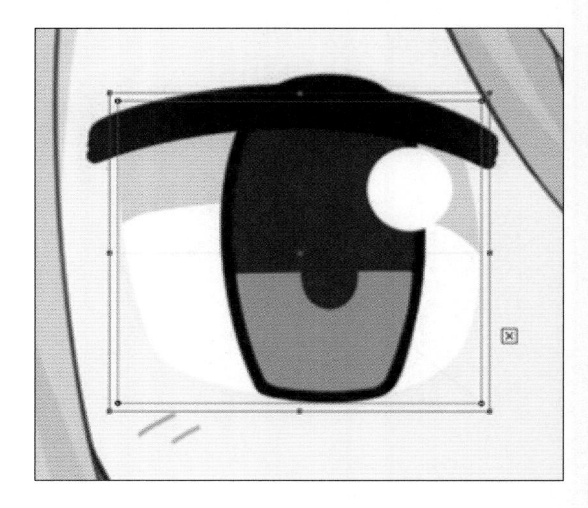

1 参考P39~P40的方法，删除初始图形网格，然后在眼白周围添加顶点。和眼珠不同，由于眼白要进行变形，因此要添加更细密的顶点。

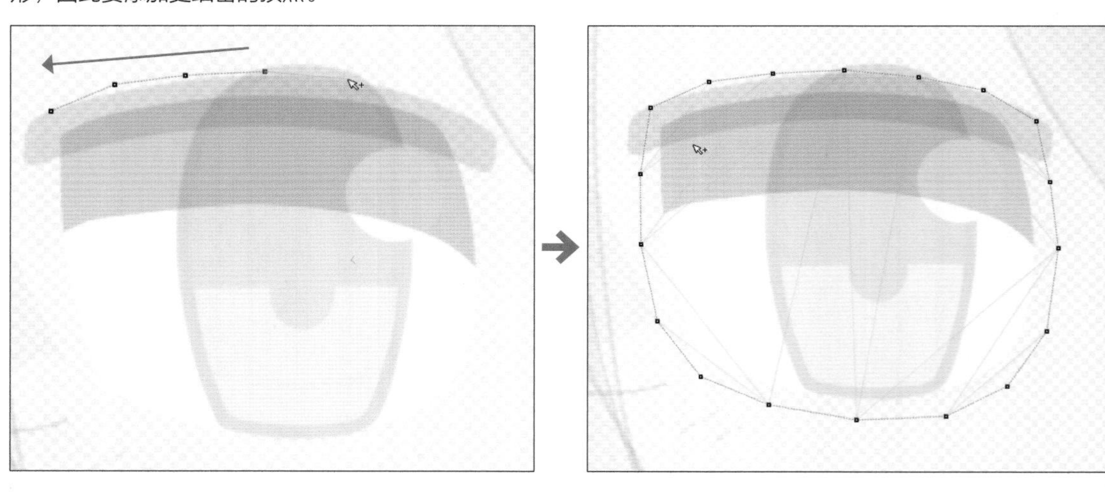

2 在外侧顶点内部添加一圈顶点，效果如下图所示。

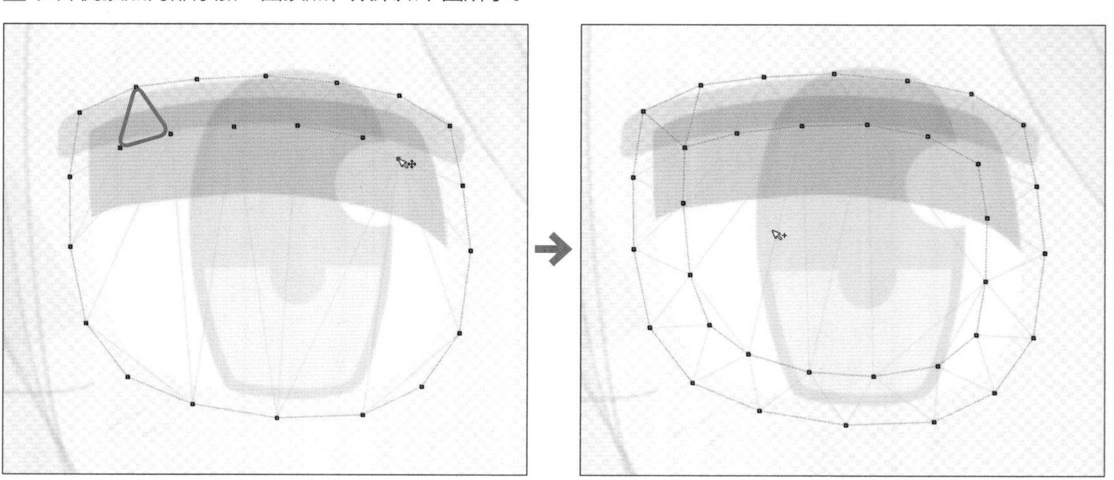

3 在内侧顶点内部添加几个顶点，然后单击工具细节面板中的“自动连接”，这样未连接的顶点会自动连接。设置好图形网格后，按照P40的方法保存编辑内容。

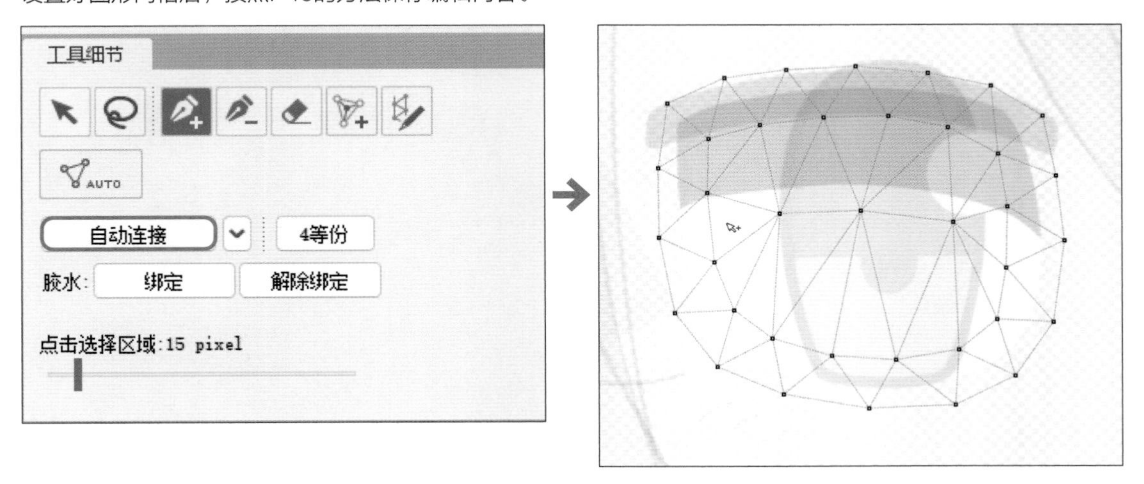

3 手动设置脸部和头顶的图形网格

下面给脸部设置图形网格。这里展示轮廓等需要复杂变形的部件，或需要线条精准变形时使用的网格拆分方法。

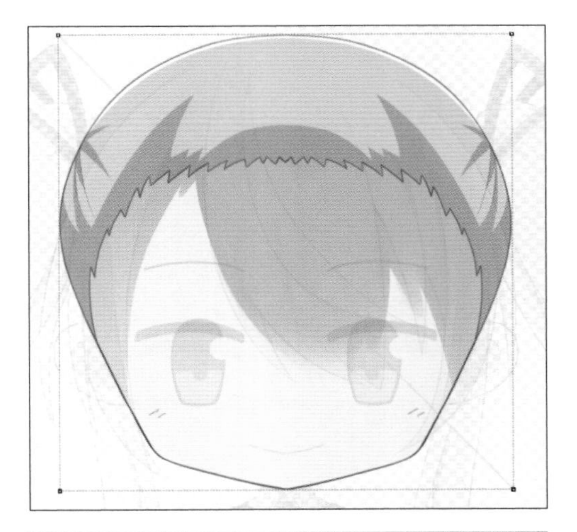

1 参考P39~P40的方法，在脸部边缘添加顶点，这里添加的顶点要更细密。部分效果如右图所示。

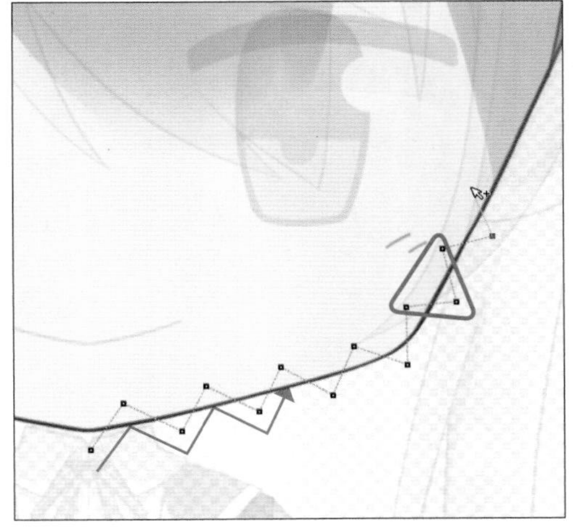

2 当添加的顶点包围脸部的一半左右时，封闭此时的图形网格。此图形网格用于包围脸部轮廓的线条。这样的网格拆分方式可以让轮廓线条在进行复杂变形时，也尽可能保持原本的形状。

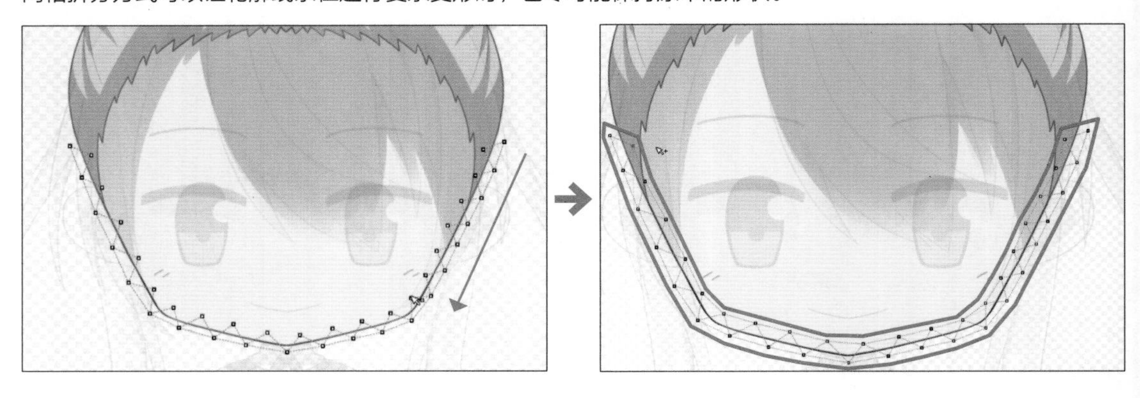

3 创建头顶的图形网格。围绕头顶添加顶点，这里的顶点不用太细密。

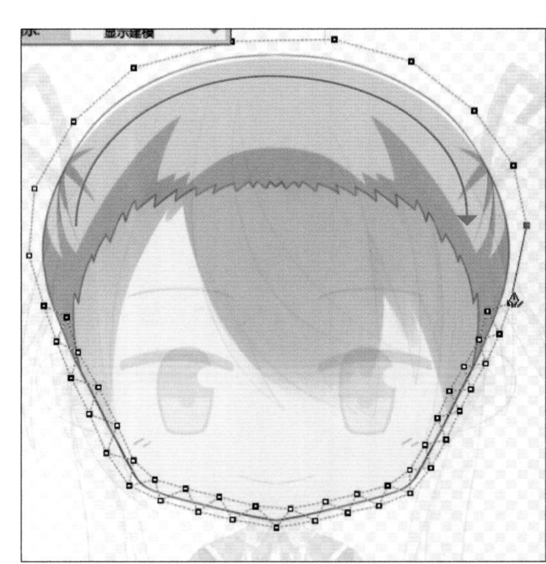

4 在脸部的中线上添加顶点，然后在中线附近添加顶点，使其能和中线上的顶点组成等腰三角形。

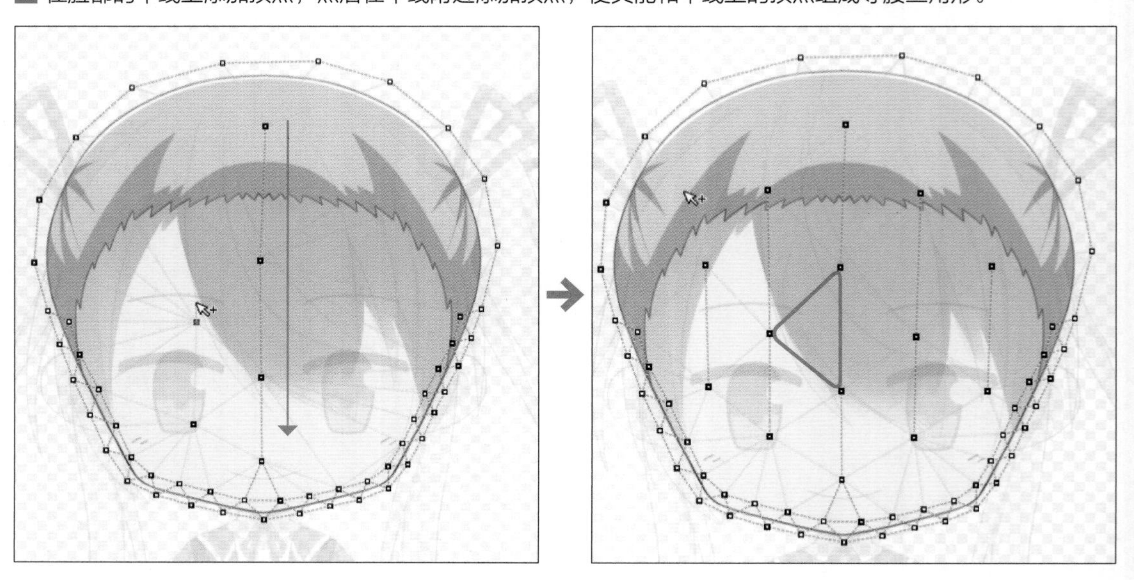

5 在工具细节面板中单击“自动连接”，使还未连接的顶点之间自动连接。设置好图形网格后，保存编辑内容。这样就完成了脸部和头顶的图形网格设置。

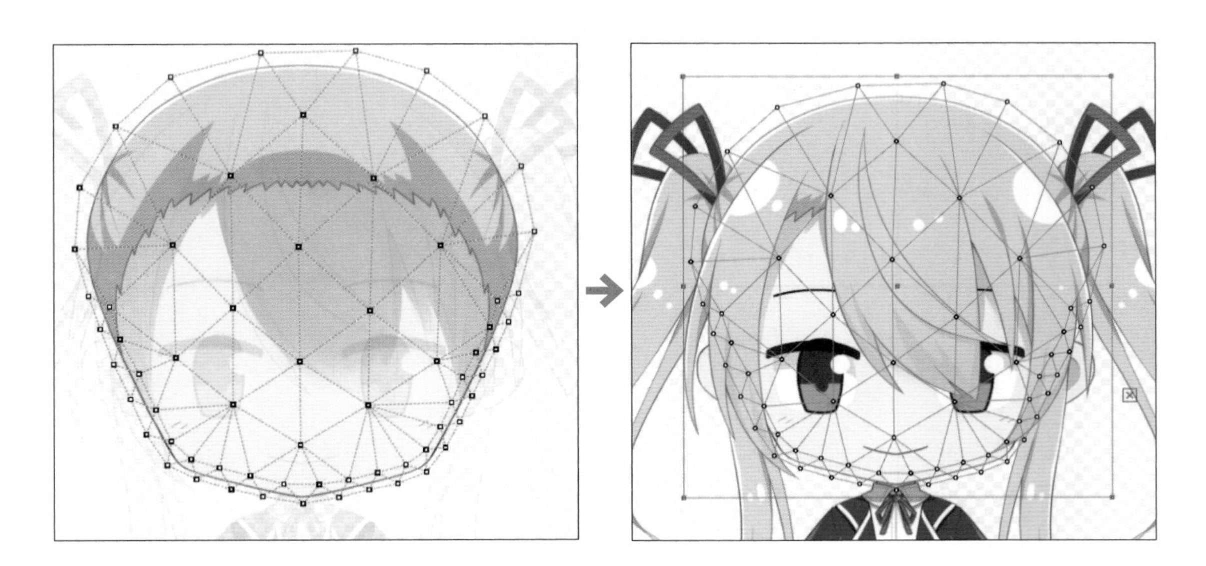

4 手动设置线条状细长部件的图形网格

下面设置细长部件的图形网格。与之前的部件不同，细长的部件有独特的网格拆分方式。

眉毛

1 给右边眉毛添加图形网格。

视频：Chapter1_2

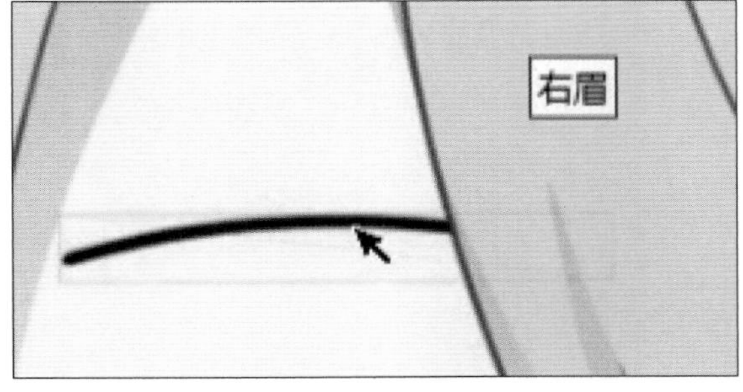

2 在添加眉毛等细长部件的图形网格的顶点时，先添加一端的顶点。注意顶点的位置要在部件的中心线上。

3 沿着眉毛的线条添加顶点。尽量保持顶点等距，而且顶点间的线段不要超出眉毛的范围。

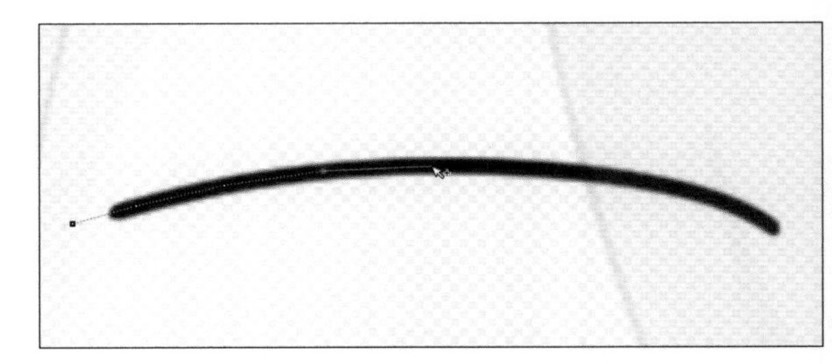

4 在眉毛另一端以同样的方式添加顶点，与之前添加的顶点连起来。

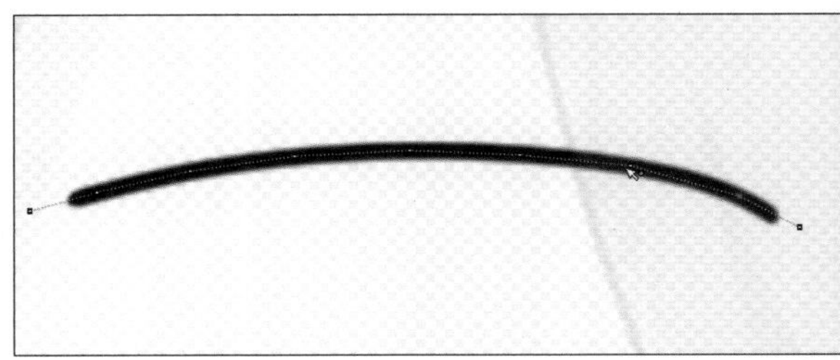

5 在眉毛周围添加顶点将其包围。此时，添加的顶点要能和眉毛上的顶点组成等腰三角形。

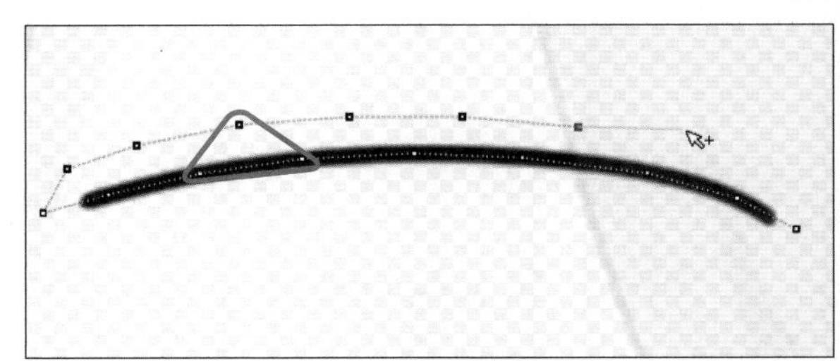

6 图形网格的顶点添加完成后，效果如右图所示。

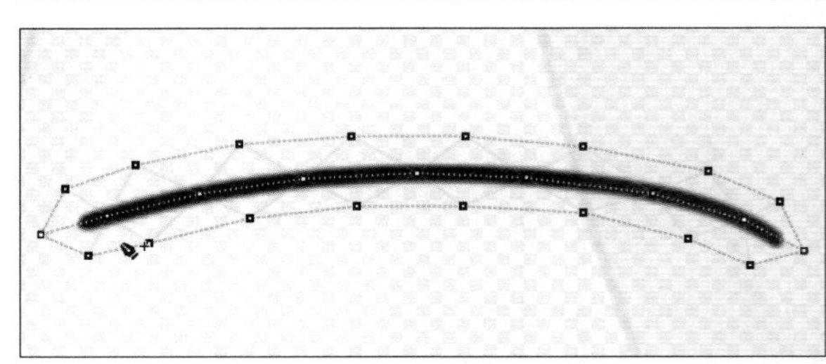

7 在工具细节面板中单击“自动连接”，使还未连接的顶点之间自动连接。

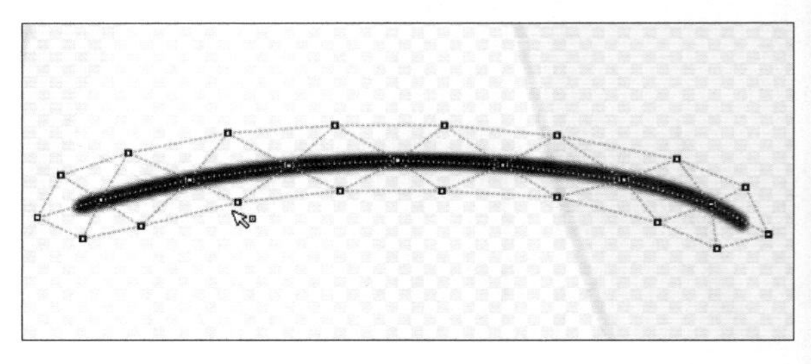

笔记

添加顶点的错误例子

在下图所示的例子中，因为顶点的间隔过大，所以变形时不能产生平滑的曲线，而是产生了棱角分明的折线。

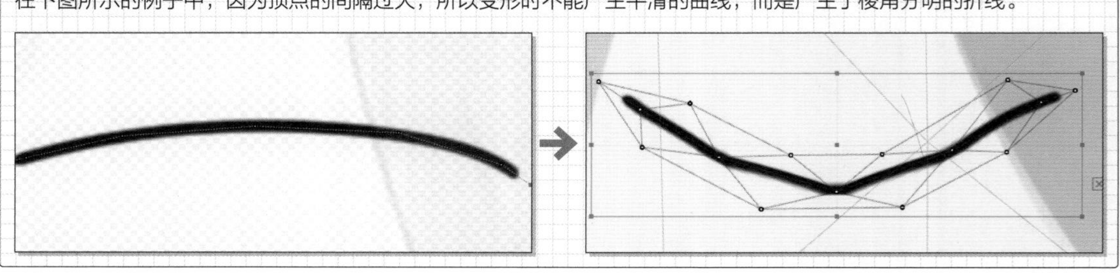

8 设置好图形网格后，保存编辑内容。

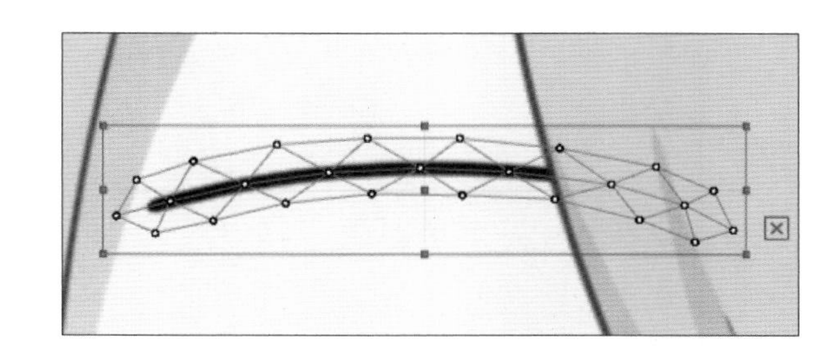

睫毛

1 为睫毛添加图形网格的方法和眉毛一样下面给右睫毛添加图形网格。

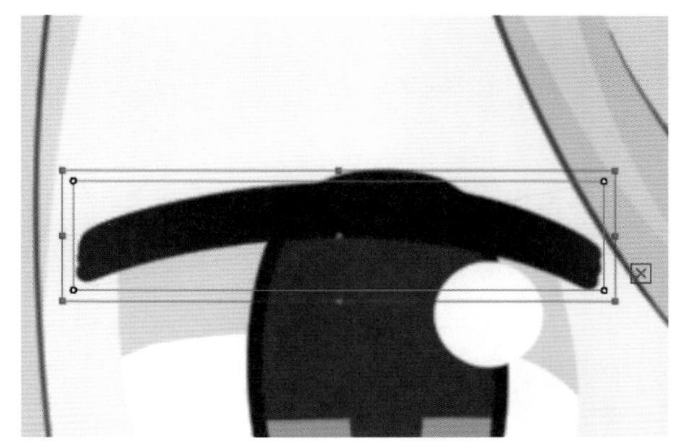

2 切换至网格编辑模式后，删除右睫毛部件的初始图形网格，然后从右睫毛的两端开始添加顶点。此时，要沿着右睫毛的线条尽可能等距地添加顶点。

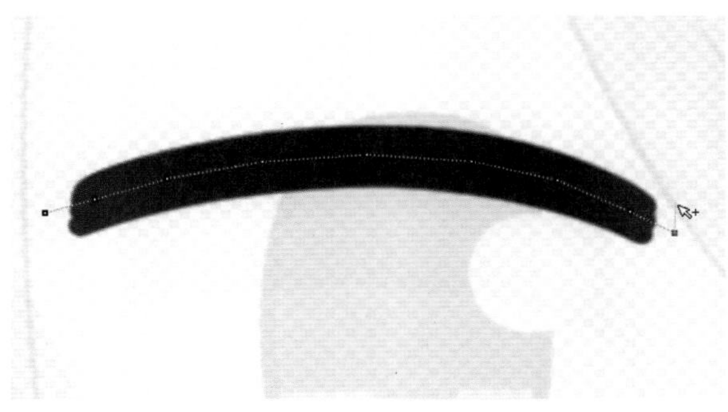

3 在右睫毛周围添加顶点将其包围。

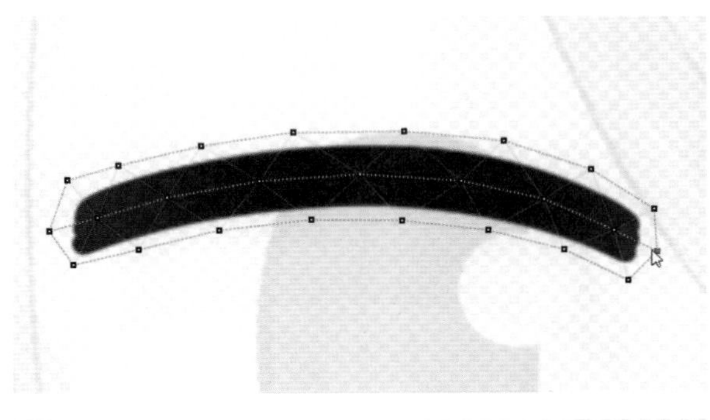

4 在工具细节面板中单击“自动连接”，使还未连接的顶点之间自动连接。

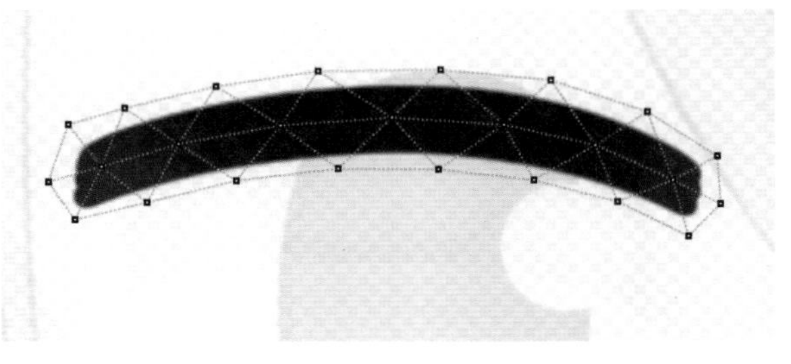

5 设置好图形网格后，保存编辑内容。

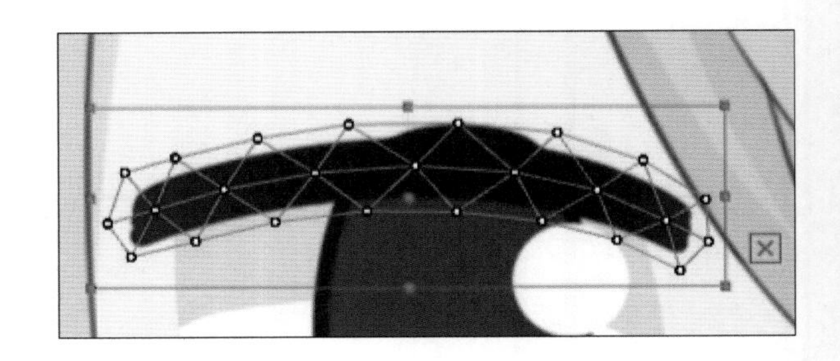

无论是较细的眉毛，还是较粗的睫毛，都可以看作线条状细长部件。对于这类部件，上述的方法就是较理想的网格拆分方式。在使用图形网格变形这样的线条状部件时，效果更好。

5 自动设置刘海儿的图形网格

到目前为止，我们都是手动设置图形网格的，也可以自动生成图形网格。自动生成图形网格工具。可以根据部件的形状自动生成图形网格，但对于形状复杂的部件，可能生成的图形网格无法保持漂亮的形状。

1 下面为形状复杂的刘海儿进行自动生成图形网格操作。

视频：Chapter1_3

2 单击工具栏中的（自动网格生成），弹出“自动网格生成”对话框。在“预置”下方的下拉列表中有“标准”“变形（轻）”“变形（重）”3个预设值。可以通过更改此对话框中的数值来对自动生成进行相关设置，这里选择“标准”预设值即可。

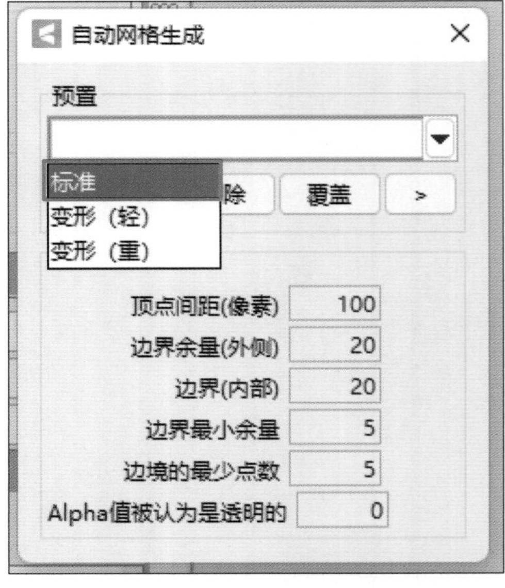

3 使用“标准”预设值生成 的图形网格如右图所示，其顶点分布均匀，整体效果很好。

4 切换至网格编辑模式，此时能单独查看生成的刘海儿的图形网格。

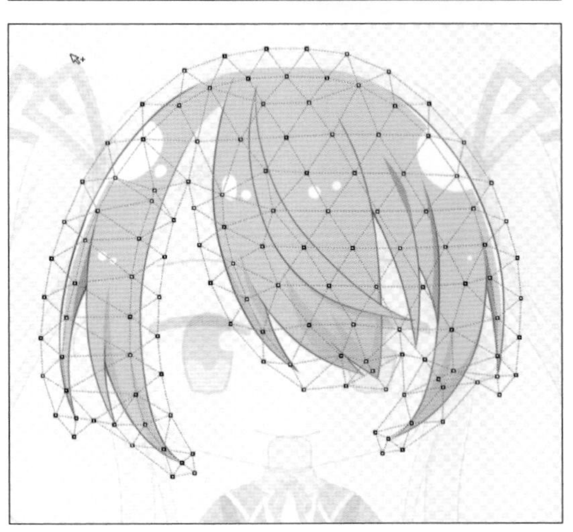

笔记

变形程度不同的图形网格

“变形（轻）”是比“标准”更大的图形网格，“变形（重）”是更细密的图形网格。

变形（轻） 变形（重）

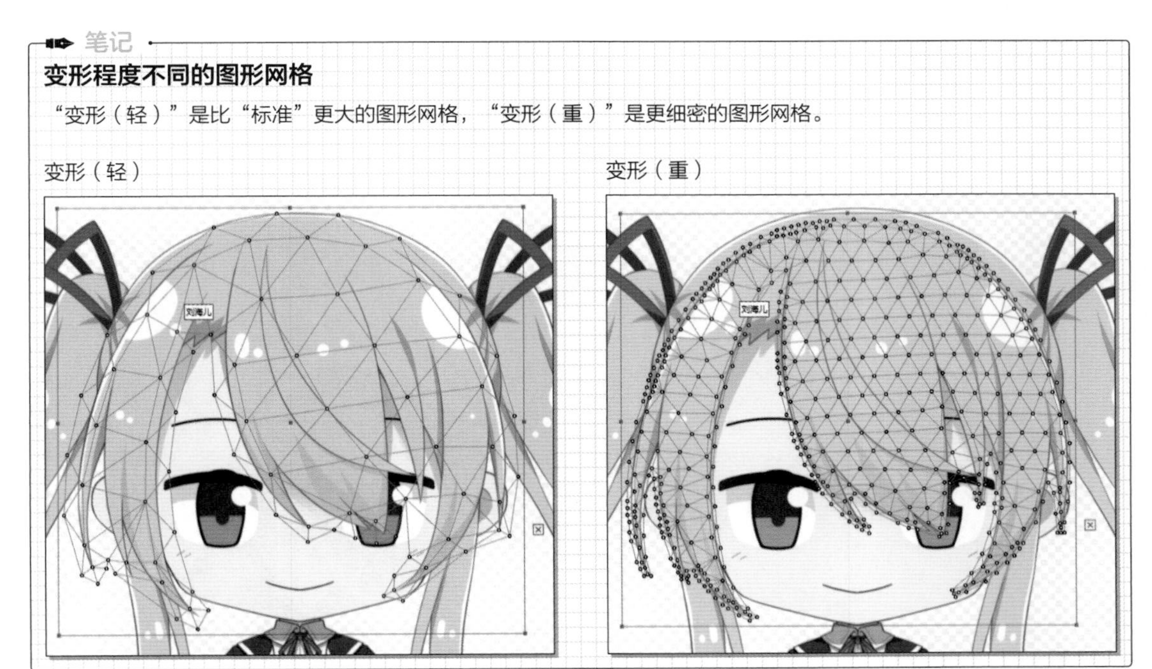

5 如果对自动生成的图形网格不满意，可以对其进行局部调整。

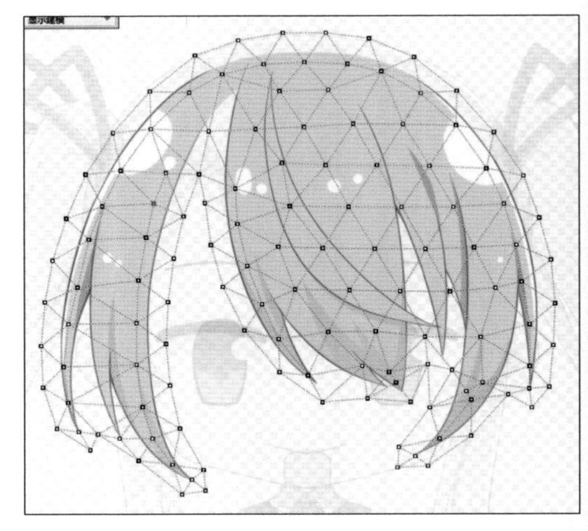

6 设置好图形网格后，保存编辑内容。利用自动网格生成功能，我们可以很顺利地编辑网格。

6 自动设置身体的图形网格

1 下面用自动网格生成来创建身体部件的图形网格。

2 单击工具栏中的（自动网格生成），此时身体部件的效果如右图所示。

3 工具细节面板中也有（自动网格生成），单击它同样会弹出“自动网格生成”对话框，在其中选择“变形（轻）”，生成身体的图形网格。

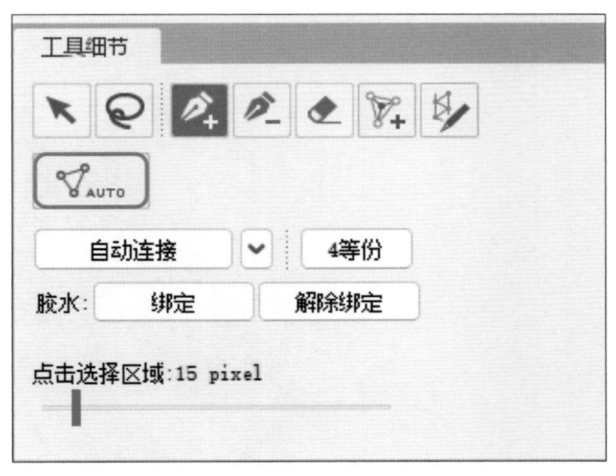

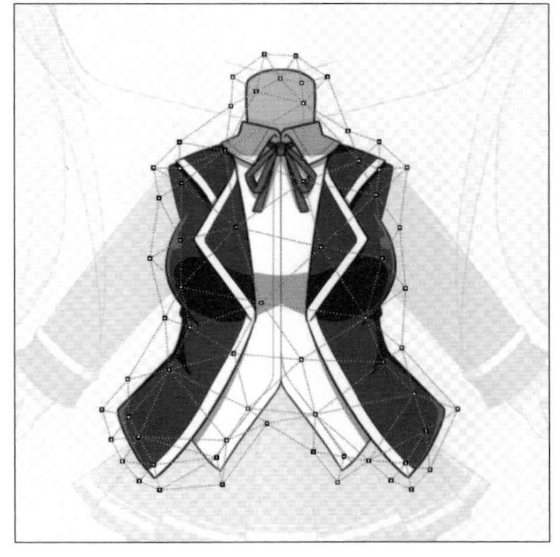

4 对生成的图形网格进行局部调整。

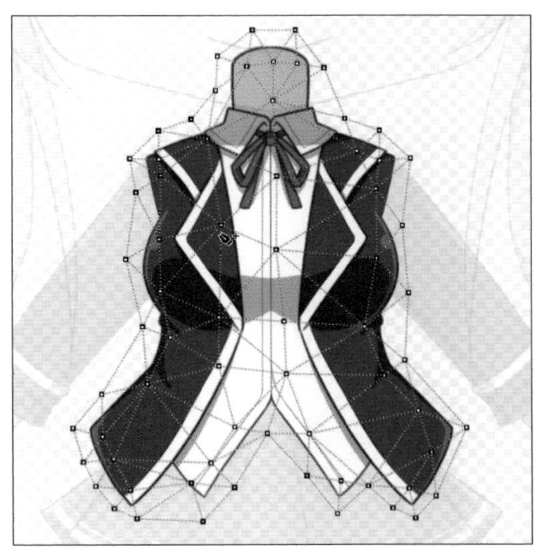

5 设置好图形网格后，保存编辑内容。像这样，先自动粗略地生成图形网格再进行细节部分的修改，可以缩短图形网格的编辑时间。（自动网格生成）可以称得上功能非常强大的工具。

7 在左右对称的部件上复制图形网格

若部件左右对称，则可通过水平反转其中一部分的图形网格制作另一边的部分。这样可以缩短图形网格的制作时间。

1 这里以左右手臂为例，进行图形网格复制的介绍。
先根据前面所讲的内容制作出右手臂的图形网格。

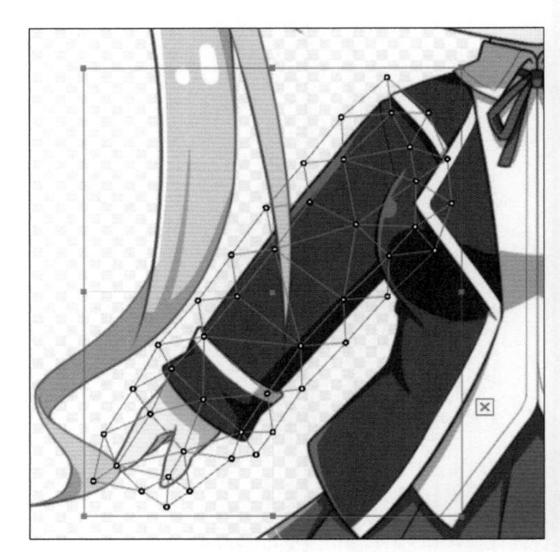

2 切换至网格编辑模式，选中右手臂的图形网格的所有顶点，然后复制。

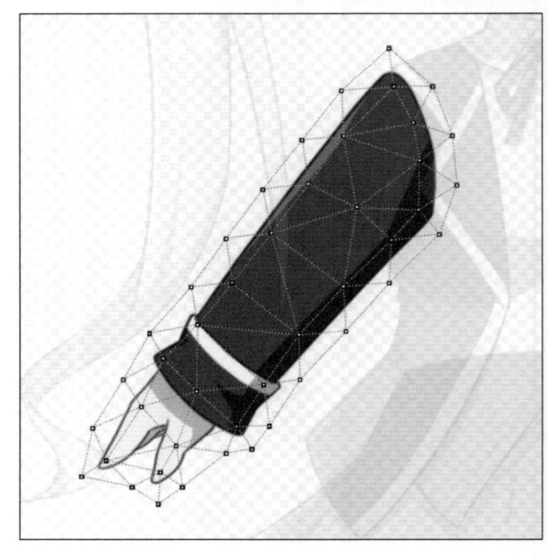

3 在网格编辑模式下，删除左手臂原有的图形网格，然后粘贴刚刚复制的图形网格。粘贴过来的图形网格是右手臂的形态和位置。

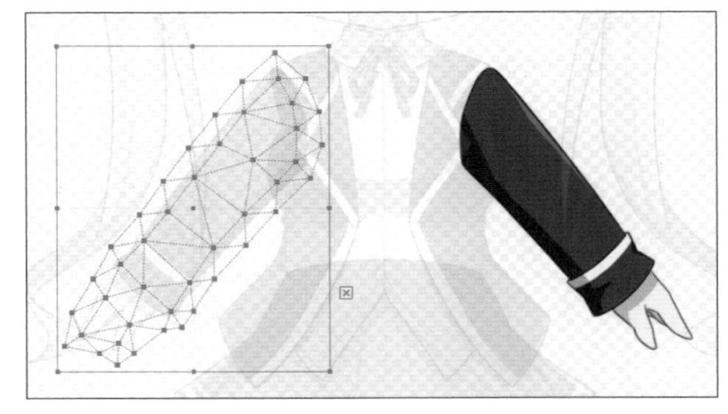

4 在界面空白处使用鼠标右键单击，出现“水平反转”和“垂直反转”两个命令，这里选择“水平反转”。

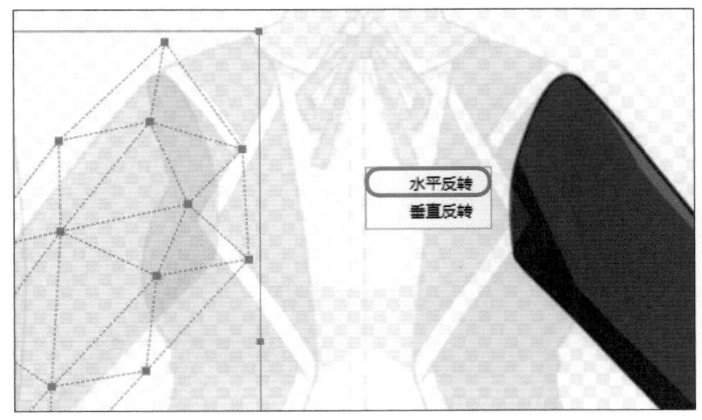

5 这时，图形网格刚好位于与右手臂对称的左手臂上。

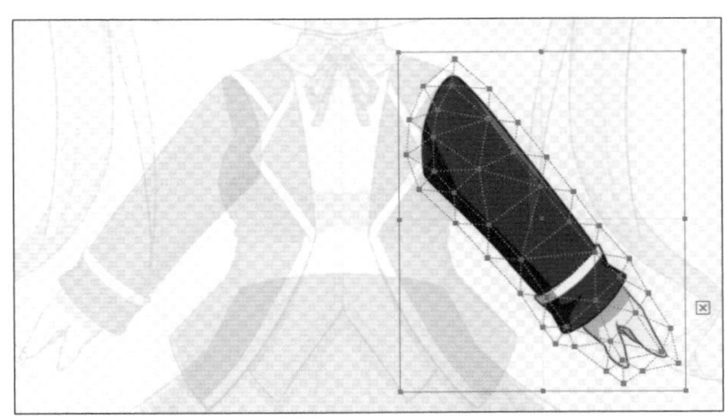

6 设置好图形网格后，保存编辑内容。保存好后在左边手臂的位置也添加像右边一样的图形网格。像左右手臂这样左右对称的部件，制作好一边的图形网格后，通过复制粘贴、水平反转即可完成另一边的图形网格制作。

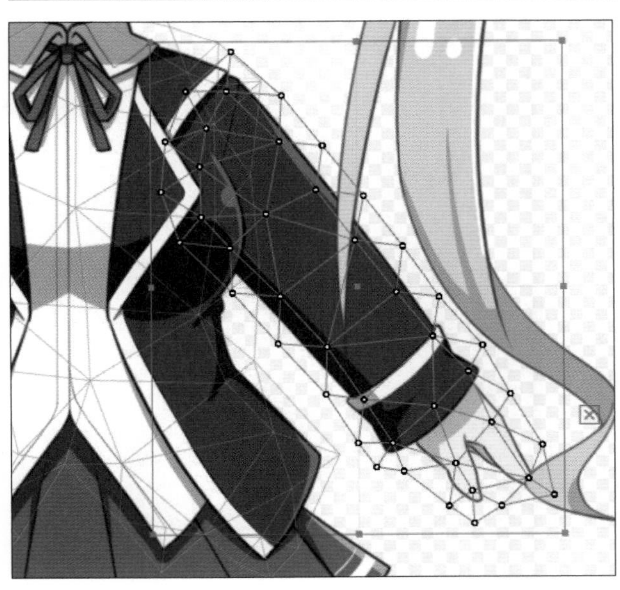

7 给模型的其他部件添加图形网格，效果如右图所示。在这个状态下，就可以开始给模型添加动作了。

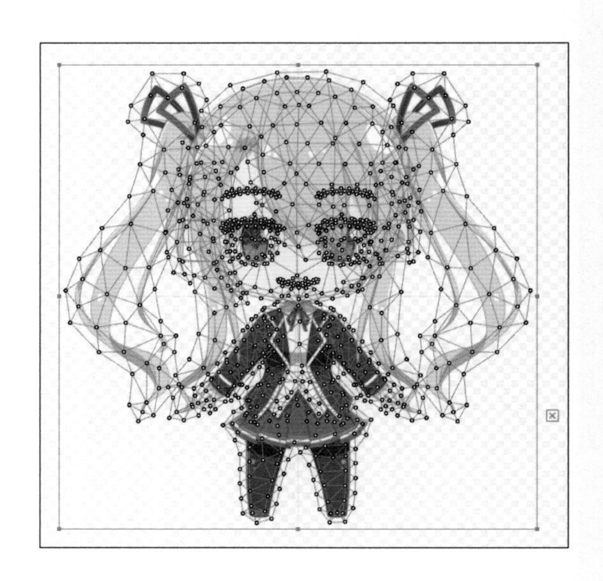

8 用剪贴蒙版调整外观

Live2D Cubism Editor有剪贴蒙版的功能。可以为眼部等适当地设置剪贴蒙版，调整模型的外观。下面以右眼为例，介绍剪贴蒙版的用法。

1 选择要设置剪贴蒙版的对象，即右眼眼白，在检查器面板中找到“ID”，复制其值“ArtMesh11”。

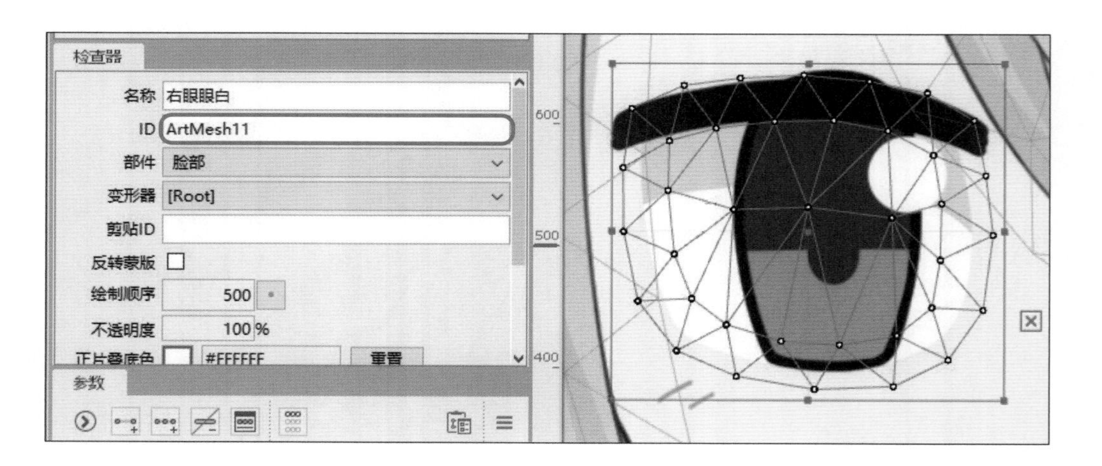

2 选择剪贴对象，即右眼眼珠。确认检查器面板中的“剪贴ID”文本框为空，然后将复制的“ArtMesh11”粘贴至“剪贴ID”文本框中并按Enter键。

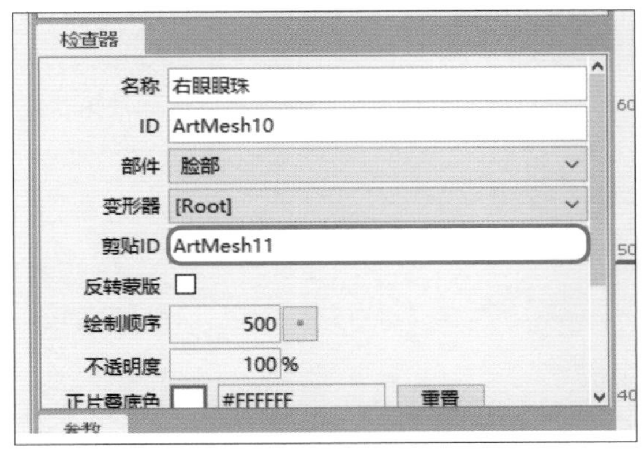

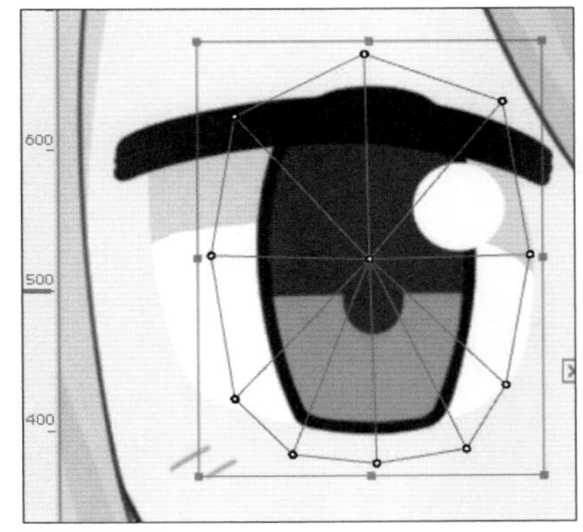

3 这时会弹出“关于剪贴蒙版的说明”对话框，单击“OK”即可。

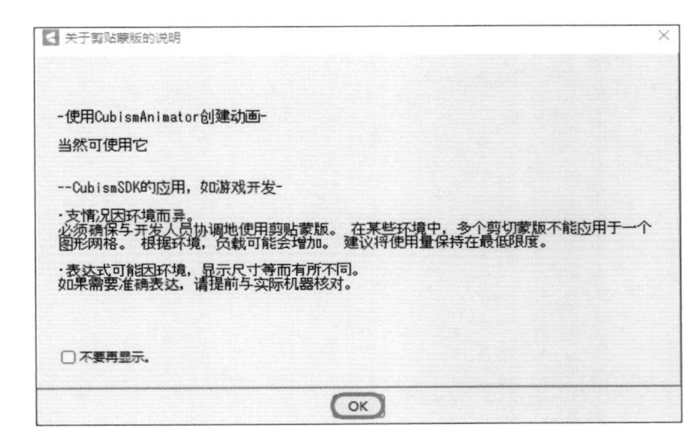

4 通过设置剪贴蒙版，将眼珠部分剪贴至眼白部分。对左的眼也进行同样的操作。至此，我们就完成了让模型动起来的所有准备工作。

给模型加上动作

通过给模型添加动作，当制作动画或进行物理模拟时，模型可以准确地执行你设计的动作。

1 使刘海儿动起来

1 使用弯曲变形器（参考P34），设置参数为刘海儿添加简单的动作。选中刘海儿的图形网格，单击（创建弯曲变形器）。

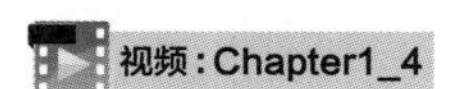

2 打开“创建弯曲变形器”对话框。因为要制作刘海儿飘动的变形，所以将此弯曲变形器命名为“飘动 刘海儿”，然后单击“创建”。

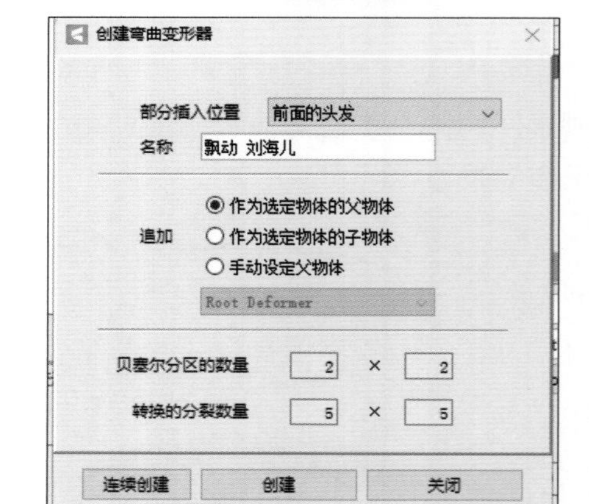

3 创建好的刘海儿部分图形网格的弯曲变形器如右图所示。

4 给这个弯曲变形器设置参数，使刘海儿动起来。选中创建好的“摇动 前发”弯曲变形器，然后在参数面板中选择“摇动 前发”，接着单击 （追加3点）来添加参数。

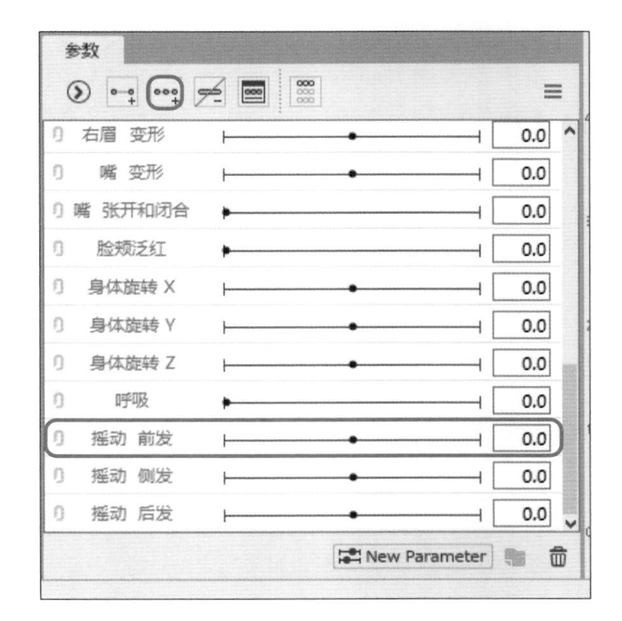

5 此时相应参数上显示3个绿色的点，即动作记录点。在选中弯曲变形器的状态下，在参数上追加动作记录点，即可设置参数。

6 单击最左边的动作记录点。

7 此时，可以移动弯曲变形器的控制点。把左下角的控制点往画面左侧移，设置刘海儿飘动的效果。

8 将选中弯曲变形器的控制点移动到一段距离后，可以尝试将动作记录点在中间与左边的参数记录点之间来回移动。这时我们就会发现头发的弯曲变形器也随之动起来了，刘海儿便产生了飘动的效果。像这样，变形器会随对应参数动作记录点的移动而变形，这就是用参数控制动作的原理。

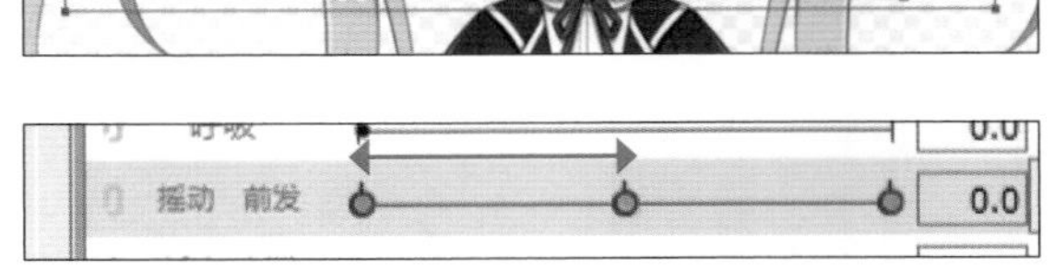

9 如果呈现的动态还未达到我们理想的效果，就继续移动调整弯曲变形器的控制点，让它重新演算直至达到头发飘动的理想效果。确定好对象在运动中的形状后，变形就做好了。

10 目前只添加了刘海儿向画面左边飘动的动作。还需要添加刘海儿向右边飘动的动作。将“摇动前发”参数的第二个动作记录点移动至左边，然后单击≡（显示盘清单）打开参数面板的下拉菜单，选择“动作反转”。

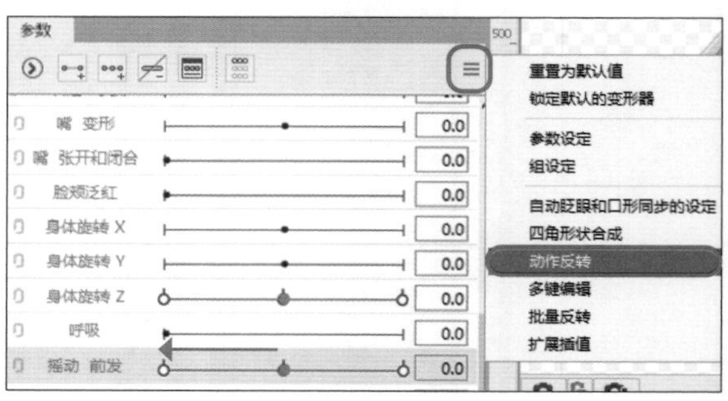

11 弹出“反转设定”对话框，确认“反转目标”是否为“弯曲变形器：飘动 刘海儿”，确认基本设置是否为“水平翻转”，然后单击“OK”。

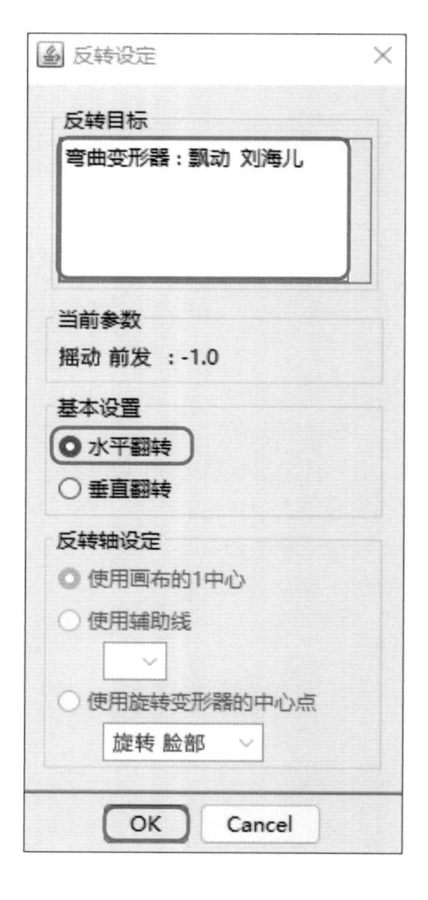

12 此时，选中的参数会变为黄色，刘海儿向右飘动的动作记录点有显眼的红色标识。

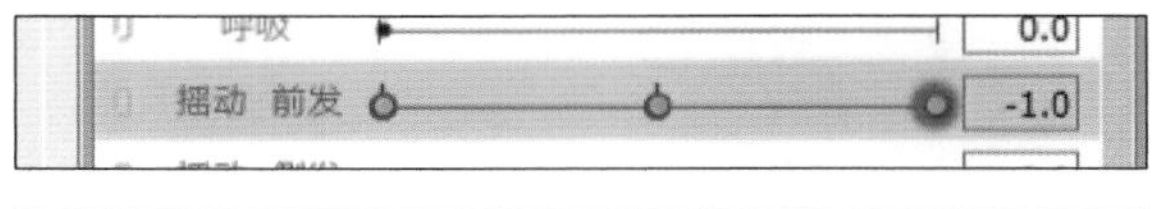

13 将动作记录点向画面右侧移动，可以发现弯曲变形器产生了一个向右侧飘动的动作。添加好一个动作后，只需设置这个动作的翻转参数，就可以自动生成与该动作左右对称的动作。但是，这只适用于两个动作对称且相同的情况。这样，刘海儿的动作就添加好了。
以上是添加参数的基本方法。

2 使其余的头发动起来

1 给其余的头发（侧面头发和双马尾）添加动作。

2 参考P56的步骤，选中右边的侧面头发的图形网格，创建弯曲变形器。在“创建弯曲变形器”对话框中将弯曲变形器的名称更改为“飘动 鬓发（右）”。

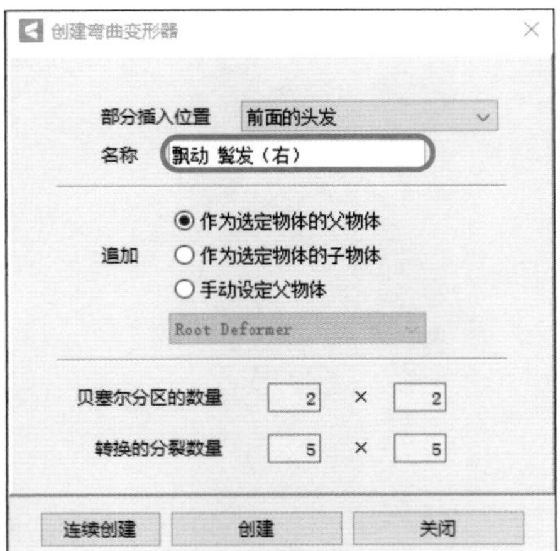

3 在检查器面板中将“贝塞尔分割数”的高由“2”改为“3”。因为（根据刘海儿的运动规律，刘海儿在飘动时）弯曲变形器的上半部分不需要怎么移动，所以将其分为3个贝塞尔分区就够了。

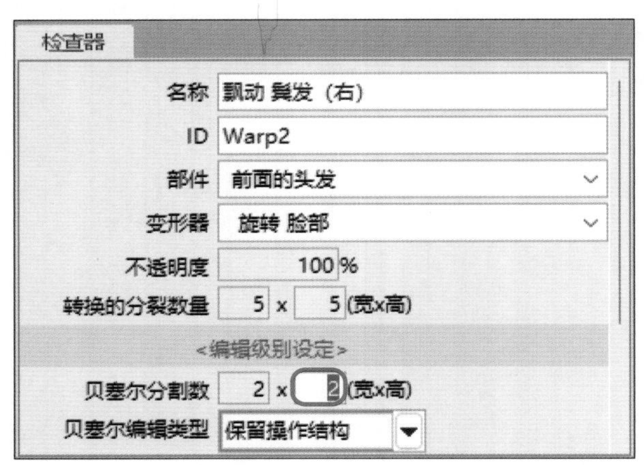

4 选择参数面板中的“飘动侧发”，参考P57的步骤追加3个动作记录点。

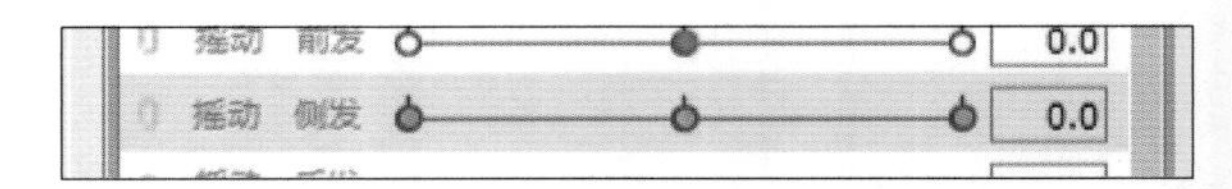

5 调整弯曲变形器的控制点，使右边的侧边头发动起来。因为左右两侧鬓发的动作不是对称的，所以需要手动为左侧的鬓发添加动作。不能使用“动作反转”。

6 同样参考P56的步骤，选中双马尾（右）图形网格，创建弯曲变形器。在“创建弯曲变形器”对话框中将弯曲变形器的名称更改为“飘动 双马尾（右）”。

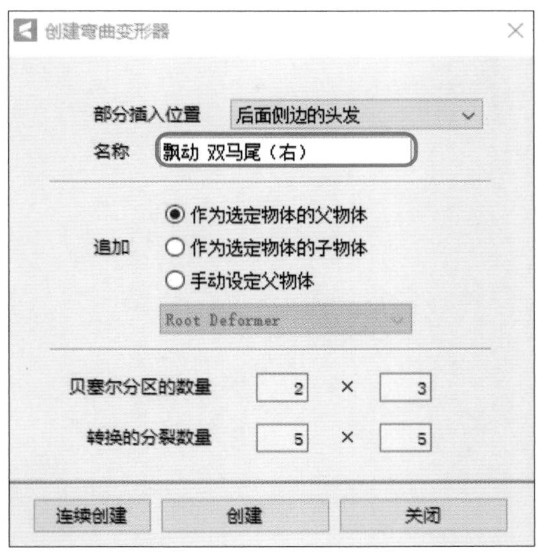

7 将“贝塞尔分割数”的高由“2”改为“3”。

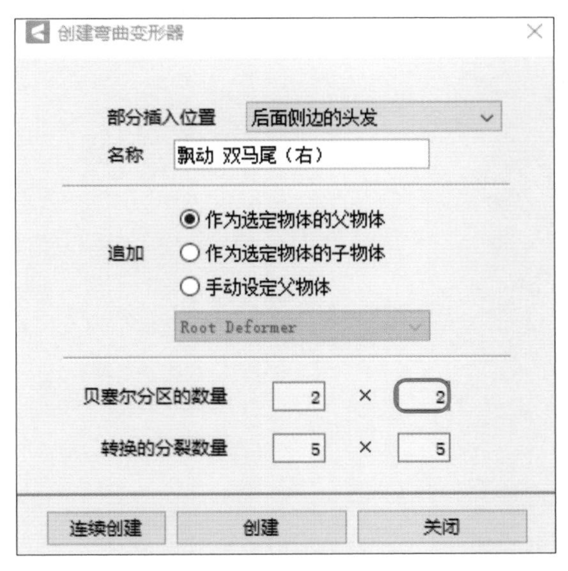

8 选择参数面板中的“摇动 后发”，参考P57的步骤追加3个动作记录点。

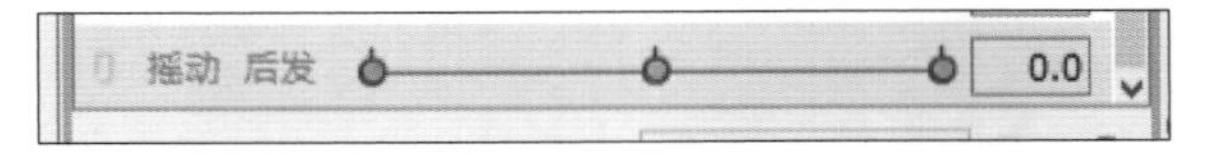

9 调整弯曲变形器的控制点，使双马尾（右）动起来。因为双马尾左右两边的动作不是对称的，所以也需要手动为双马尾（左）添加动作。至此，刘海儿、右侧鬓发、双马尾（右）的动作就添加好了。

10 按照P56和P57的步骤为左侧鬓发和双马尾（左）创建弯曲变形器，添加动作。添加好后，弯曲变形器会以透明的形式呈现在界面中。

3 使眼珠动起来

1 给眼珠添加动作。首先选中两眼珠的图形网格，然后在参数面板中选择“眼珠 X”和“眼珠 Y”，参考P57的步骤追加3个动作记录点。

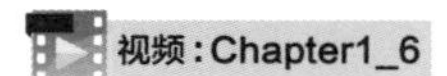

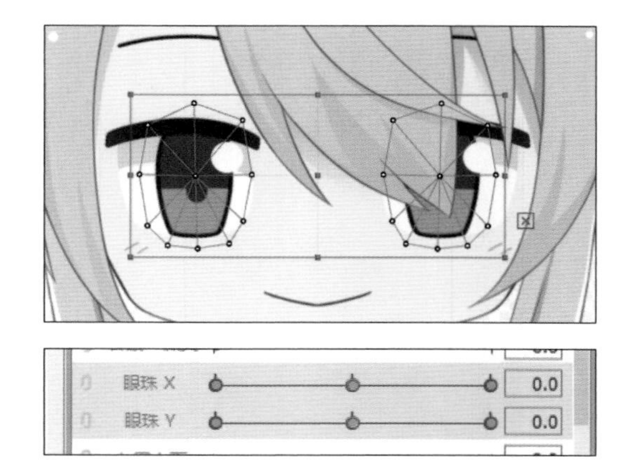

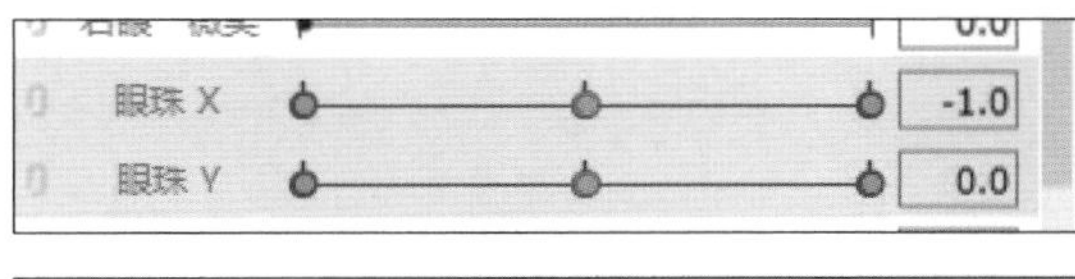

2 因为部分眼珠被刘海儿遮挡看不清，所以在部件面板中单击刘海儿将其暂时隐藏起来。

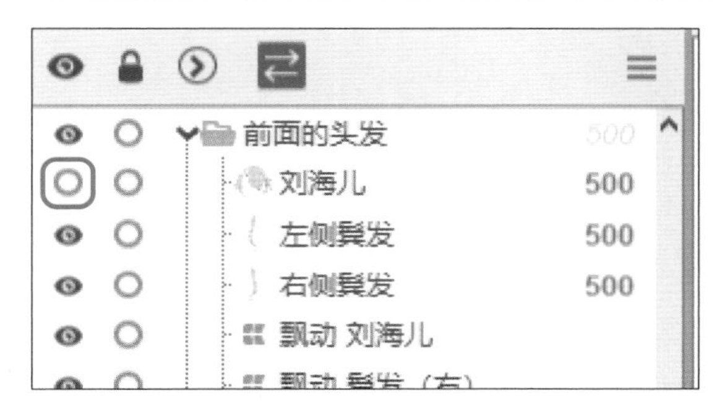

3 将“眼珠 X”参数的动作记录点往左移动，把两个眼珠也往画面左侧移动。此时，左右眼移动幅度一致，左眼已移动至眼眶边缘，而右眼距离眼眶还有一小段距离，这不符合运动规律。因此需要单独选中右眼，手动调整其位置，使其移动到眼框的边缘。

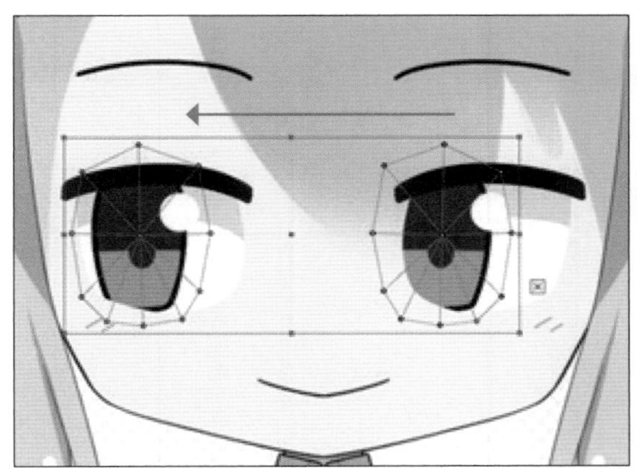

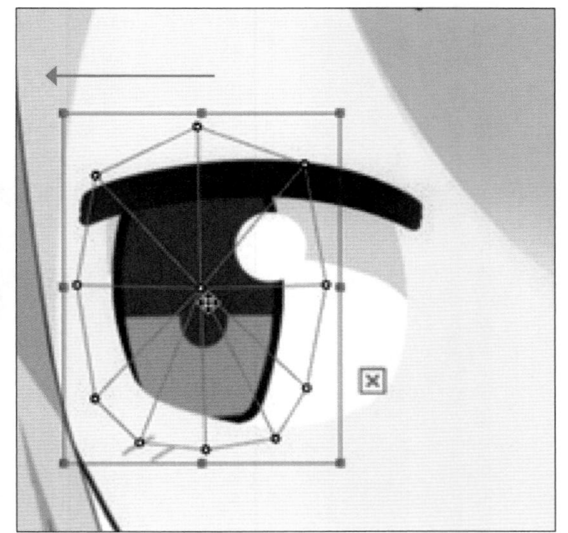

4 用同样的方式为眼珠向画面右侧移动的动作添加参数。将“眼珠 X”参数的值恢复到“0”。

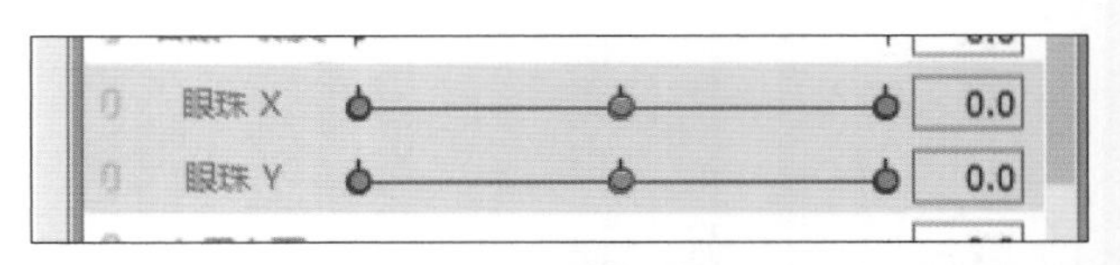

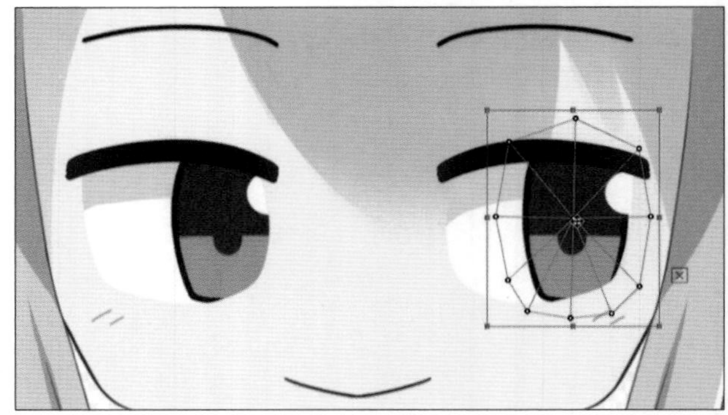

5 至此，眼珠左右移动的动作就添加好了。下面添加眼珠上下移动的动作。将“眼珠 Y”参数的动作记录点向右移动，眼珠就会向上移动。

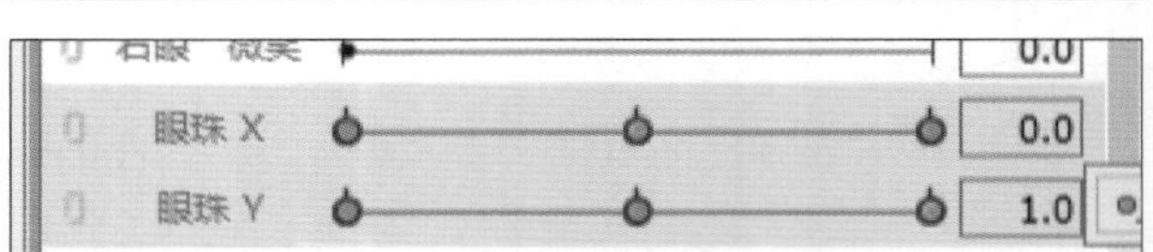

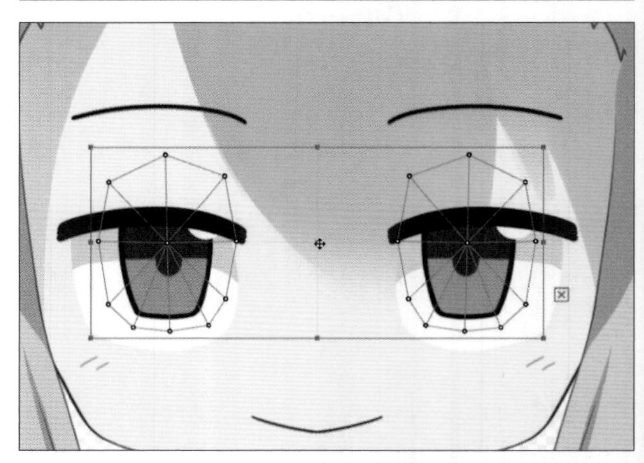

6 将“眼珠Y”参数的动作记录点向左移动，眼珠就会向下移动。至此，眼珠上下移动的动作就添加好了。

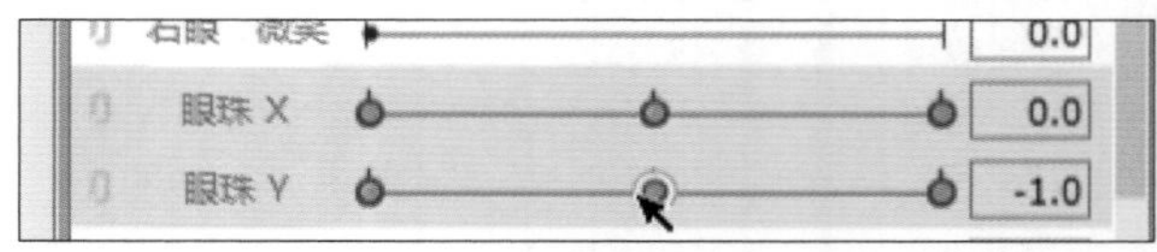

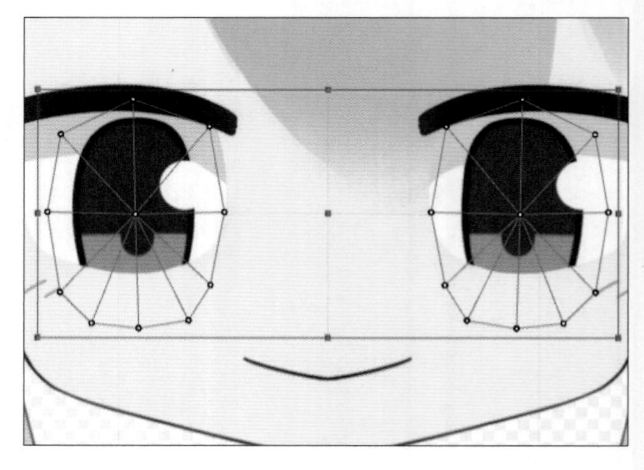

7 单击“眼珠X”参数旁的 （结合参数），则该参数和其下方的“眼珠Y”参数结合为一个参数。横向移动动作记录点可设置“眼珠X”的值，纵向移动动作记录点可设置“眼珠Y”的值。

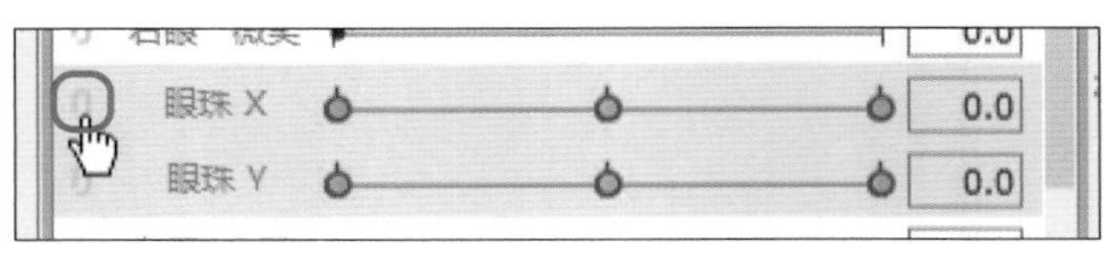

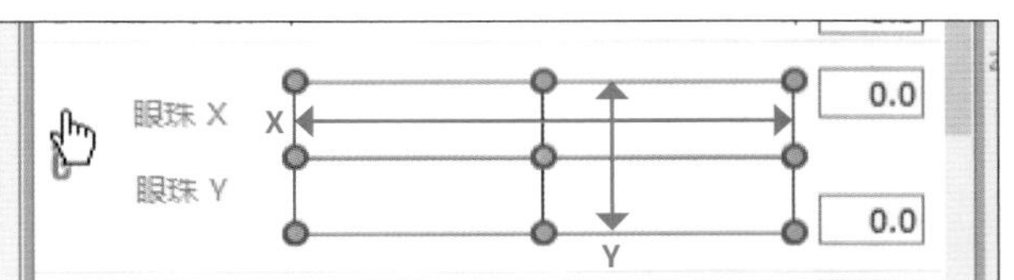

8 选择两眼珠的图形网格和“眼珠X”“眼珠Y”参数，然后在参数面板的下拉菜单中选择“四角形状合成”。

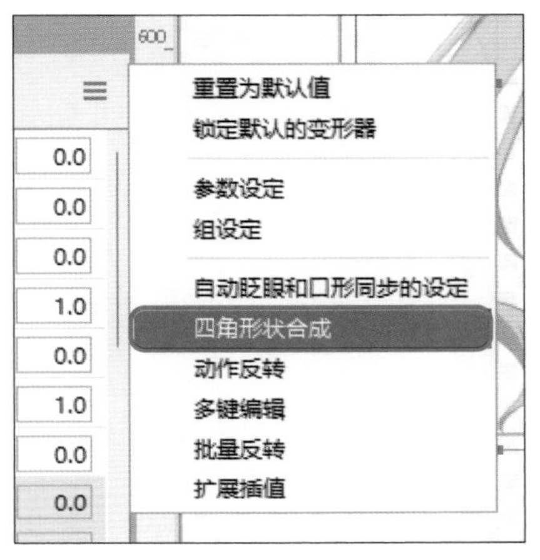

9 在弹出的“自动生成四个角的形状”对话框中确认“参数1”和“参数2”分别为“眼珠X”“眼珠Y”，然后单击“OK”。

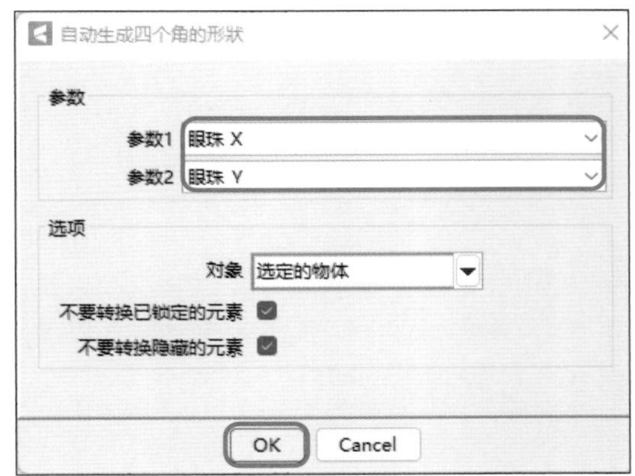

笔记

未选择“四角形状合成”的四角参数

7为未设置“四角形状合成”的结合参数，虽然中间的十字部分有参数，但4个角会变回没有设置参数的状态。例如，将参数记录点拖动至左下角，眼睛则会看正面不动（即保持初始状态）。

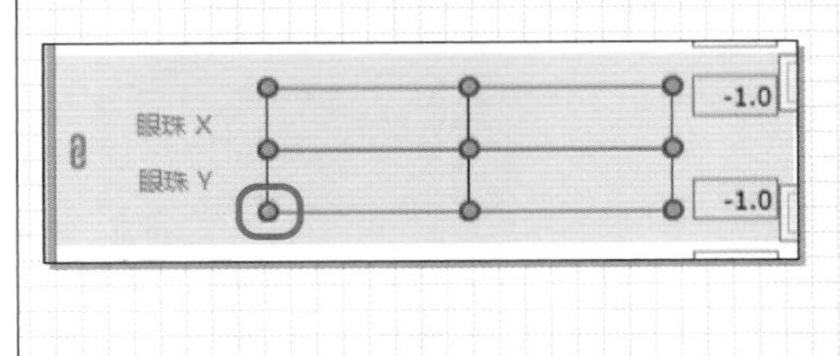

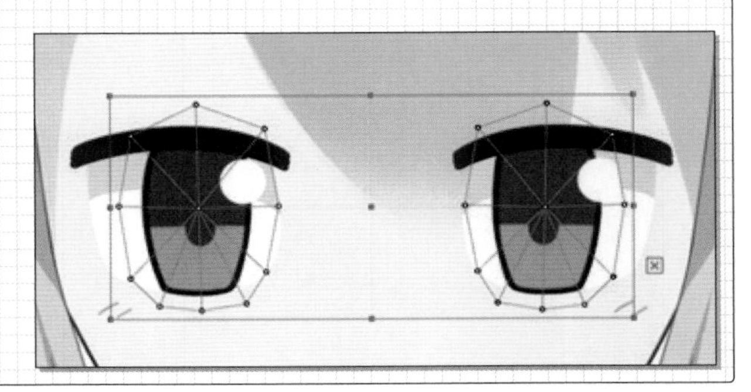

10 参数“眼珠 X”和“眼珠 Y”的值会自动组合，使两个眼珠可以同时进行两个参数的变形，从而在四个方向自由移动。像这样需要将左右运动和上下运动结合在一起时，可以使用“四角形状合成”，自动添加参数。复杂变形很难通过这种方法完成，但移动部件这种简单的动作就可以用这种方法很轻松地完成，非常方便。

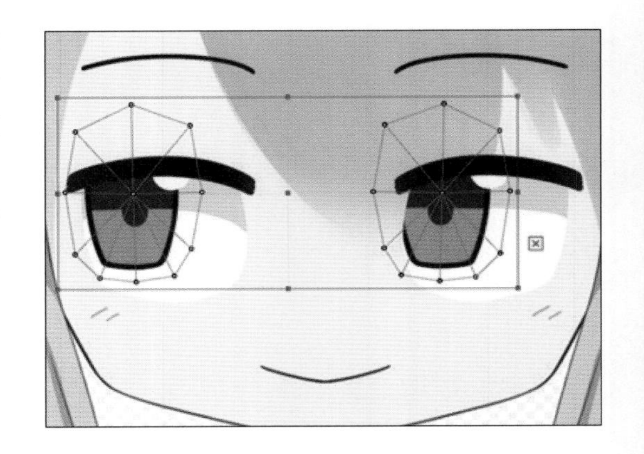

4 使角色眨眼

1 为眼部添加动作使角色眨眼。下面以右眼为例进行介绍。选择睫毛和眼白的图形风格，然后为“右眼 开闭”参数追加两个动作记录点。

视频：Chapter1_7

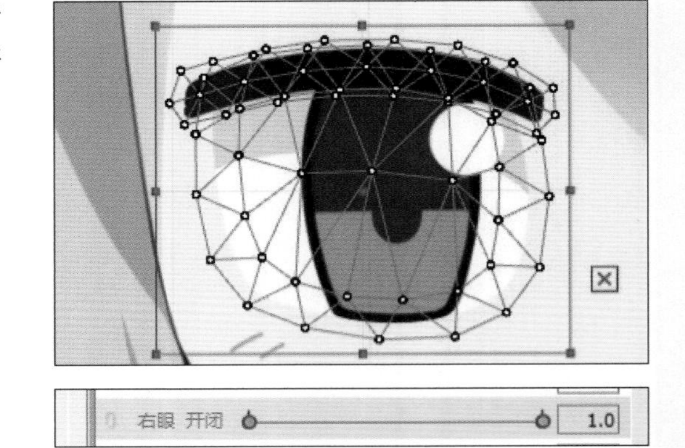

2 选择睫毛的图形网格，使用变形路径编辑工具沿着睫毛添加变形路径。因为想添加闭眼的动作，所以将“右眼 开闭”参数的动作记录点往左移动。

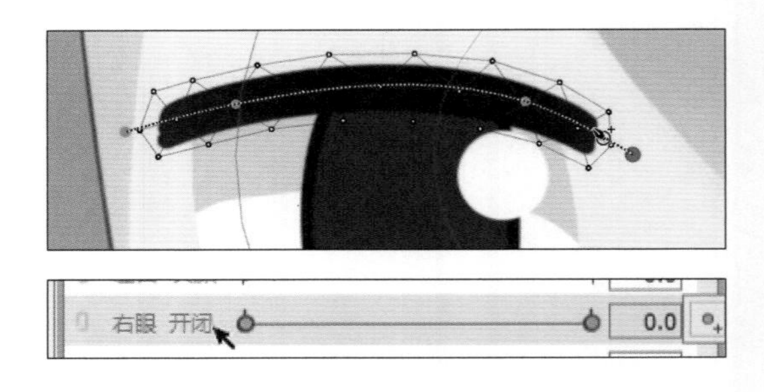

3 将睫毛向下移动，调整变形路径的控制点，沿着眼白的下边缘变形睫毛。

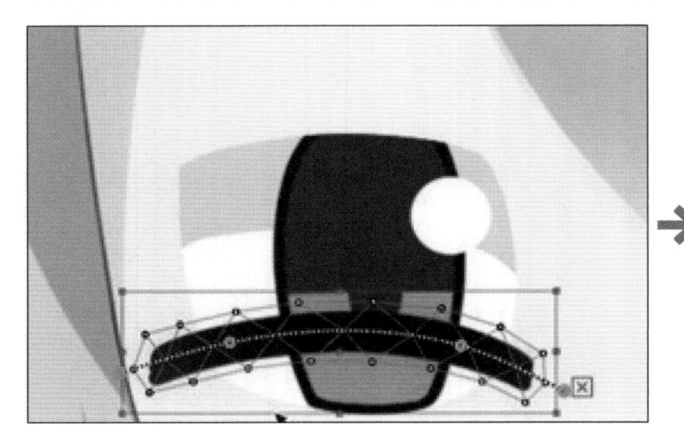

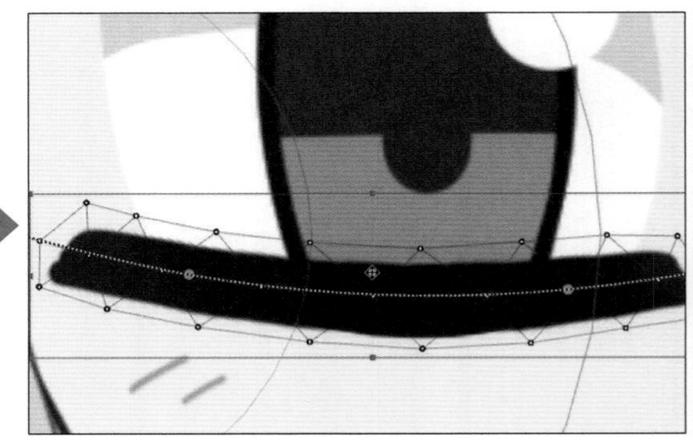

4 选中眼白的图形网格，配合睫毛将其向下压缩变形。此时有一部分眼睛从睫毛上方露出来。

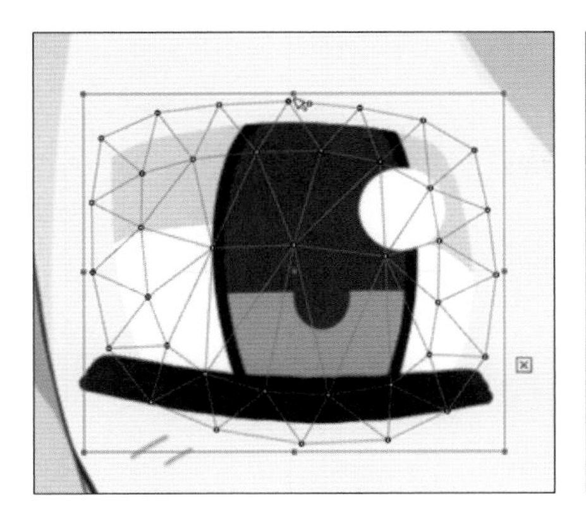

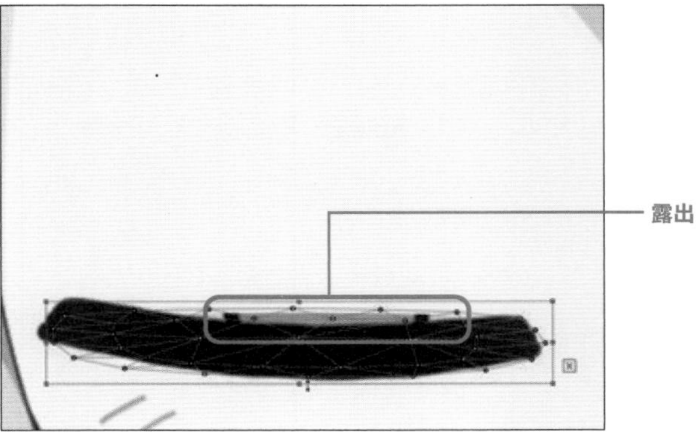

5 编辑眼白的图形网格的控制点，配合睫毛使眼睛隐藏。

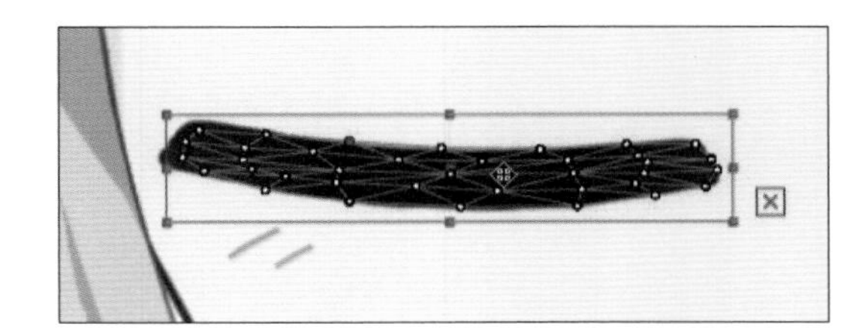

6 至此，眨眼的动作就添加好了。

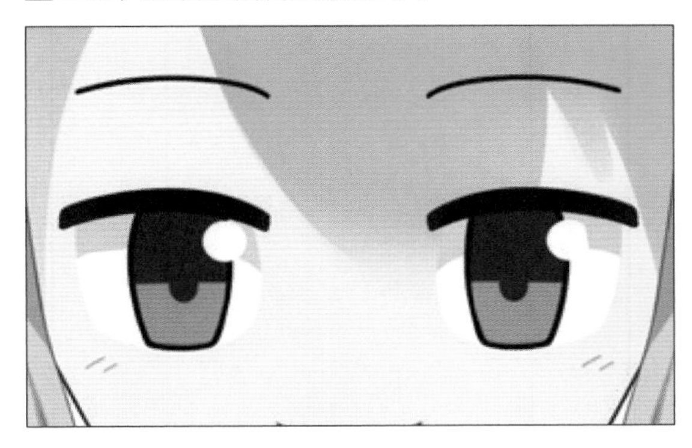

7 配合眼珠的移动和眨眼动作，就能实现多种表情。

5 使脸倾斜

1 给脸部添加倾斜的动作。在部件面板中选择与脸部相关的图形网格及父弯曲变形器。此时，无须选择子图形网格。选择好后的查看区域如下图所示。

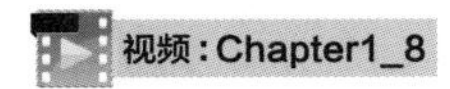

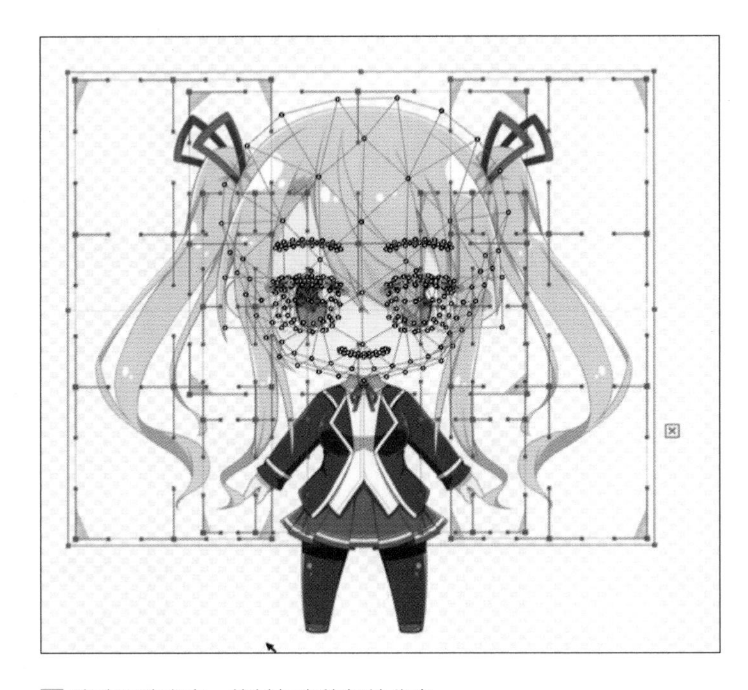

部件 变形器
前面的头发 500
刘海儿 500
左侧鬓发 500
右侧鬓发 500
飘动 刘海儿
飘动 鬓发（右）
飘动 鬓发（左）
脸部 500
左眉 500
右眉 500
右睫毛 500
左睫毛 500
左眼眼珠 500
左眼眼白 500
右眼眼珠 500
右眼眼白 500
嘴 500
头部 500
轮廓＋后面的头发 500
左耳 500
右耳 500
后面侧边的头发 500
双马尾（左） 500
双马尾（右） 500
飘动 双马尾（右）
飘动 双马尾（左）
身体 500
身体 500
下半身 500
左臂 500
右臂 500

子图形网格

2 移动所选内容，将其与身体部件分离。

3 单击工具栏中的（创建旋转变形器）。在弹出的“创建新旋转变形器”对话框中设置“名称”为“旋转 脸部”然后单击“创建”。

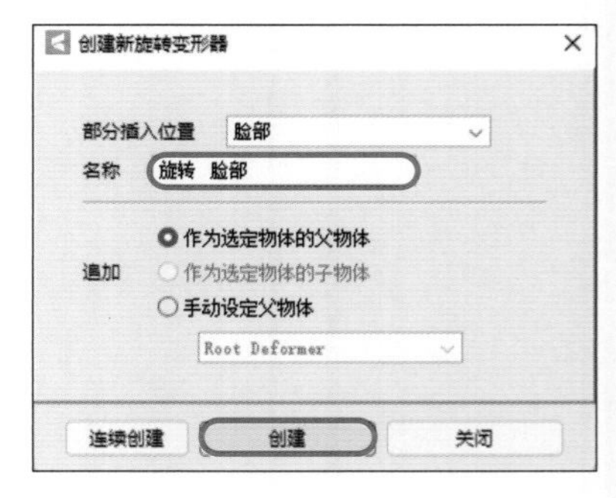

4 旋转变形器创建好后的效果如右图所示。

5 按住Ctrl键并拖动旋转变形器，使旋转支点位于脖子根部。

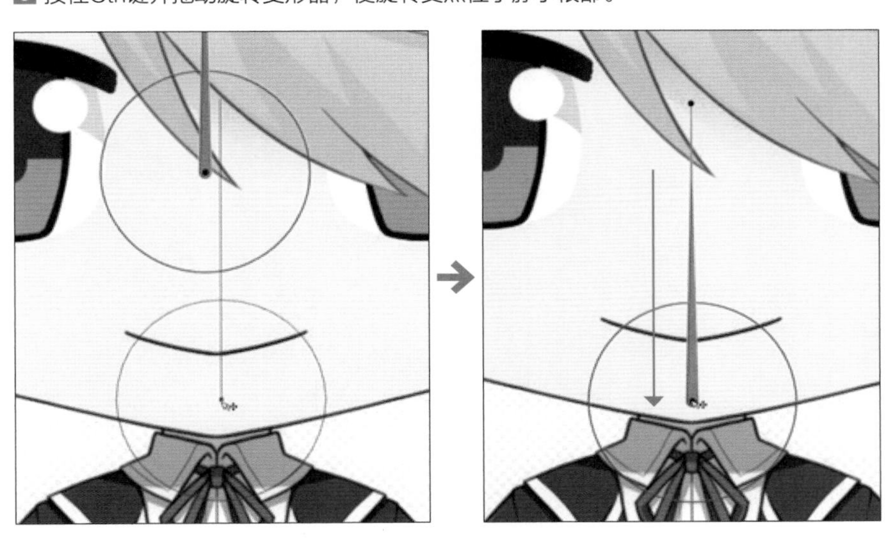

6 可以以旋转支点为中心旋转头部。

7 选择旋转变形器，参考P57的步骤，给参数“角度Z”追加3个动作记录点。

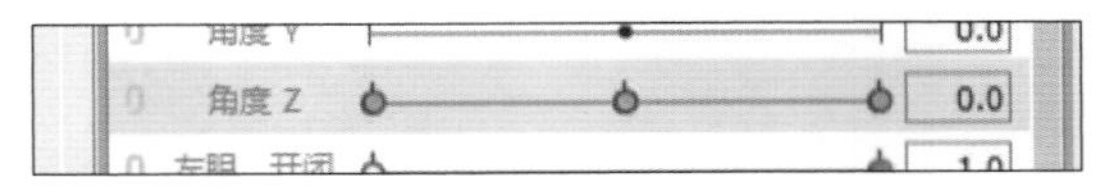

8 向左移动“角度Z”参数的动作记录点，在检查器面板中将旋转变形器的“角度”设置为“-20.0”。

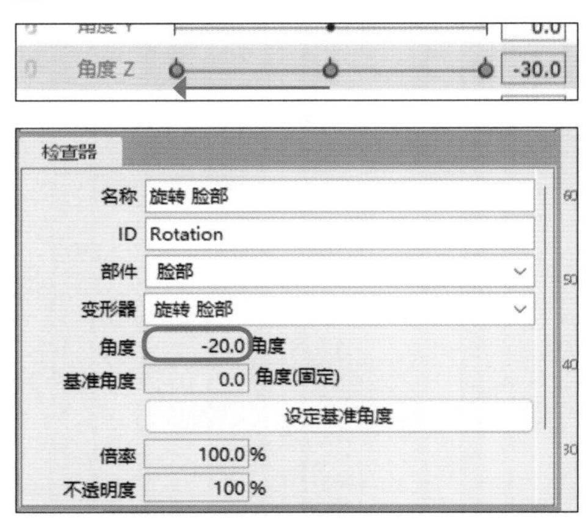

9 向右移动“角度Z”参数的动作记录点，在检查器面板中将旋转变形器的“角度”设置为“20.0”。这样，头部就可以进行±20度的旋转运动了。

6 使手臂和腰部转动

1 下面给手臂和腰部添加旋转的动作。选择右臂的图形网格，创建旋转变形器。在“创建新旋转变形器”对话框中，将“名称”修改为“旋转 右臂”，然后“单击”创建”。

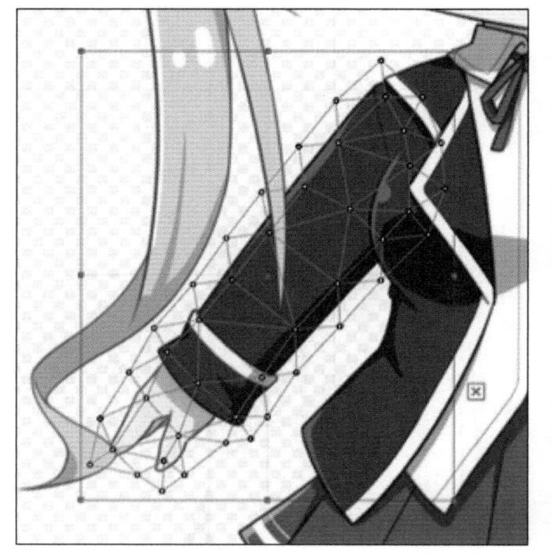

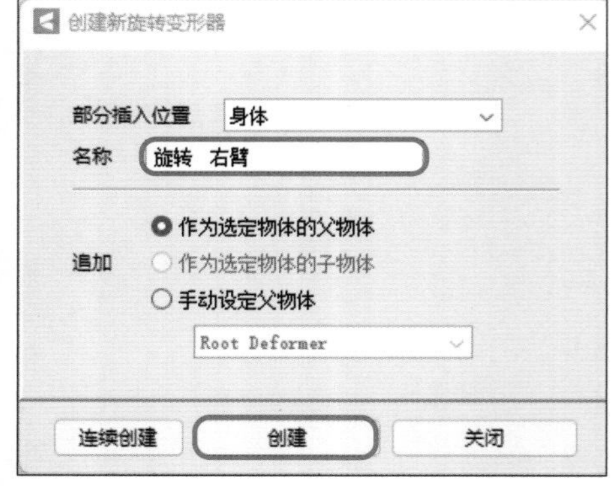

视频：Chapter1_9

2 旋转变形器会创建在右臂的中间位置。因为要以肩膀为中心移动右臂，所以按住Ctrl键并拖动旋转变形器，使其旋转支点位于肩膀的可动部分。

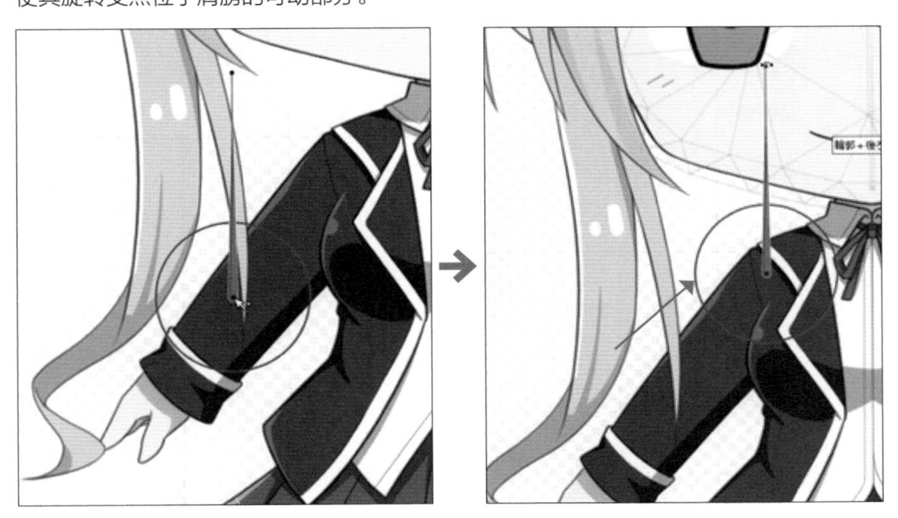

3 按住Ctrl键并拖动旋转变形器的杆，使其角度与右臂的角度贴合。

4 按住Ctrl键或Alt键并拖动旋转变形器的圆可使其缩小。另外，杆的部分则只能通过按住Alt键并拖动来缩短。

5 设置移动手臂的参数。单击参数面板中的“New Parameter”，设置“名称”为“旋转 右臂”、“ID”为“ParamArmR”、“最小值”为“-1”、“最大值”为“0”、“默认”为“1”，然后单击“OK”。

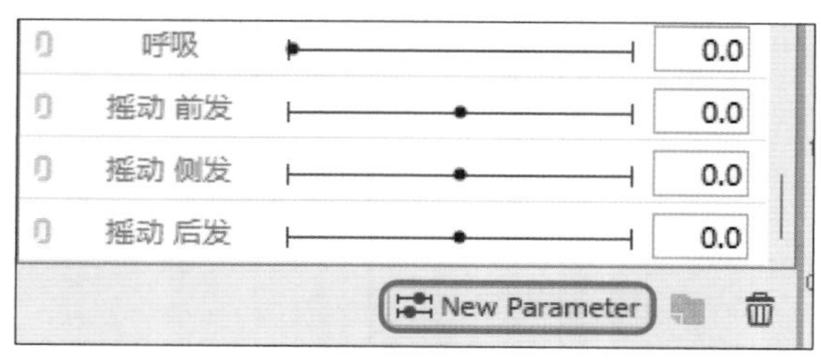

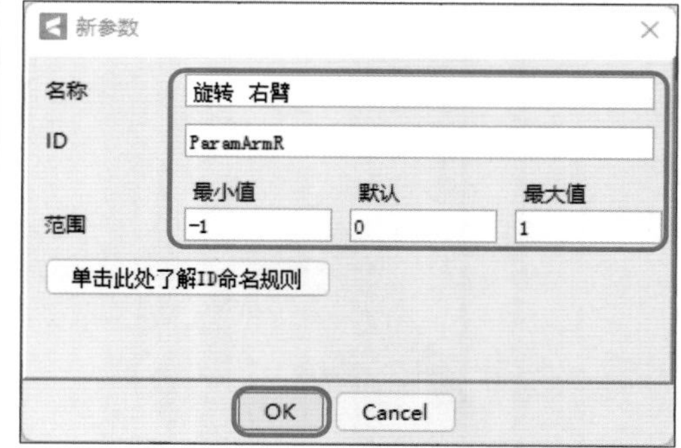

6 此时参数面板中新增了“旋转 右臂”参数。参考P57的步骤给该参数追加3个动作记录点。将该参数的动作记录点往右移动，并调整旋转变形器使右臂抬起。

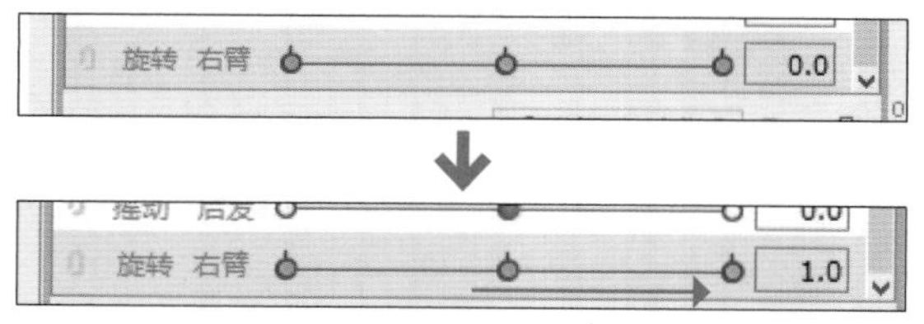

7 将该参数的动作记录点往左移动，使右臂放下并靠近身体。右臂上下摆动的动作添加完成。

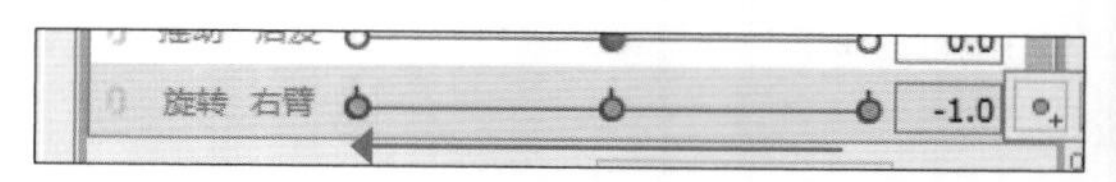

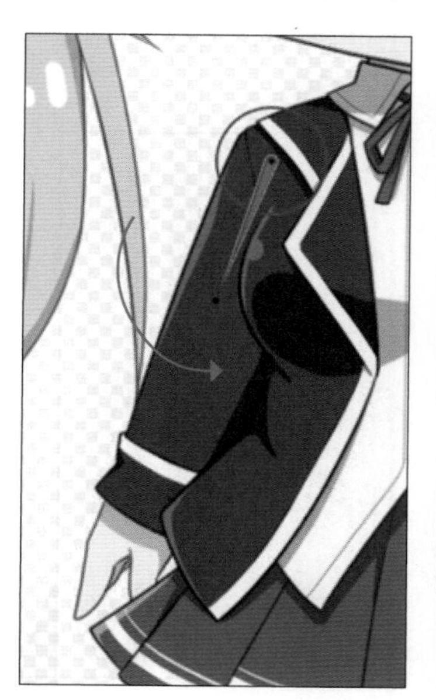

8 参考以上步骤给左臂添加参数和动作。其中设置“名称”为“旋转 左臂”、“ID”为“ParamArmL”、“最小值”为“-1”、“默认”为“0”、“最大值”为“1”。

9 设置好两臂的动作后，选择脸部、两臂的旋转变形器及身体的图形网格，创建旋转变形器。

10 在“创建新旋转变形器”对话框中，将“名称”修改为“旋转 腰部”然后“单击创建”。

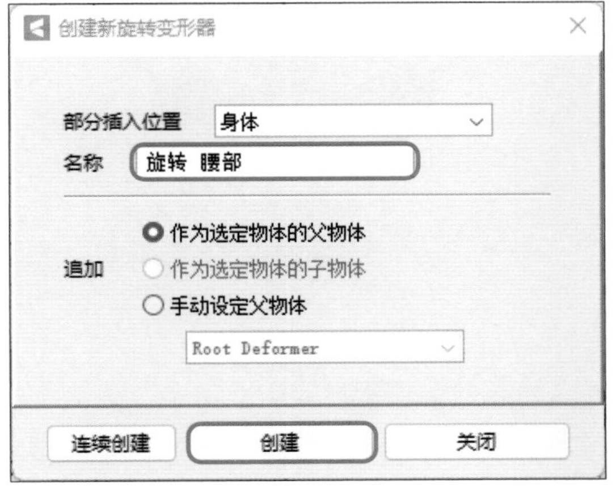

11 按住Ctrl键并拖动旋转变形器，使其旋转支点位于腰部。

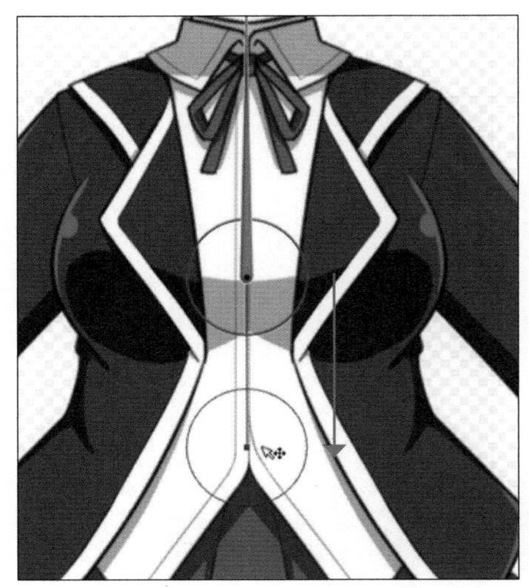

12 为“身体旋转 Z”参数追加动作记录点，使身体可在腰部左右摆动±6.3度。

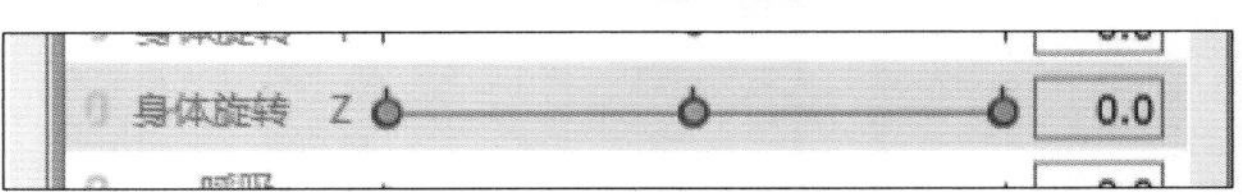

13 此时查看区域的状态如右图所示。

7 试着让制作好的模型摆出随机姿势

试着让模型动起来，在查看区域的右下角单击▶。

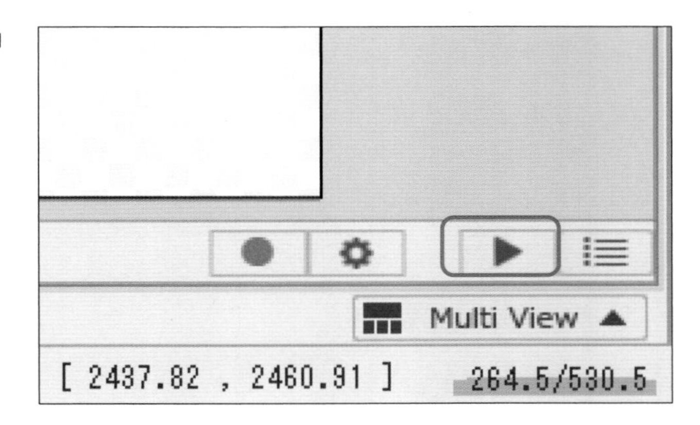

▶是用于随机播放的按钮，可以自动随机调节参数面板中设置好的参数，使角色摆出随机姿势。

默认情况下，每个姿势都会快速切换，此外还有“随机A”“随机B”等随机姿势的切换方式可供选择。

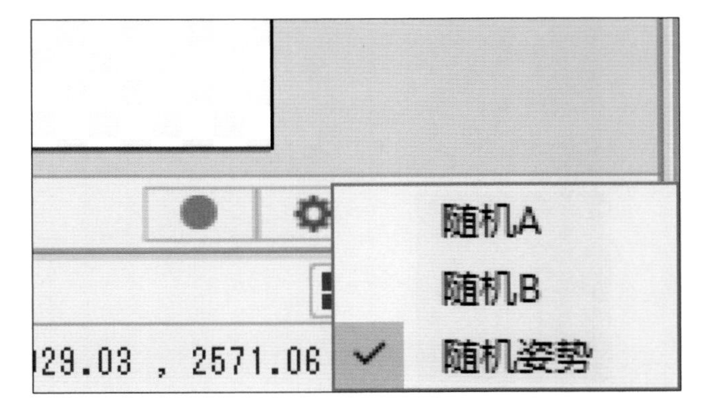

经常出现的错误例子

在进行建模时，图形网格超出弯曲变形器、子变形器超出父变形器等错误时有发生，应尽量避免此类错误，让模型的动作更稳定。一个超出错误可能导致模型动作的负荷和动作的不稳定。

错误例子1 图形网格超出弯曲变形器

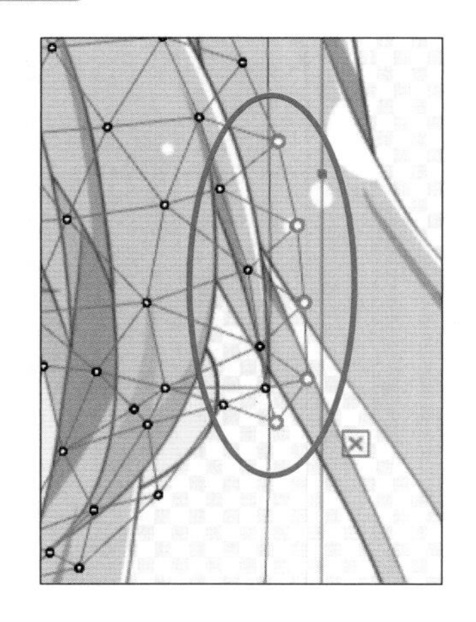

错误例子2 子弯曲变形器超出父弯曲变形器

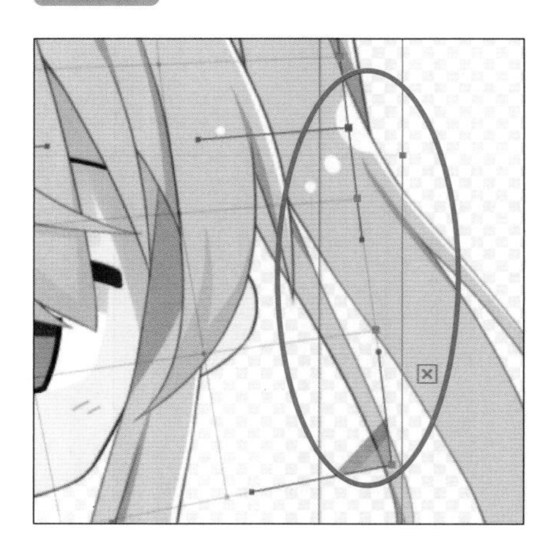

在建模时，在菜单栏中选择“显示”→“强调显示从父变形器伸出的顶点”，可以使超出的顶点强调显示为蓝色。建议建模的时候先开启这个功能。

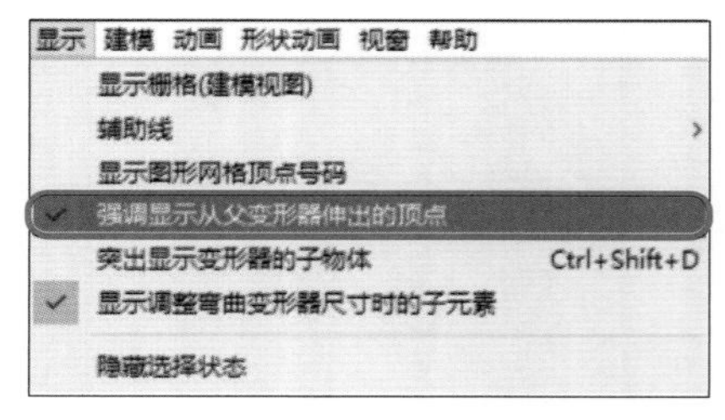

在建模过程中或建模完成后，在菜单栏中选择“建模”→“变形器”→“验证变形器”，可以统一确认是否有超出顶点的情况。

“验证变形器”对话框中的“状态”列中记录了状态异常的原因，通过该部分，可以创建正确的模型。

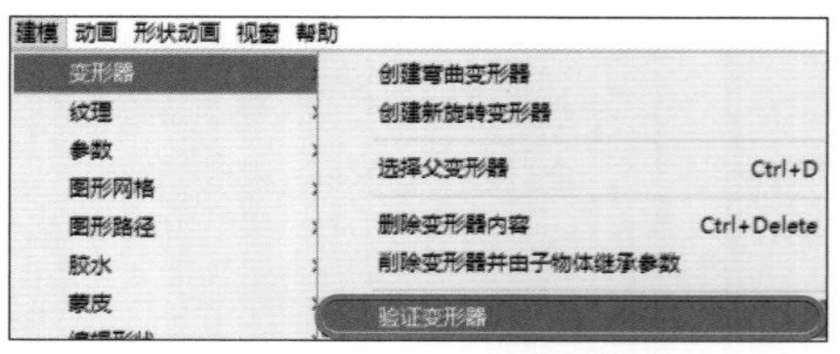

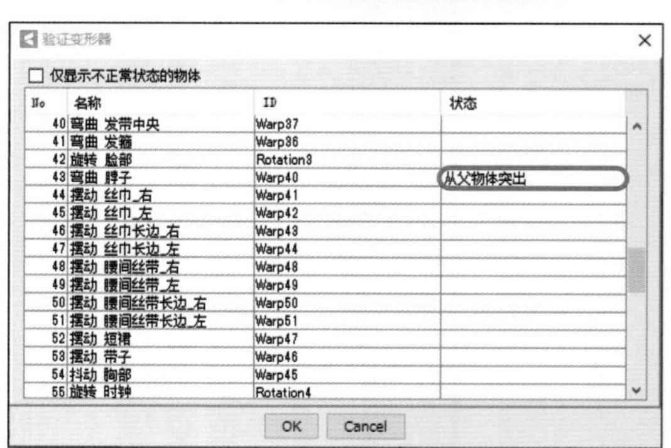

Chapter 2

试着绘制虚拟主播所用的角色

开始绘制虚拟主播所用的角色。在本章中，将详细解说角色头部和其他部件的画法，以及拆分部件的方法。

用插画软件绘制角色的草图

下面使用优动漫PAINT绘制虚拟主播所用角色的草图。

1 绘制建模用的角色草图

绘制好角色的立绘（动漫、游戏作品中不带背景的角色形象图）并将各部件拆分好，才能制作用于直播的Live2D模型。绘制角色的身体或服装时，如果有左右对称的部分，使用插画软件的左右对称功能，就能非常容易地绘制，缩短制作的用时。

使用优动漫PAINT的对称尺能更效地绘制角色草图。对文件夹使用对称尺功能，该文件夹中的所有图层都将变为左右对称的。不对称部位的图层可以放在没有使用对称尺功能的文件夹中。

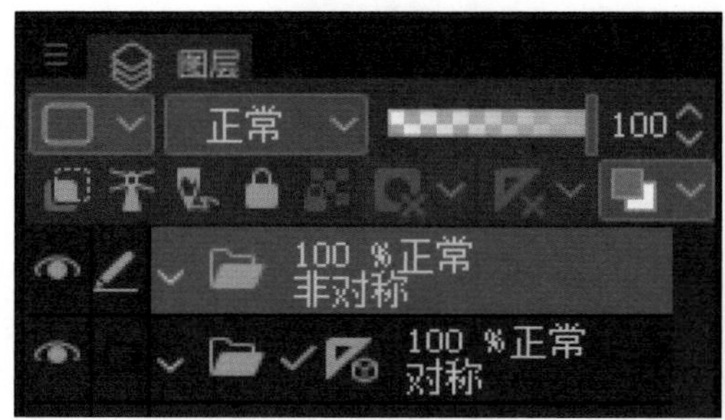

在绘制草图时区分和非对称文件夹。

2 设计草图的颜色

此处以《爱丽丝梦游仙境》中爱丽丝为原型绘制草图，但对其配色做了调整。
将角色的裙子、鞋子的部分地方涂上红色，整体以白色和黑色为主，并给胸前的丝带涂上绿色。整体色彩搭配均衡、风格可爱。

拆分部件并进行描线和上色

要让角色动起来，非常重要的一步是拆分部件。在拆分部件后再进行描线和上色。

拆分部件越细致角色活动越自然，但拆分过于细致会使建模难度提高。本书主要面向Live2D初学者，对于不需要拆分得太细的部分，会进行相应说明。

一般可将角色草图大致分为头部周围、脸部周围、身体周围三大部分，下面说明各部分的部件拆分方法。

1 头部的部件拆分方法

1 头部周围部分的部件可大致拆分为❶发带、❷发箍、❸刘海儿、❹头部两侧的头发、❺后发、❻轮廓。

2 刘海儿可直接看作一个整体。但要使刘海儿更细致地运动，则可以将其拆分为❶刘海儿、❷刘海儿右侧、❸刘海儿左侧。这样一来，刘海儿晃动的时候，各个部分会分开运动，动作会显得更加自然。

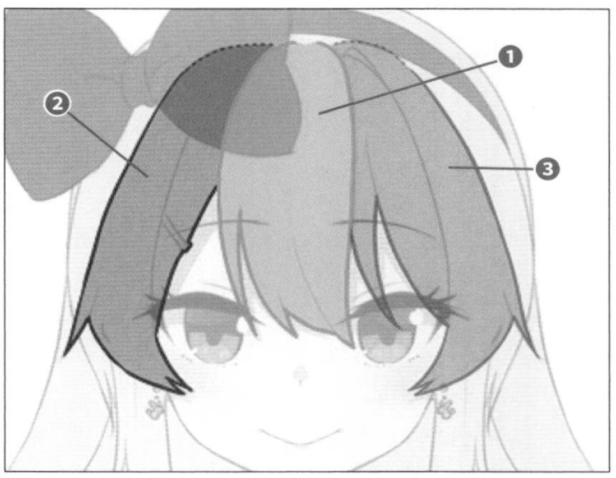

3 头部两侧的头发可以分为❶侧边头发、❷鬓发。像这类左右都有的部件在命名时应与角色视角的左右一致，即下图中❶❷标注为右侧，❶′❷′标注为左侧。

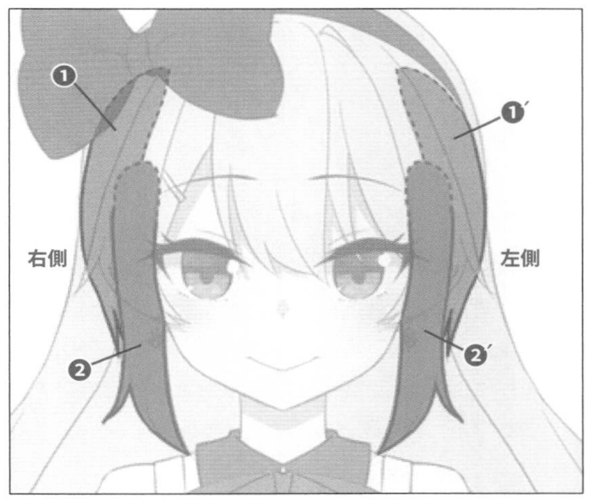

4 轮廓可以拆分为❶脸部轮廓、❷耳朵，以及❸耳环。

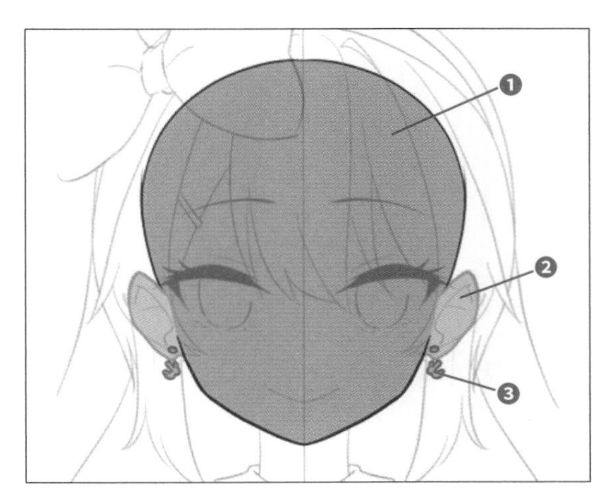

5 ❶发带和❷发箍为各自独立的部件。

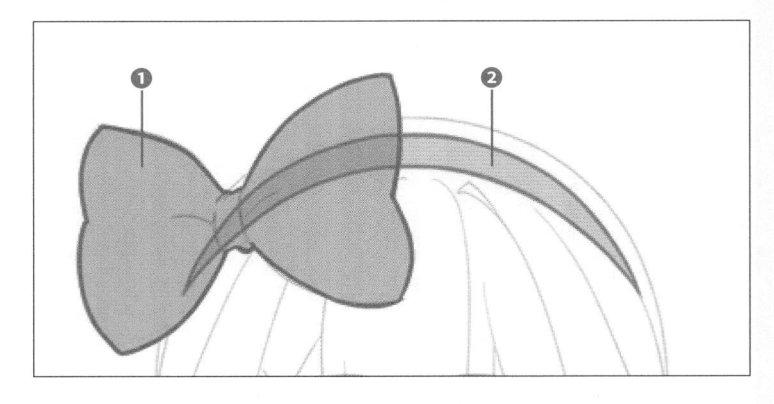

6 在头部运动时发带并不是贴着头部的，如果想让发带配合头部的动作轻轻摇摆，可以将发带分为❶发带中央、❷发带右侧、❸发带左侧。

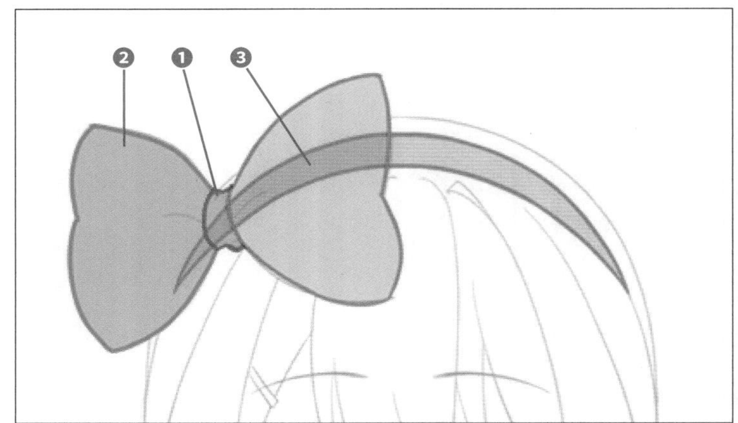

7 占大部分区域的后发一般可看作一整个部件。头部若只做简单的上下左右转动动作，头发背面也已填涂好颜色，则后发不需拆分，仅作为一整个部件就可以表现。但是，如果想让后发的动作有随机性或偏差感，可以将其细分为❶头顶部、❷后边两侧的头发、❸后面的头发。

因为这次的模型是长发，需要为其添加幅度较大的动作，所以按上述方式将其拆分为3个部件。如果是短发、及肩发的话，不拆分也能很好地表现。

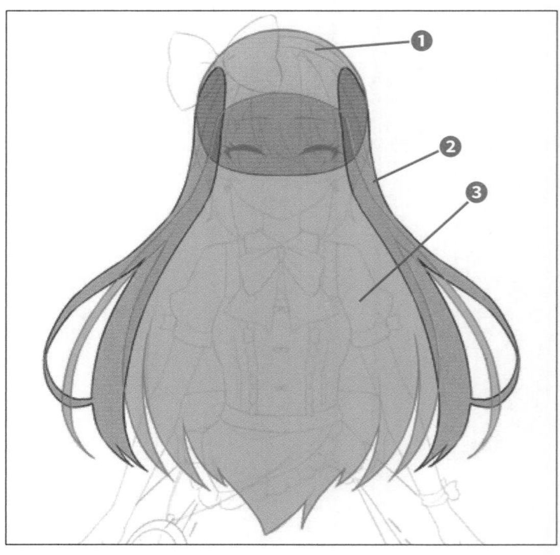

2 脸部的部件拆分方法

脸部的部件拆分的具体介绍如下。

1 像右图所示的那样画出辅助线，将眉毛部分分为左眉毛和右眉毛即可。二次元人物鼻子的画法取决于作者的绘画风格，我在这里用一个点来表示鼻子。

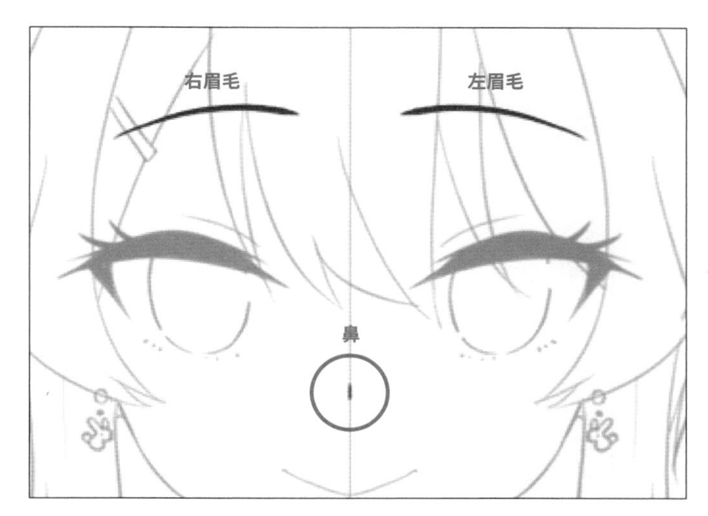

2 在部件拆分中，眼部通常是拆分较多的部位，能分为❶上睫毛、❷下睫毛、❸下折的睫毛、❹翘起的睫毛1、❺翘起的睫毛2、❻双眼皮、❼眼珠、❽高光、❾眼白。

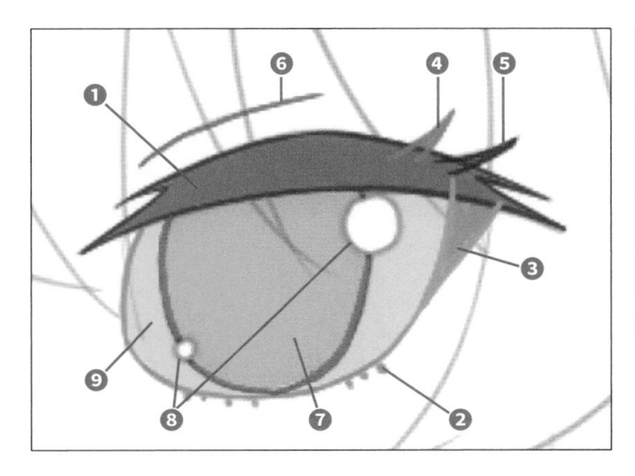

眼部会随着表情的变化而发生较大的变化，所以要尽量将其拆分到下图所示的程度。有时删除1~2根翘起来的睫毛也没关系。

3 嘴部是脸部动作幅度较大的部件。和眼部不同，嘴部叠加了许多部件。一般将嘴部分为❶上唇线、❷上唇、❸下唇线、❹下唇、❺口腔。有时也可将唇线和唇归为一部分。

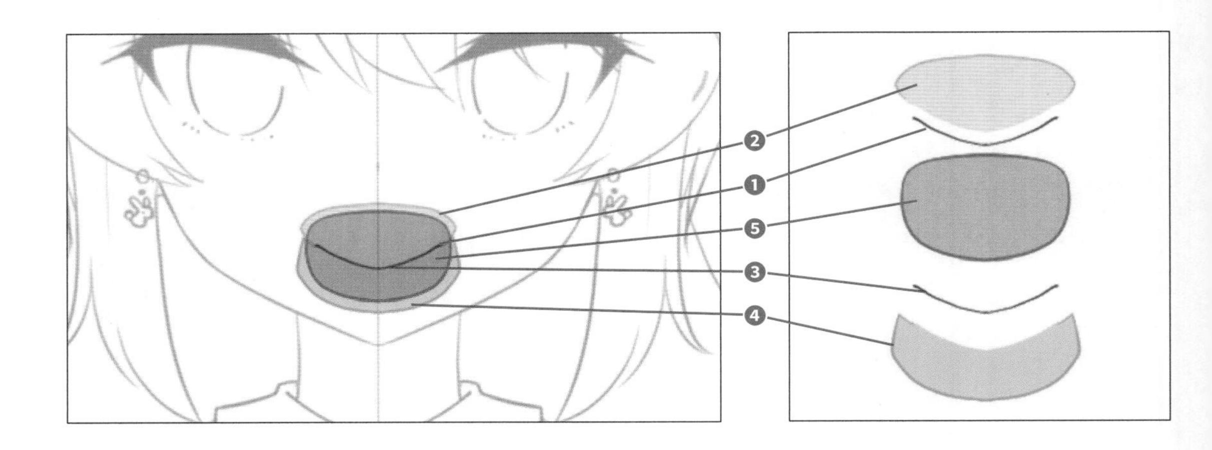

3 身体的部件拆分方法

1 下面讲解身体的部件拆分方法。先拆分摇动部件，比如胸前的丝带、裙子等随着身体摇动而摇动的部件。这里的摇动部件包括胸前的丝带、腰间垂下的时钟、裙子、腰间的丝带。
将丝带等摇动部分进一步细分，可以使摇动动作等表现得更为自然。如果感到有难度不用进行此操作。

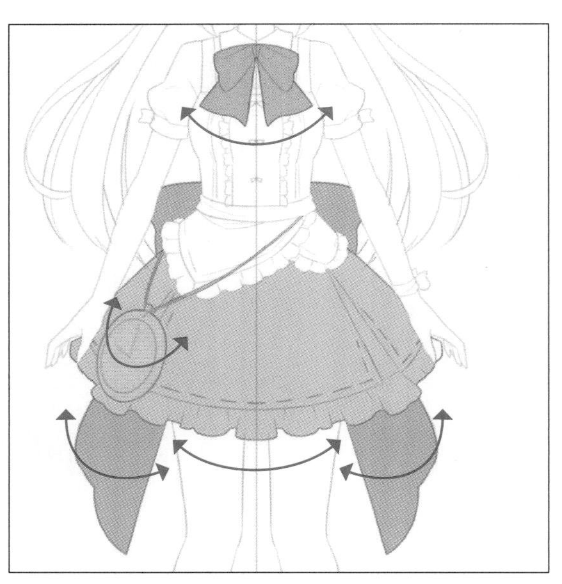

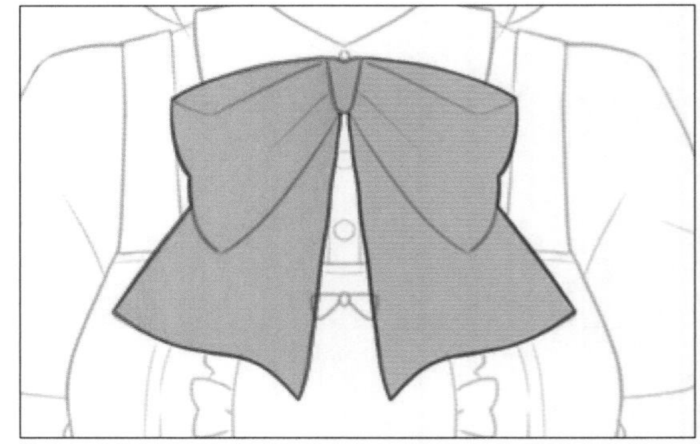

2 将身体部分除了摇动部位外的其他部位大致分为❶脖子、❷身体、❸手臂、❹腰部、❺腿。

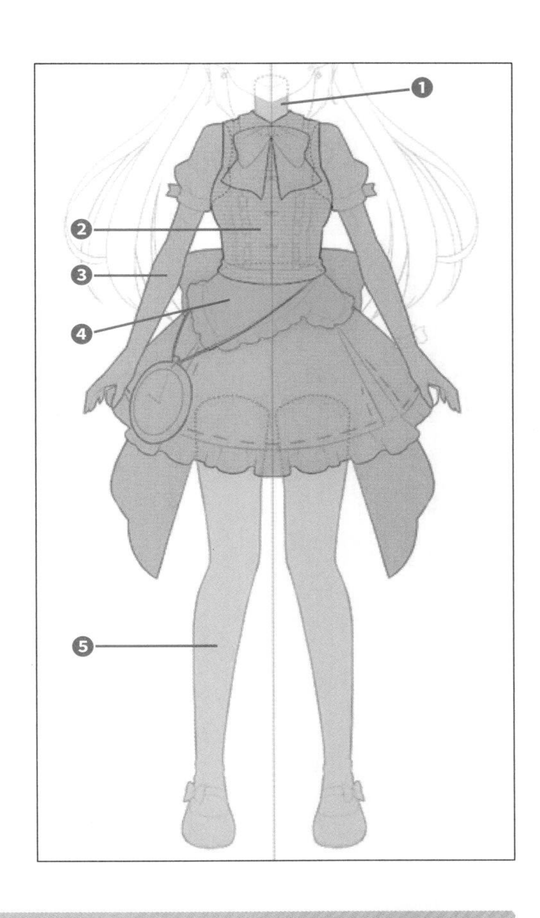

4 进一步拆分身体的部件

1 将以上大致拆分的部件进一步细分。先细分上半身的部件。肩膀周围的部件除了摇动的丝带之外，还能拆分为❶衣领、❷衣领内侧、❸身体。衣领的背面是为了不让脖子和衣领重叠而添加的部件。

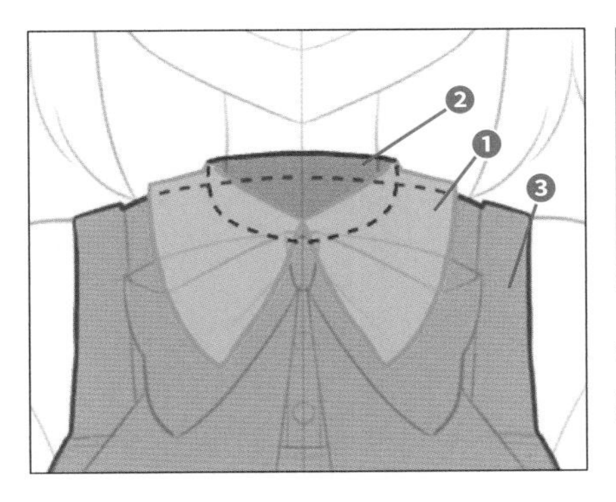

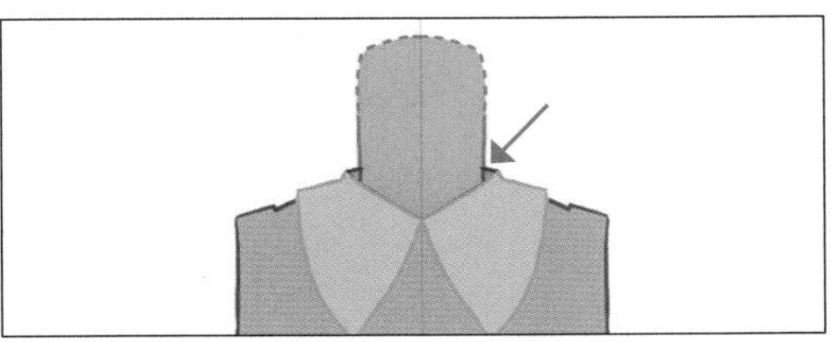

在叠放部件时，想要设置成上图所示的效果，需要添加衣领背面的部件。

2 下面拆分身体和胸部。如胸部需摇动，单独制作胸部的部件，就能很好地为胸部添加摇动的动作。如果将胸部绘制成“乳袋”（指在绘制日系插画时，可以将胸部视为两个装满水的袋子。）的样式，在拆分部件和制作胸部摇动动作时都会更加轻松。

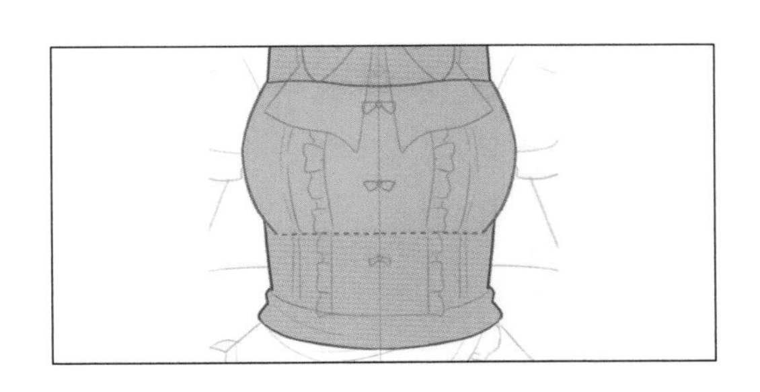

3 下面拆分手臂。如果要制作挥动手臂动作，则需要根据动作设计对手臂部件进行拆分。如果不需要制作相关动作，则无需特意进行拆分。

如需拆分，可以将手臂分为❶手、❷前臂、❸上臂。因为这里模型的手臂上还有❹丝带，所以将其拆分出来。

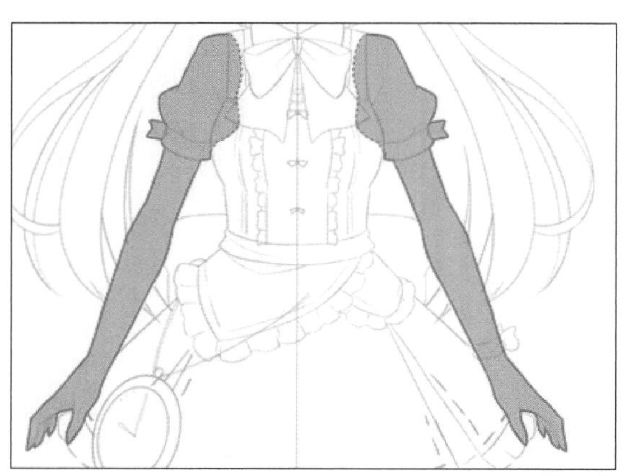

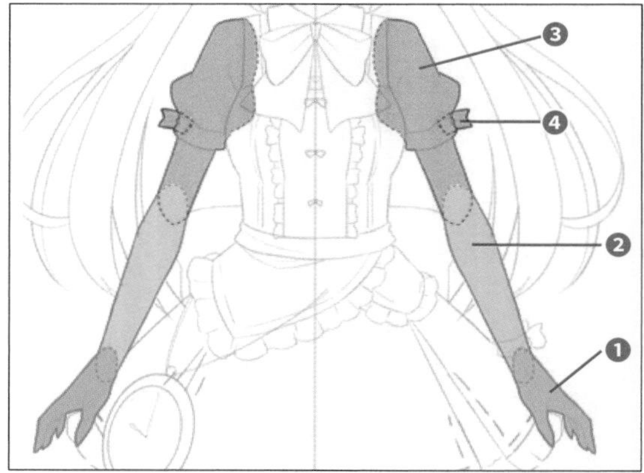

5 进行描线

一般来说，线稿是按照部件的拆分方式分图层进行绘制的。如果是左右对称的模型，使用插画软件的对称功能，不仅能缩短作画的时间，还能减少作画的失误。

1 因为脸部对于角色来说是重要的部分，所以要好好描画。表面上看是一张普通的脸，但其实是按照前文提到的脸部部件拆分方法来分层绘制的。脸部的线稿完成后，可能会妨碍其他部分的绘制，所以先暂时将其隐藏比较好。

2 下面对发带和头发进行描线。和脸部不同，这里的线条看起来很杂乱。这是描线时的部件重叠导致的。

3 下面对剩余的部件进行描线。建议先描绘上层的部件，再描绘底层的部件。隐藏在上层部件里的部分也要好好描绘，如隐藏在胸前丝带里的衣领以及胸的上方。

下面右边的图像就是完成后的线稿，其中的线条多且乱。

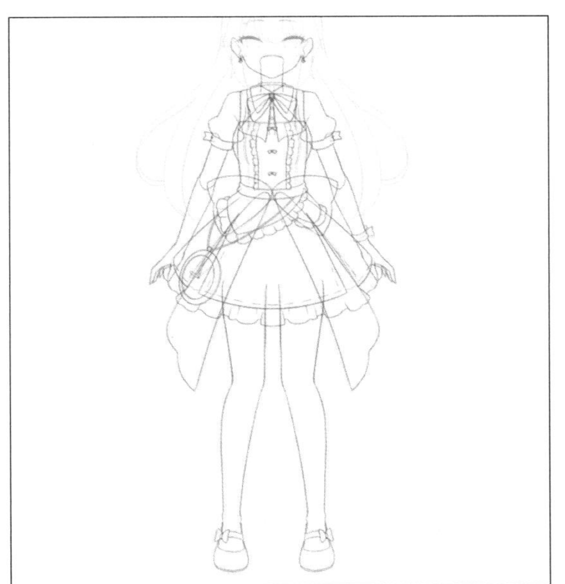

6 给角色上色

在给角色铺上底色后，一些看起来多余的线条会因部件重叠而消失，角色看起来已接近立绘完成稿。

关于上色，因为此书不是插画制作教程，所以不做过多讲解。上色时需要注意以下3点。

- 部件之间会因渐变色等颜色差异而产生明显的分界线。
- 因为是立绘，所以光源在角色的正上方比较好。
- 稍微增加颜色对比度，直播时角色就不会显得太突兀。

完成上色后，按照P25的方法，将每个部件的所有图层合并为单一图层。例如，发带部件在上色后的图层如右图所示，将这些图层合并为一个图层。

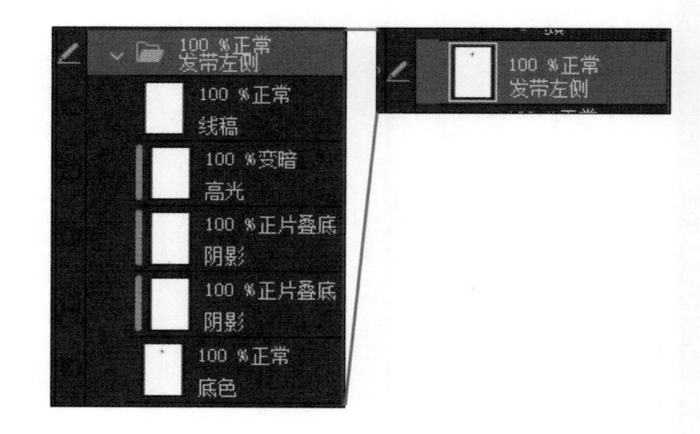

将所有的部件图层都合并为单一图层后，确认各部件是否能独立移动，如下图所示。另外，图层的名字要设置得简单易懂并区分左右，防止在Live2D Cubism Editor中进行建模时选错部件。

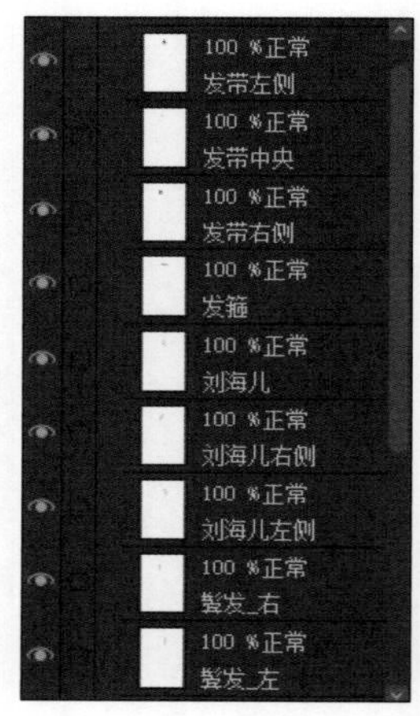

笔记

不要在部件边缘使用渐变色

在部件与部件的交界处，如右图中箭头标示的地方使用渐变色，会因为色差而显现出部件拆分的交界线。特别是头发、胸部、手臂等部件在活动时，该现象极为明显。像这样的部位尽量不要使用渐变色。

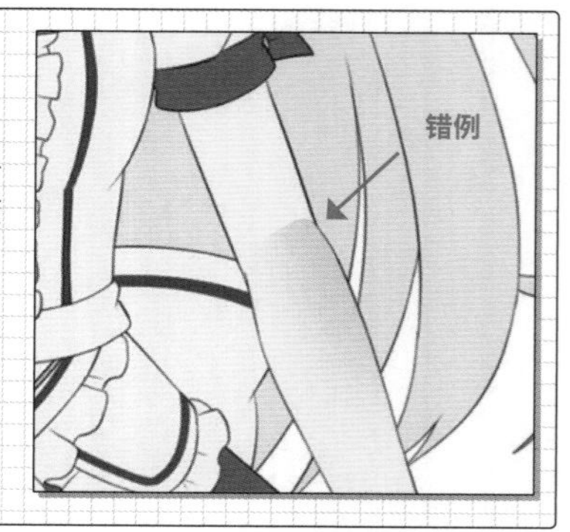

4 上色完成后的效果如下图所示。这样在插画软件中的角色制作就结束了。

7 制作好的部件的图层结构

下图所示就是建模所需的角色插画的全部图层结构。从中可以看到部件被拆分得很细致并且按照身体左、右来区分命名。

身体左右两侧的部件很多是对称的（如左手和右手），在制作好一侧部件的动作后，可以反转复制到对称的另一侧来简化工作，实际操作起来不会有想象中那么繁琐。即便如此，部件的数量仍有点让人望而却步。

如要减少部件的数量，需要明确角色哪些部位仅做粗略拆分，在部件较少的情况下也不影响动作表现。将后发合并为一个部件，或者将发带合并为一个部件。这就要求拆分前先明确角色身体各部分的活动范围。

将完成后的插画按照P26的步骤，另存为.psd格式的文件。

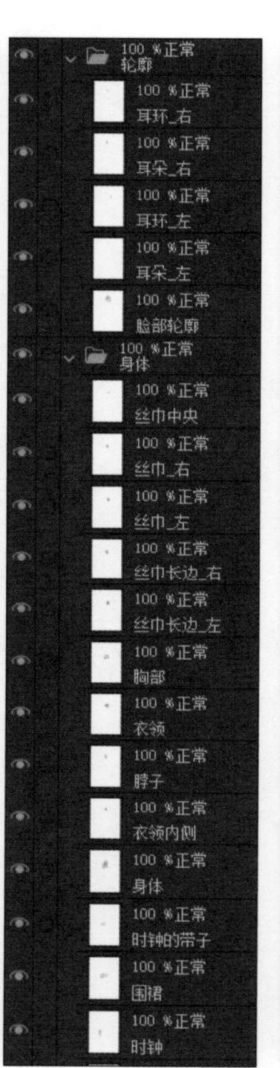

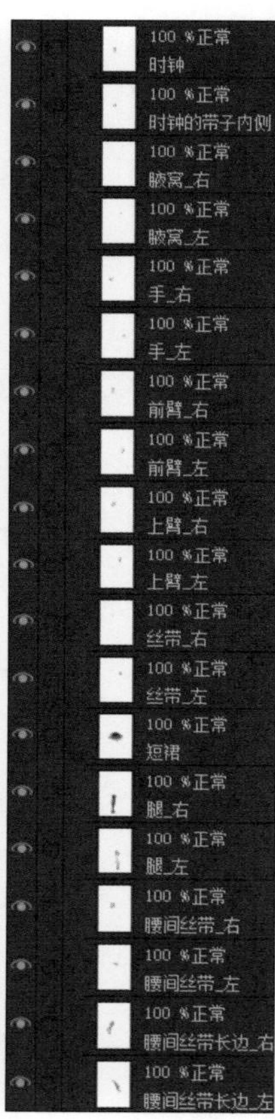

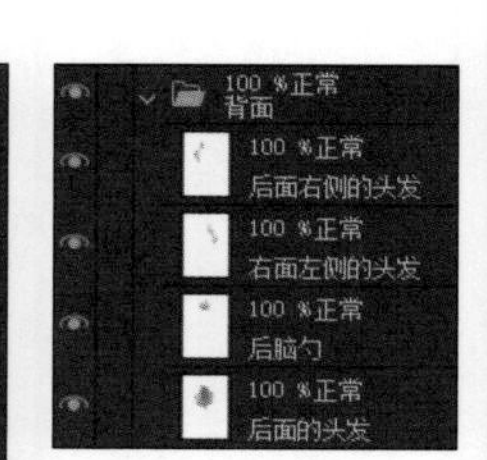

Chapter 3

制作用于直播的 Live2D 模型

拆分好部件后，就要实际运用Live2D Cubism Editor让角色动起来了。在本章中，将详细解说眼睛和嘴巴的细微动作、头部和身体的倾斜和旋转的角度等。

标注有图标的内容，
表示有对应的教学视频可供参考。

使用Live2D Cubism Editor建模

下面使用Live2D Cubism Editor进行建模。

将角色文件导入 Live2D Cubism Editor

1 打开Live2D Cubism Editor，然后将在上一章中制作好的.psd文件拖入查看区域内。此时会显示“进度”对话框，请稍等片刻。

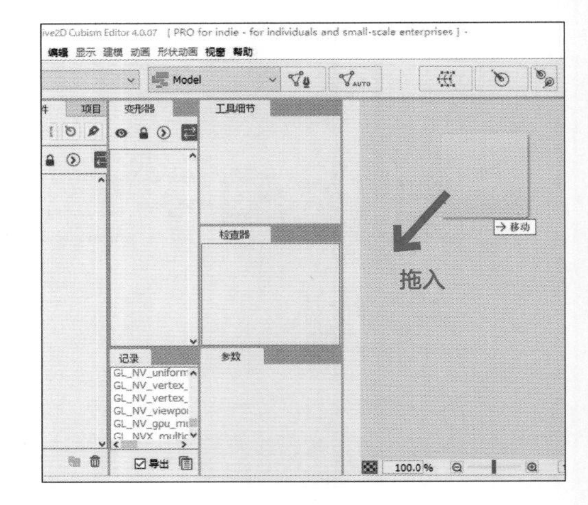

2 拖入的角色文件读取后会显示在画布上。

笔记

剪贴蒙版

此时，剪贴图层已经移除剪贴蒙版。因为在眼珠上使用了剪贴蒙版，所以眼珠溢出了，如右图所示。稍后再进行剪贴操作。（参考P100）。

创建所有部件的图形网格

在Live2D Cubism Editor中为角色创建图形网格，这是在添加动作前必须要进行的操作。

1 创建图形网格前的准备

全选部件后，所有部件都仅有软件预设的四边形网格，如右图所示。此时还不能进行自由的部件变形，要创建各个部件的图形网格，如右图所示。

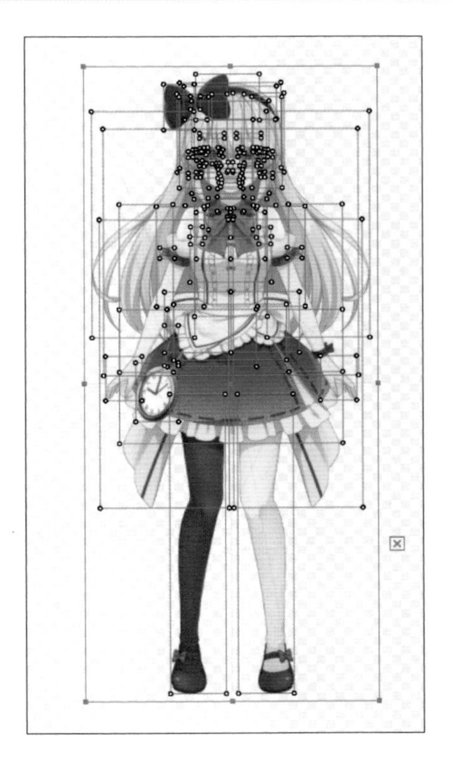

笔记

重新导入

若在建模过程中发现作画错误等，可以修改原来的.psd文件，然后在Live2D Cubism Editor中导入。打开编辑中的画布，将修改后的.psd文件拖入即可。

笔记

工作前的注意事项

在Live2D Cubism Editor中进行建模的时候，会出现右图所示的大量ERROR信息。在这种状态下也可以进行操作，但如果一直出现这样的错误，最好将文件另存为其他名字，然后关闭软件重新启动。在持续出现错误的情况下，模型的动作和显示会发生问题，所以要注意。

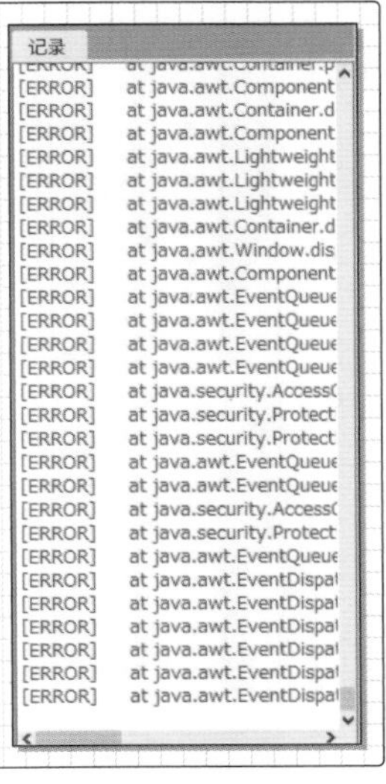

2 创建图形网格

手动创建图形网格及自动创建图形网格的方法已在前文做了介绍。这里的模型有很多细分的部件，所以在创建图形网格时应注意以下几点。

- 不要自动创建脸部部件及链接状部件的图形网格，应手动创建。
- 圆形部件的图形网格也最好手动创建，如果使用自动创建，变形时容易扭曲。
- 细微运动的部件的图形网格应手动创建。

如果自动创建细小部件的图形网格，容易像左下图所示的一样生成扭曲的图形网格。如果遇到这种情况，应手动创建规范的图形网格，如右下图所示，这样在变形时才不会扭曲。

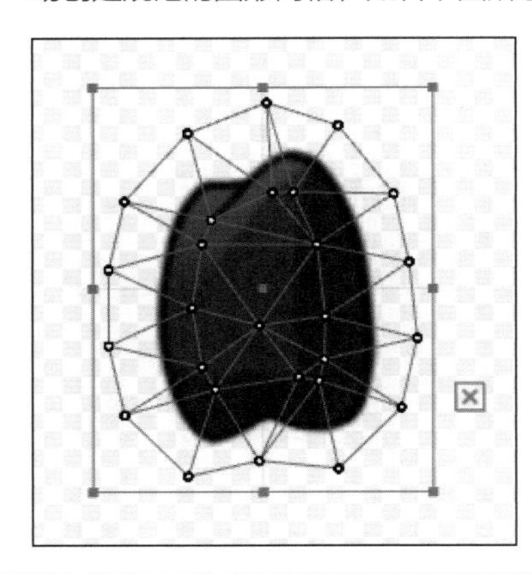

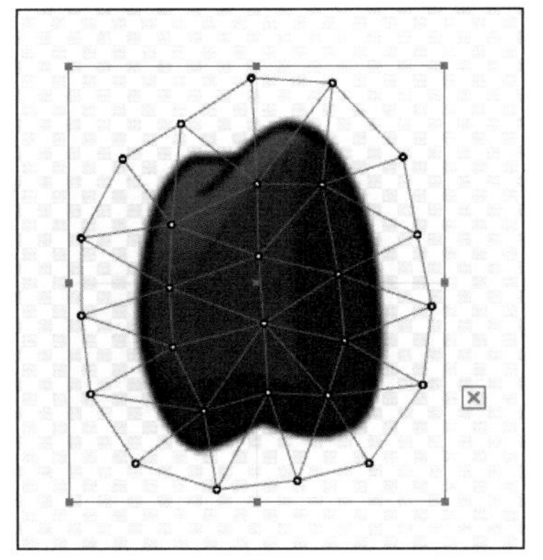

3 同时自动生成多个图形网格

在前文介绍自动网格生成时，只选择了一个部件，然后为其自动创建图形网格，其实可同时选择多个部件为其自动创建图形网格。下面以发带为例进行介绍。
选择发带的左右两个部件。在菜单栏中选择“建模”→“纹理”→“自动网格生成”,从“自动网格生成”对话框中的下拉列表中选择“标准”，就可以同时自动生成图形网格。

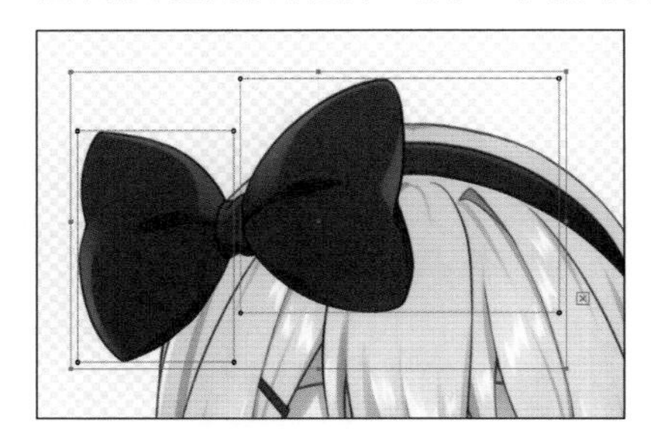

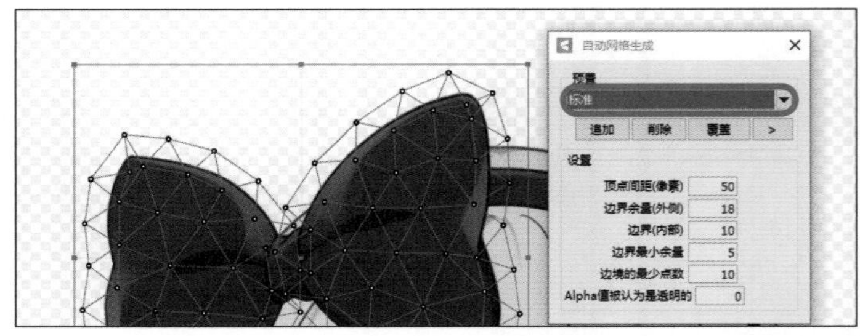

使用以上方法可以高效地制作图形网格。但是，自动生成图形网格仅能作为辅助手段使用，有时一些细节部分的图形网格无法准确生成，需要手动修改。在同时自动生成多个图形网格时，需要注意以下事项。

- 所选部件应大小相近。
- 这些部件中最好不含对称的部件（推荐）。

4 左右对称部件的图形网格的快速创建技巧

在给胸部等左右对称的部件创建图形网格时，为了更好地进行“动作反转”，左右两边的图形网格要尽量一致。但无论是手动还是自动创建图形网格，都难以保证左右是完全一致的。下面介绍左右对称部件的网格的快速创建技巧。

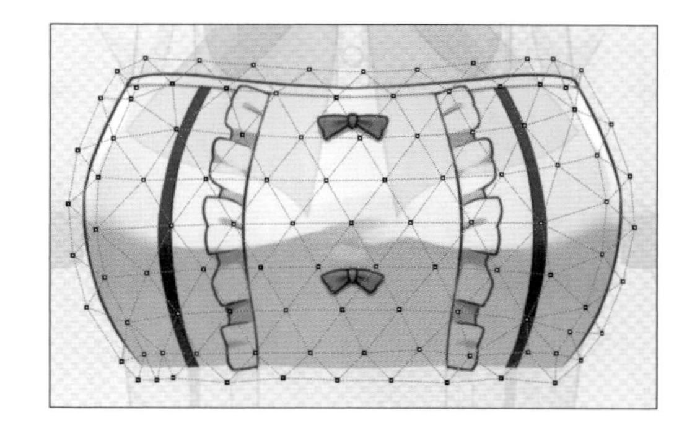

1 创建胸部右边的图形网格。请确认创建的图形网格是封闭的。

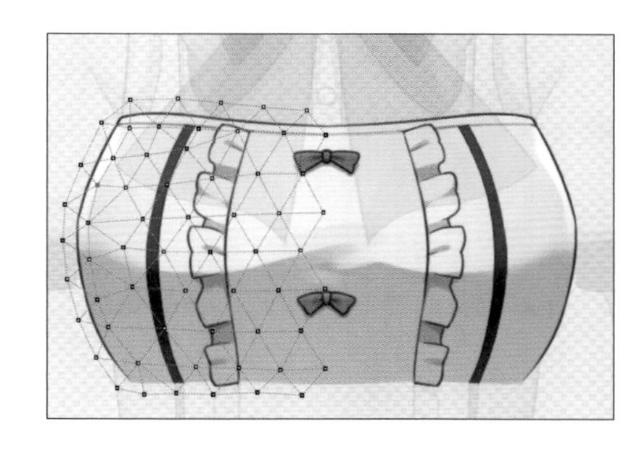

笔记

自动生成网格的神奇设定值“35”和“10”

以画布尺寸为4500px × 3000px左右的模型为例，针对大部件的自动生成网格，将预置为“标准”时的“顶点间距（像素）”和“边界余量（外侧）”的值分别修改为“35”和“10”，即可创建既漂亮又细致，且易于变形的图形网格。

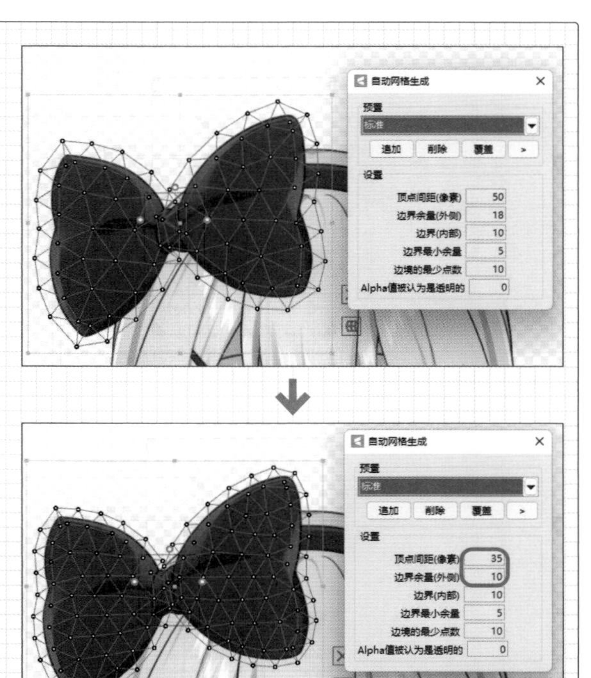

2 保存编辑内容，通过Ctrl+C组合键来复制已创建的图形网格。
注意，在网格编辑模式下无法进行图形网格的复制，必须在保存编辑内容后才能复制。

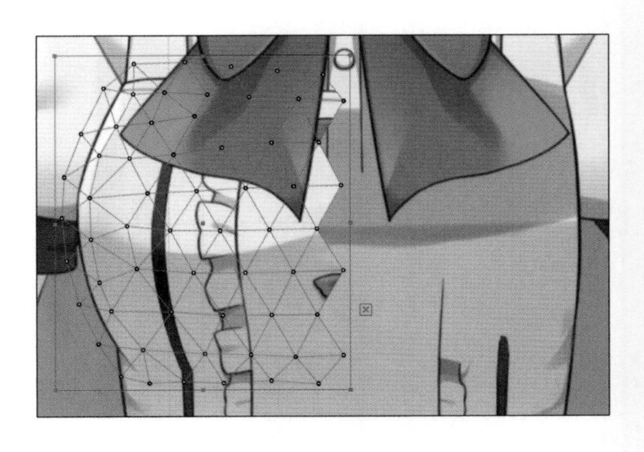

3 切换至网格编辑模式。全选创建的图形网格（使用套索工具或Ctrl+A组合键进行全选），单击鼠标右键，选择“水平翻转”。

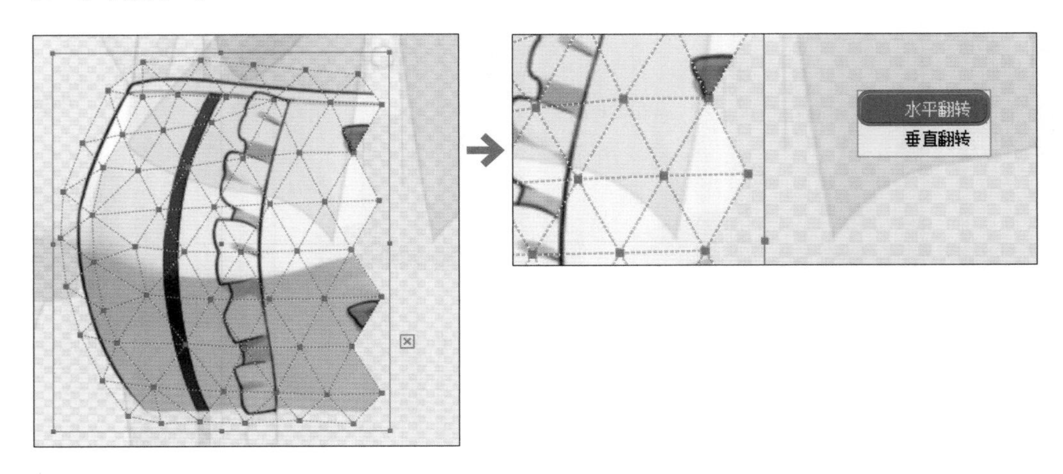

4 此时，图形网格会水平翻转，调整其至合适的位置。

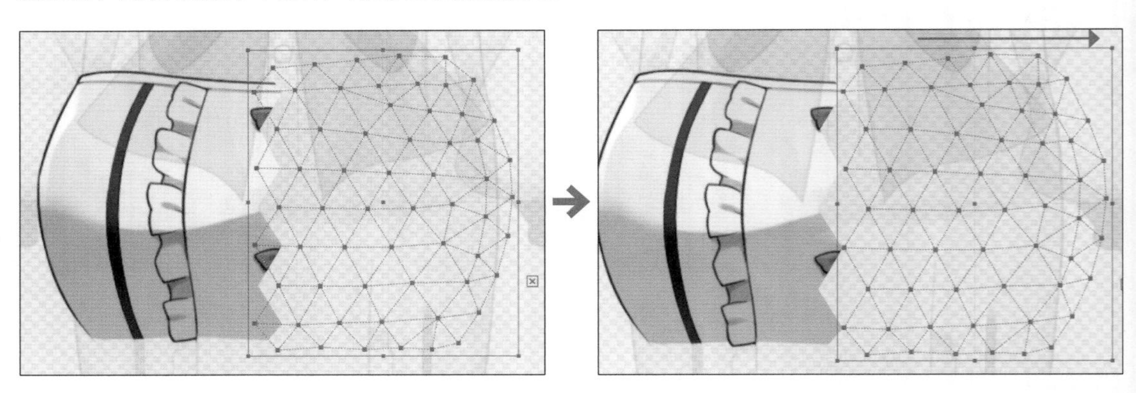

5 通过Ctrl+V组合键粘贴已复制的图形网格。

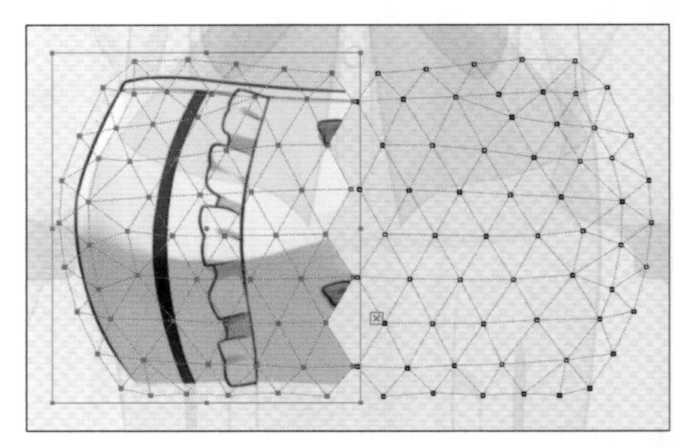

6 因为中间部分顶点未重合，所以要调整它们使图形网格连接在一起。编辑成右图所示的效果后保存编辑内容。

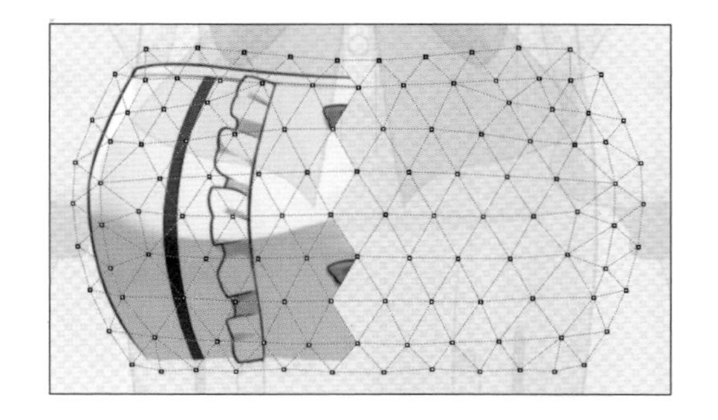

7 此时，左右对称的图形网格就应用到胸部部件上了。这个操作是先制作一边的图形网格，然后通过翻转的方法来制作另一边的图形网格，使用该方法可以缩短制作图形网格的时间。这是非常有用的技巧，请务必牢记。

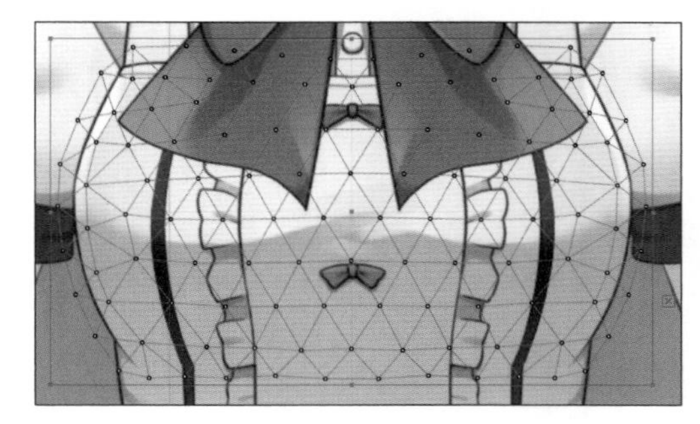

5 需要手动创建图形网格的部件

下面介绍需要手动创建图形网格的细长状部件及动作幅度大的部件的图形网格。

●眉毛

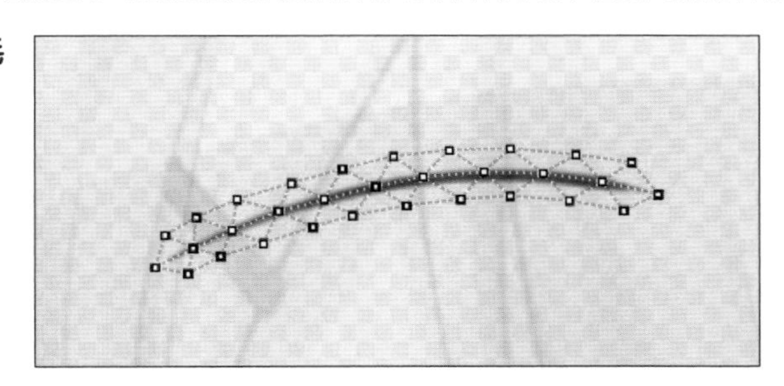

●睫毛、双眼皮

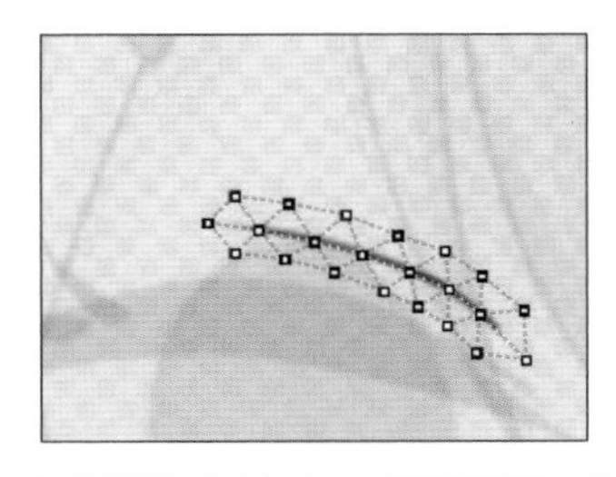

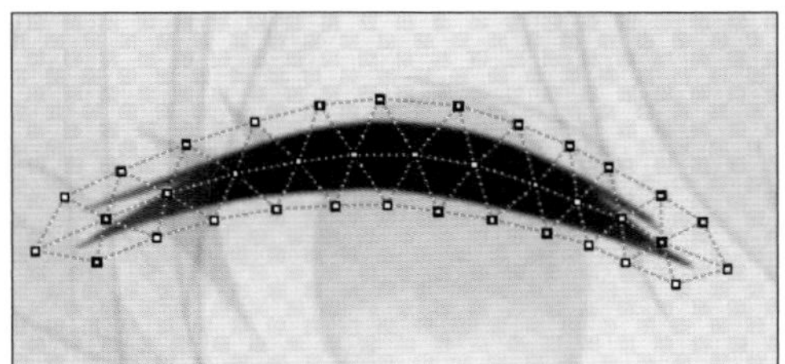

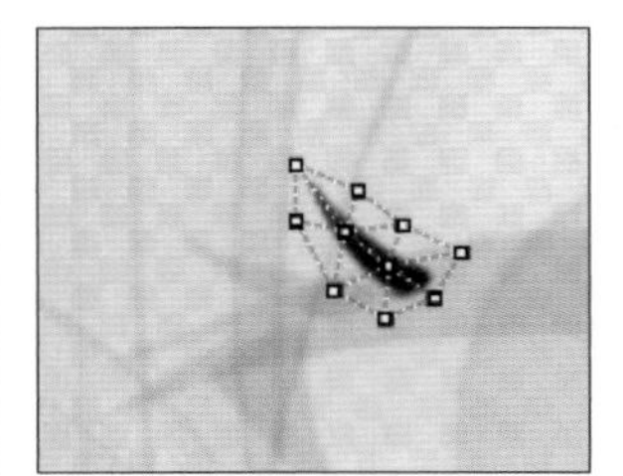

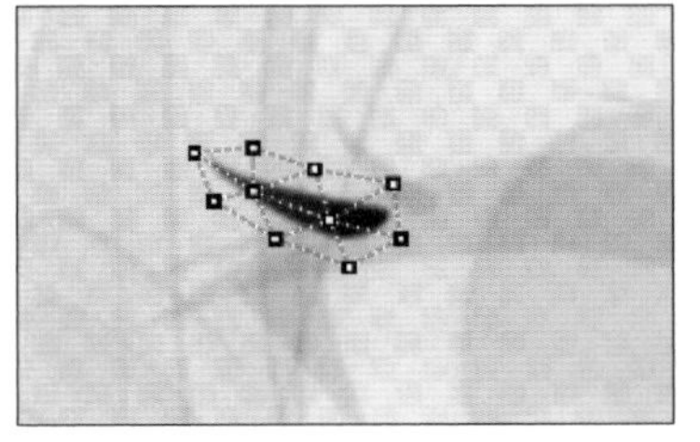

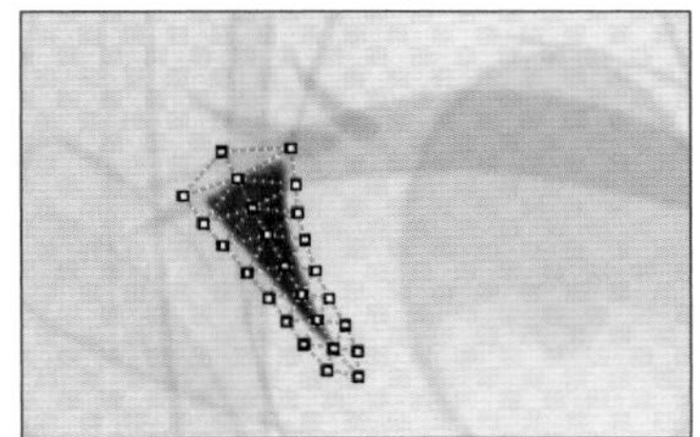

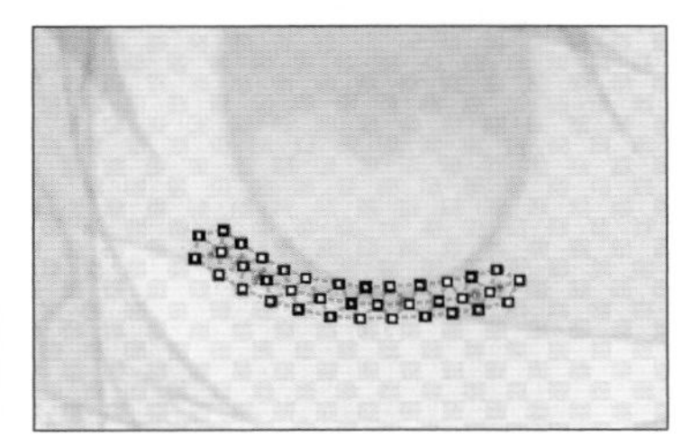

● **眼部**

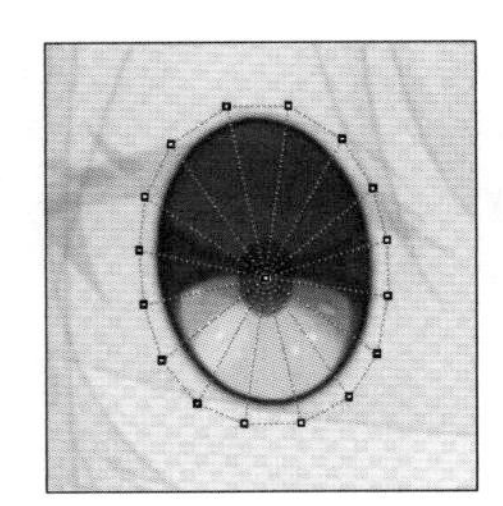
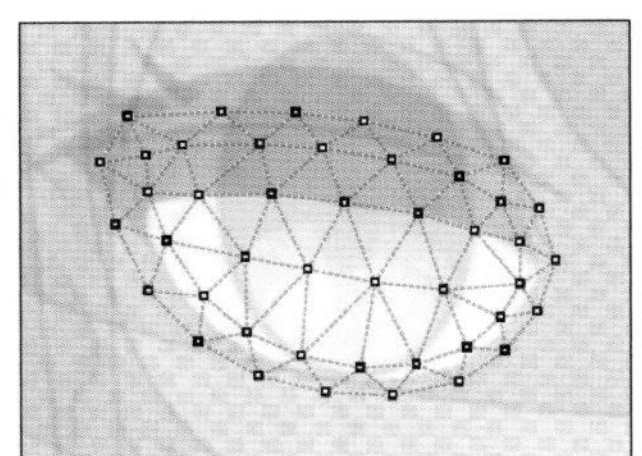
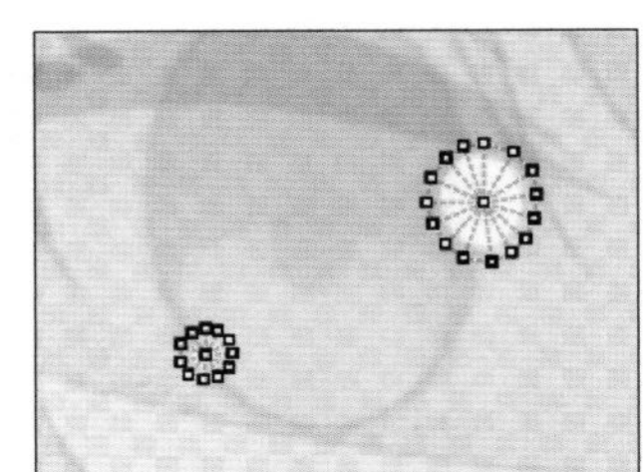

● **鼻子**

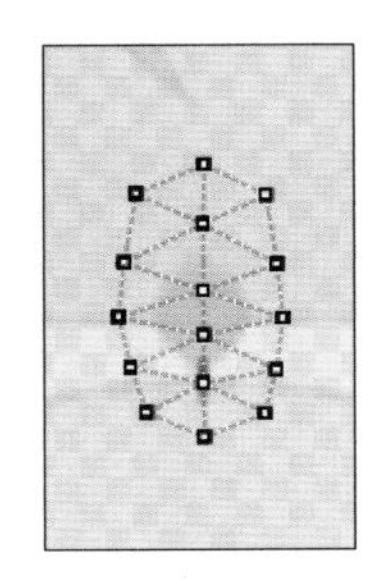

● **嘴部**

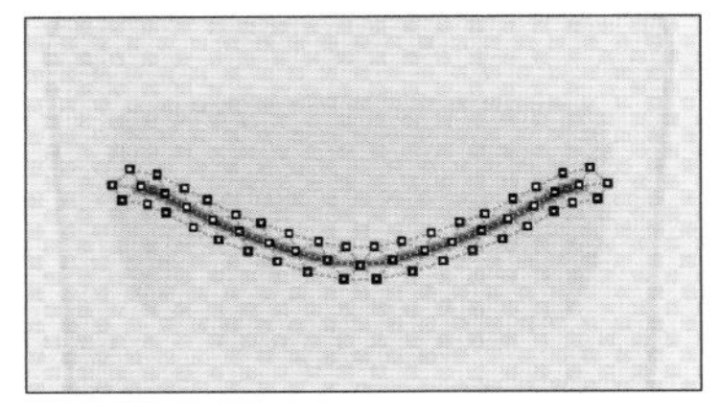
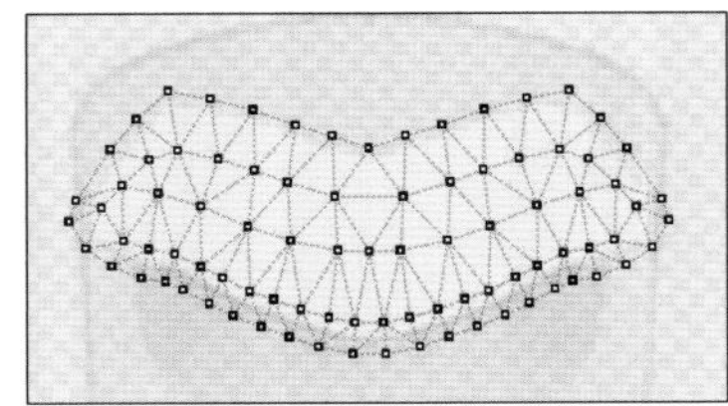
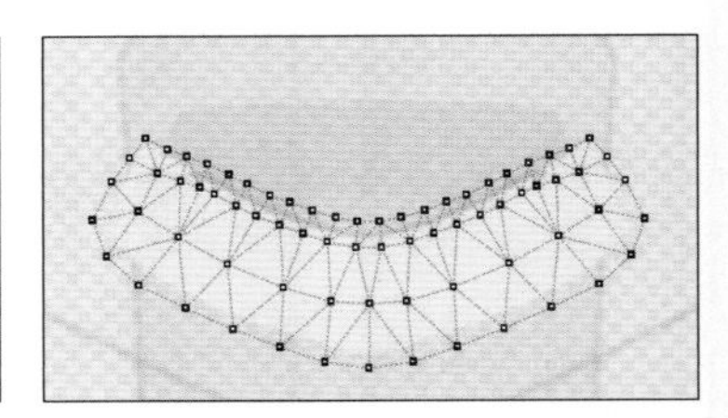

嘴部有多种动作，会大幅度变形，应尽量细致、仔细地制作其图形网格。

● **脸部轮廓**

脸部轮廓的图形网格需划分得非常细小。在朝上下左右方向变形时，网格越细，越能避免缺陷产生。

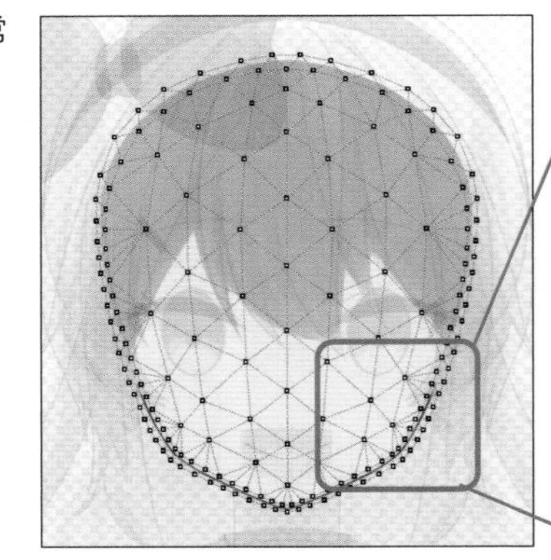
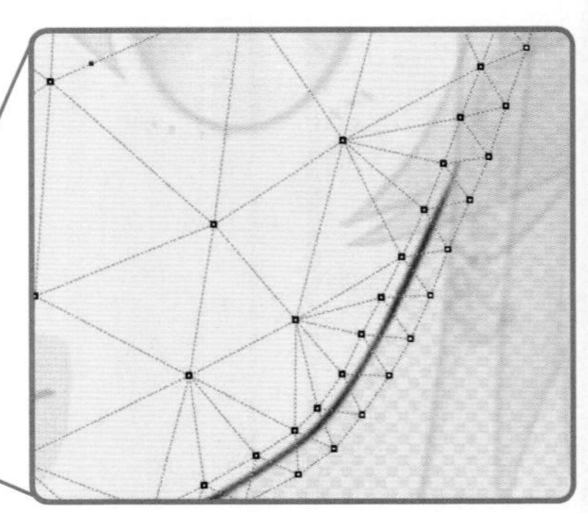

● **丝带**

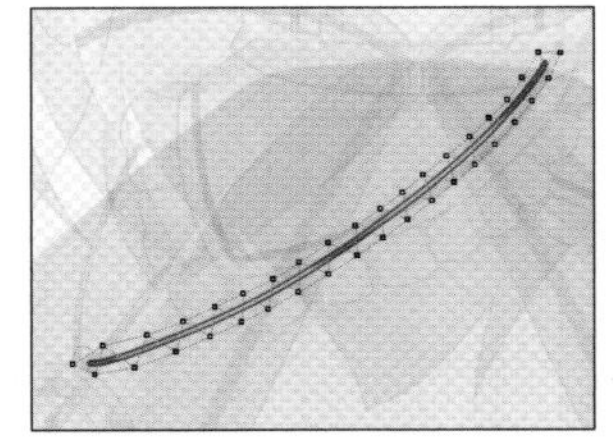
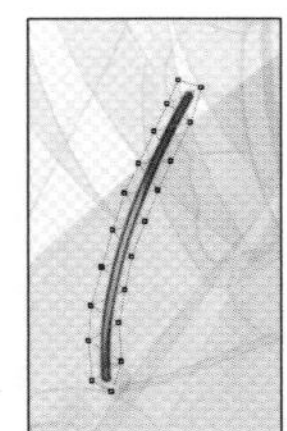

● **时钟**

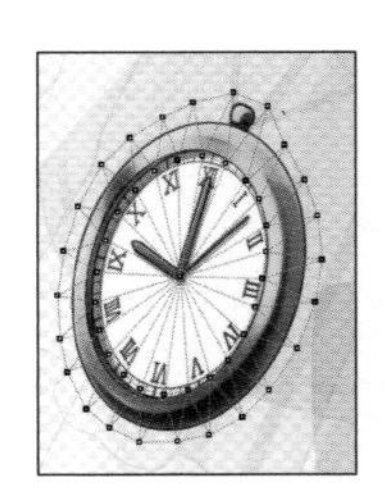

剩余部件的图形网格可采用自动生成的方式创建。

6 线状部件需要使用的变形器

对线状的部件使用变形路径编辑工具，能轻松地改变其形状。

●眉毛

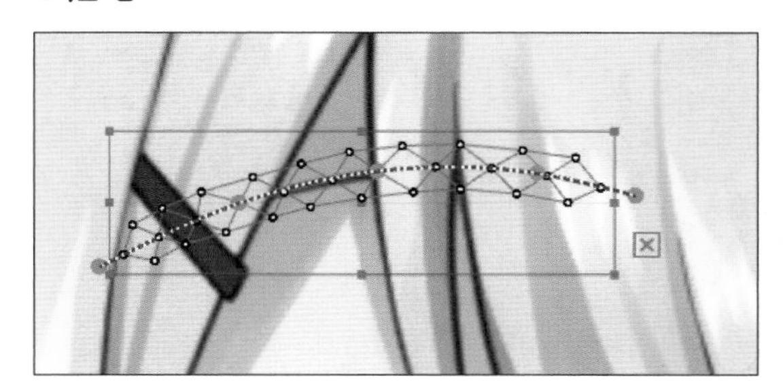

●双眼皮

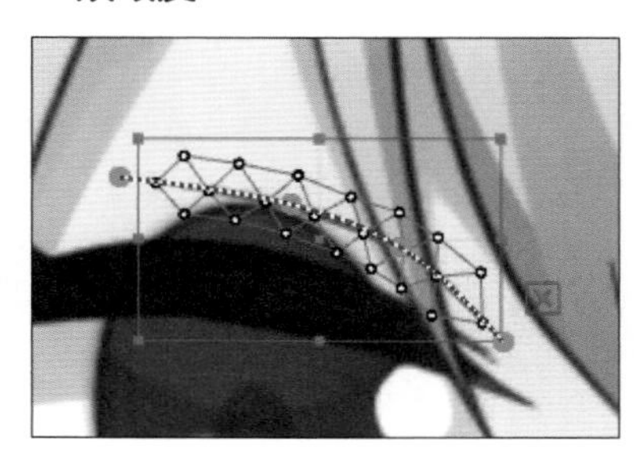

●睫毛

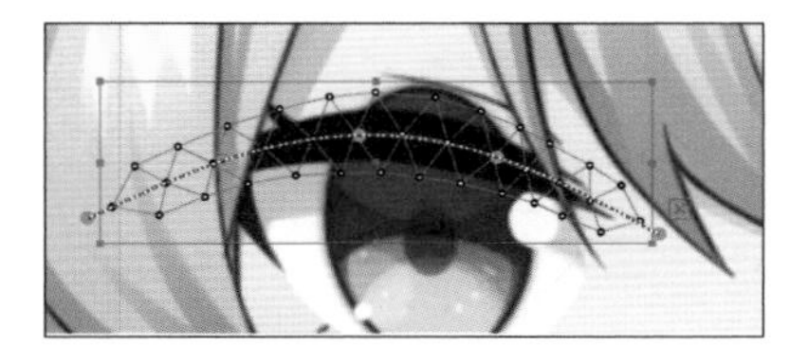

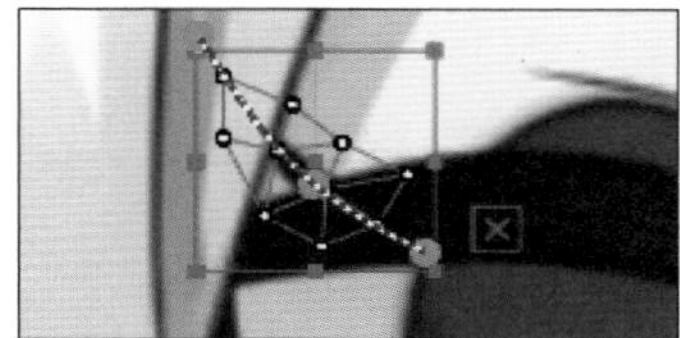

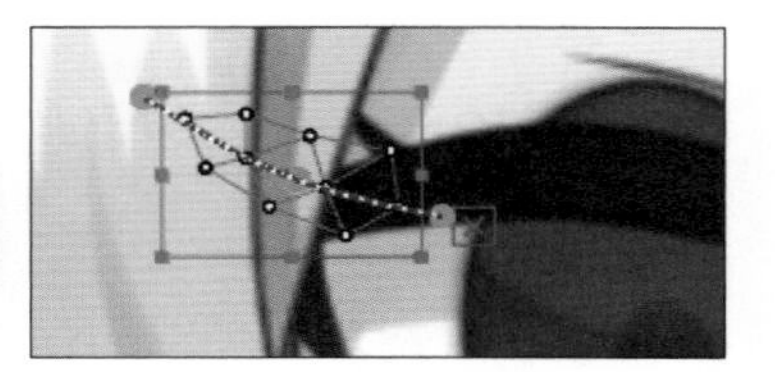

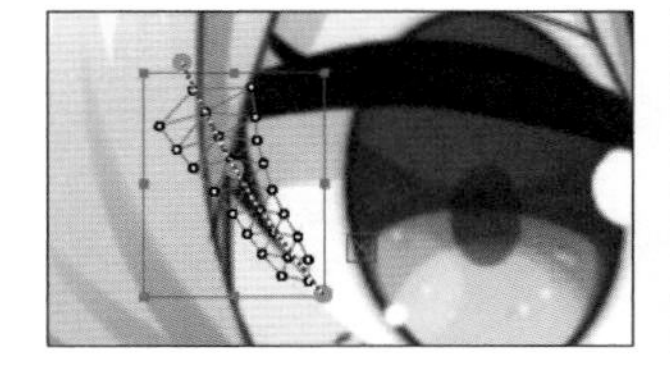

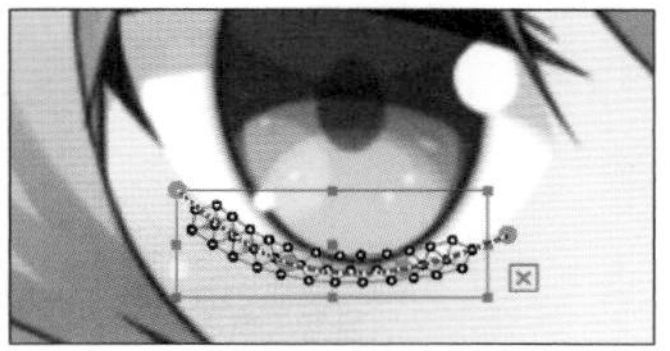

●鼻子

一定要在鼻子的中心位置放置一个变形路径编辑工具的顶点，这在变形时会用到。

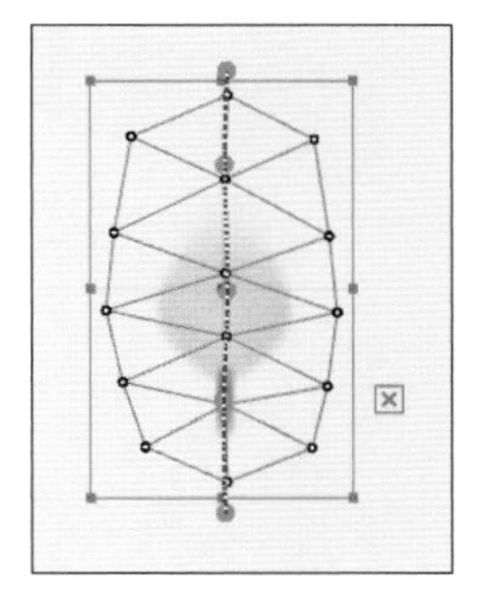

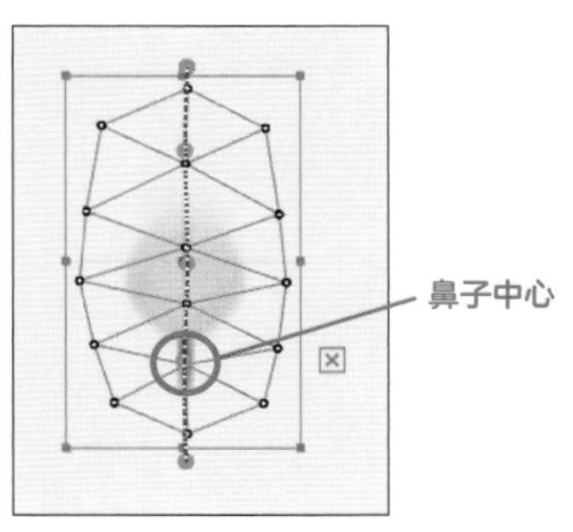

●嘴部

对于嘴部的部件，可在同时选中"唇线""嘴唇"部件时使用变形路径编辑工具。在同时选中的状态下，使用变形路径编辑工具进行的变形操作可同时应用于两个部件。

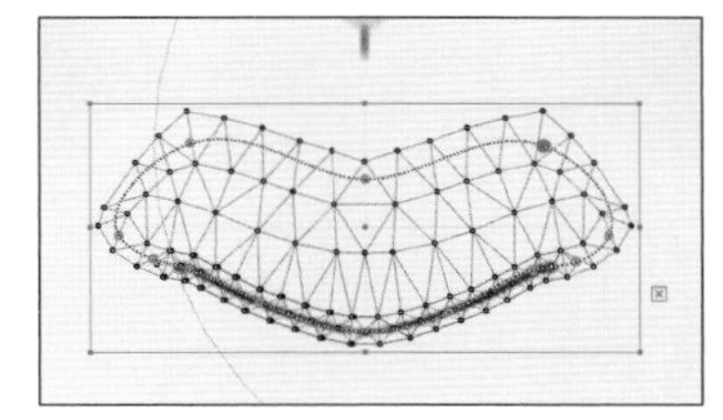

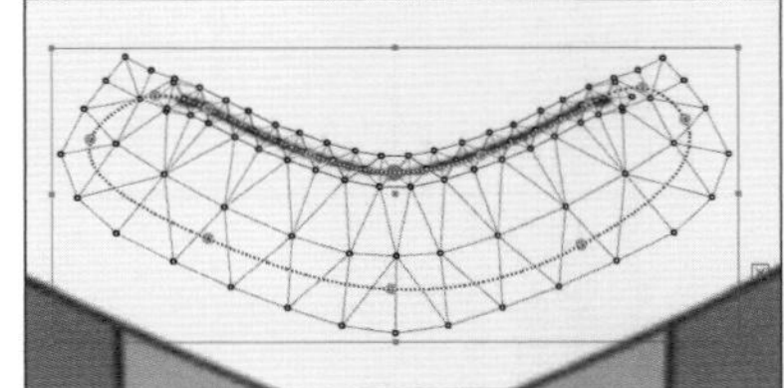

至此所有的图形网格创建完毕。选择所有的部件后会显示大量的顶点，这些顶点是让角色动起来的重要东西。

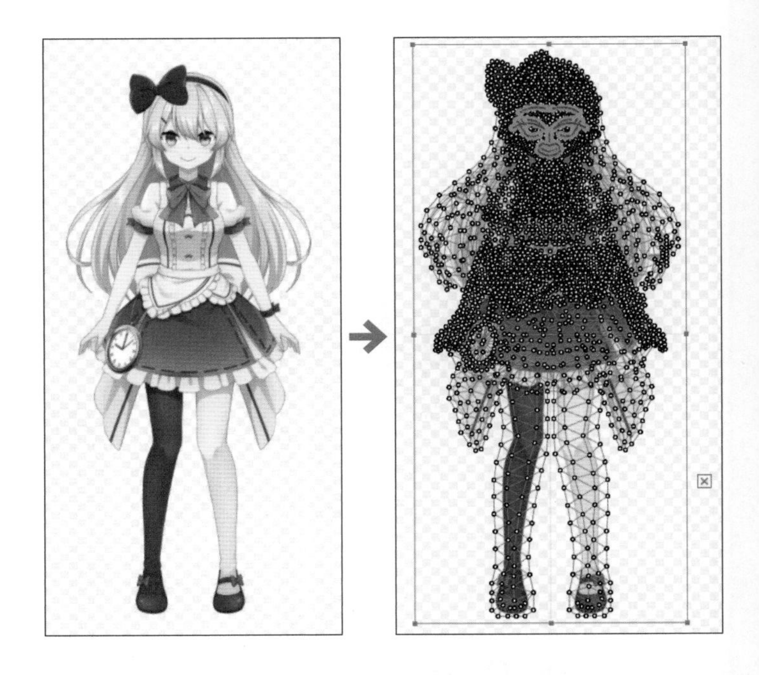

7 设置剪贴蒙版

下面设置剪贴蒙版。因为现在眼珠部分从睫毛上方露出来，所以使用剪贴蒙版来调整。

1 选择眼白部件，然后复制检查器面板中的“ID”值。

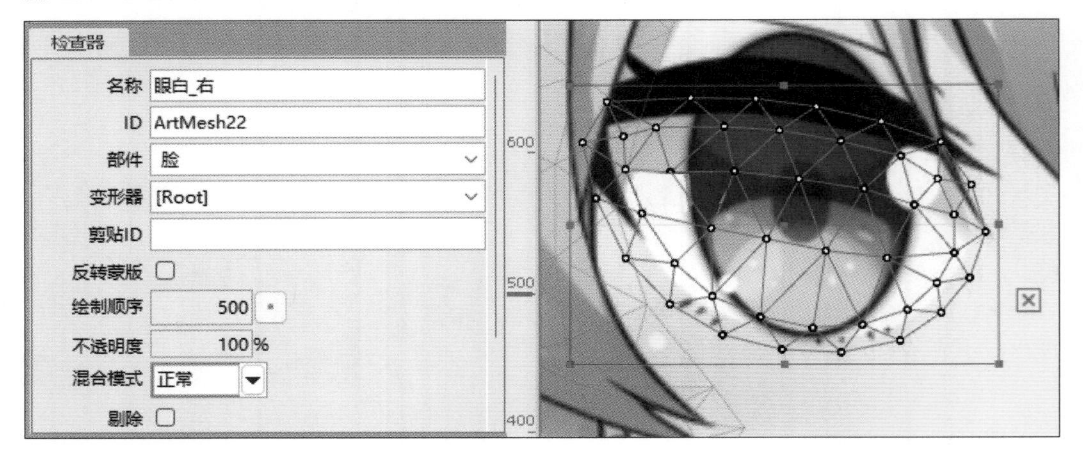

2 选择眼珠和高光部件，然后将刚刚复制的“ID”值粘贴至此时的检查器面板中的“剪贴ID”文本框中。

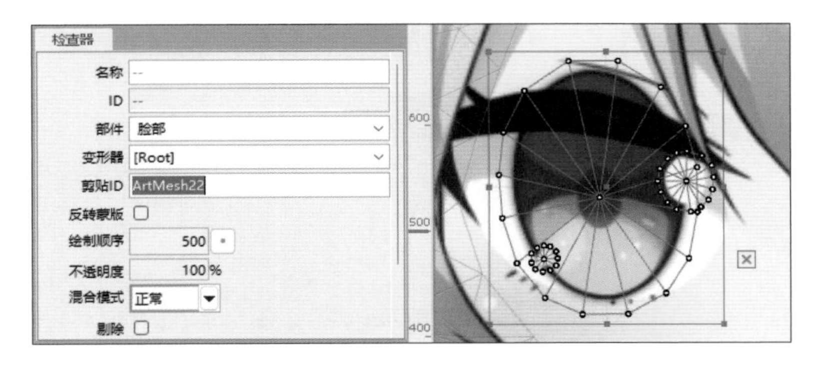

3 此时，眼珠和高光都将位于眼白内，不会超出眼白的范围。

4 同样，在面部轮廓部分对脸颊使用剪贴蒙版。以上内容就是本模型中需要使用剪贴蒙版的地方。

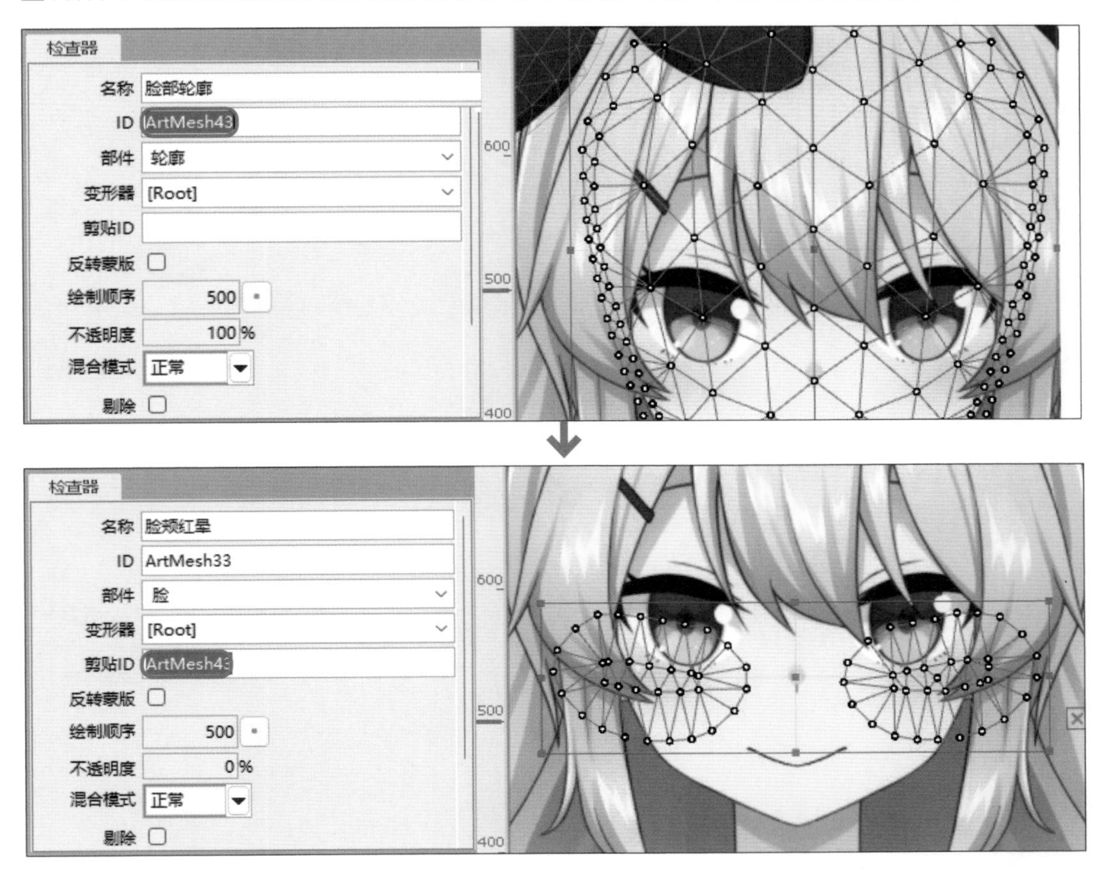

创建眼部及其周围部件的参数和动作

下面为模型的眼部及其周围的部件添加参数和动作。

1 锁定部件

在开始创建参数前，先锁定不需要创建参数的部件。下面创建眼部的参数，所以将除眼部以外的其他部件锁定，以避免误选其他部件的情况发生。

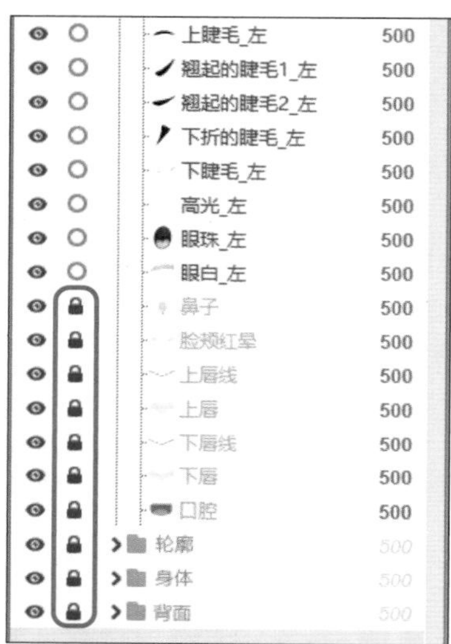

笔记

在小动作上添加大动作

在有表情动作和头部动作的情况下，一般是表情动作跟随头部动作。这相当于在头部动作这一大动作上添加表情动作，可以理解为类似变形器的父子关系。
首先制作小动作，然后加上跟随小动作的大动作。如果把这个顺序反过来的话，就会出现破绽。可以将这比喻为“穿完外套后很难穿内衣”。因此，应制作小动作后再对小动作添加大动作。

笔记

标准参数 ID

在添加参数时，每个参数都有其对应的“标准参数ID”，以便在其他软件中使用Live2D模型时，可以通过“标准参数ID”来自动关联该参数对应的动作设置。例如，控制睁眼和闭眼参数的ID，如果一开始就按照命名规则设置为“标准参数ID”，在使用其他软件时无需再进行特殊设置即可运行。本书所使用的“ID”均为“标准参数ID”，在制作时可以参考官方的标准参数列表（在软件菜单栏中选择“帮助”→“用户指南”，在弹出网页左侧的“编辑手册”中选择“建模”→“参数”→“标准参数列表”）。

2 改变眼珠的大小

1 创建用于改变眼珠大小的参数。新建的参数位于所选参数的下方，这里选择“眼珠Y”，然后单击“New Parameter”。

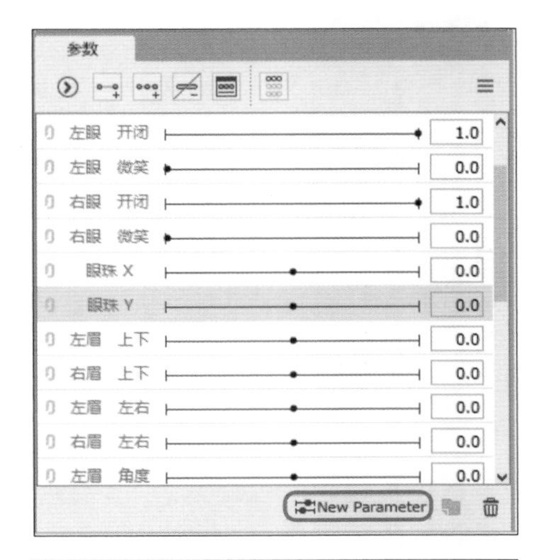

2 显示“新参数”对话框，分别设置“名称”为“眼珠缩小”、“ID”为“ParamEyeBallForm”、“范围”的“最小值”为“-1”、“默认”为“0”、“最大值”为“0”。“ParamEyeBallForm”就是前一页介绍的“标准参数ID”。像这样的“标准参数ID”，建议在官方的标准参数列表中搜索后填写，确保命名正确。

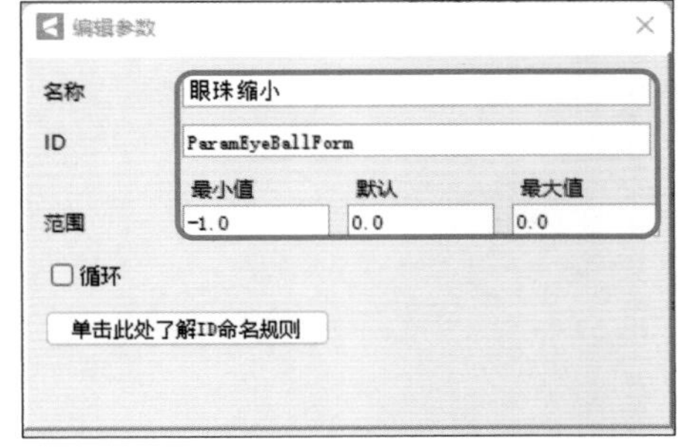

3 创建的新参数“眼珠缩小”如右图所示。

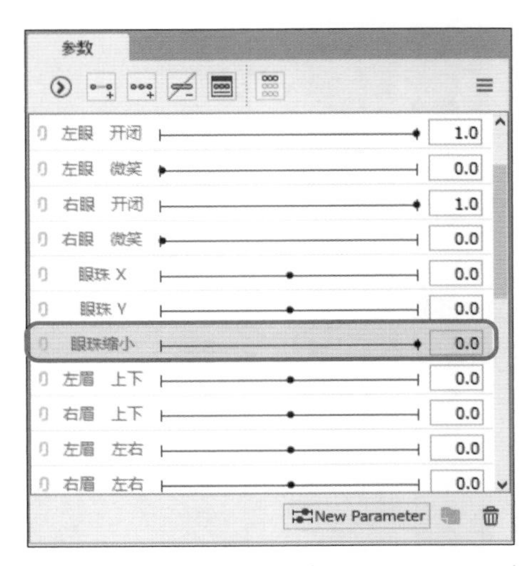

4 设置“眼珠缩小”参数。选择“高光_右”“眼珠_右”“高光_左”“眼珠_左”，在参数面板中单击（追加2点），给参数追加两个动作记录点。

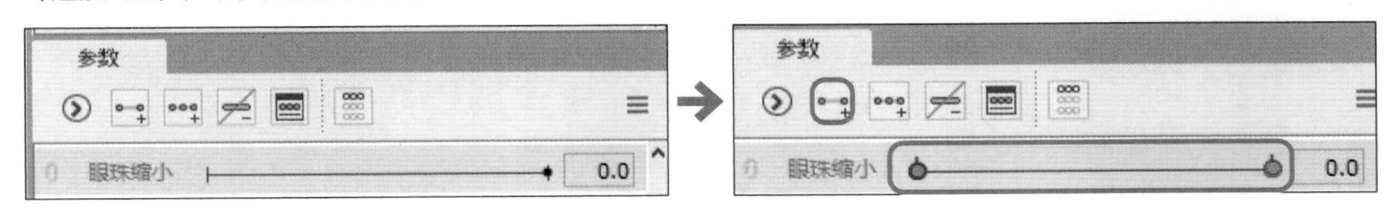

5 然后将“眼珠缩小”参数值调整为“-1”，缩小眼珠。此时按住Shift键，调整眼珠的中心至原来的位置。拖动“眼珠缩小”参数的滑块，确认眼珠的大小会发生变化。

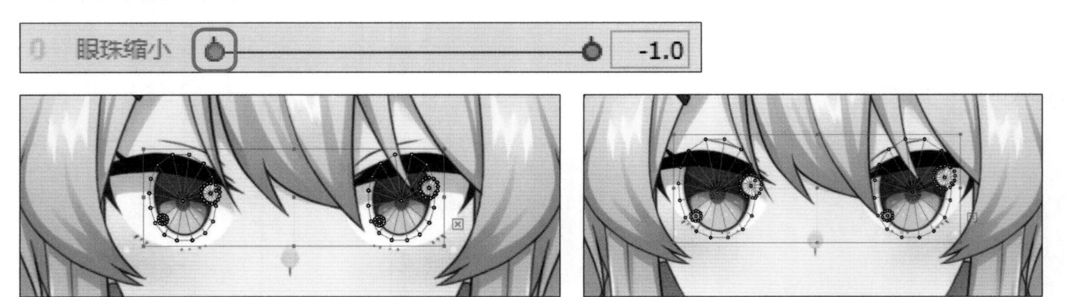

3 使眼珠上下左右移动

1 下面分别创建左、右眼珠的弯曲变形器。选择一边的眼珠和高光，然后单击（创建弯曲变形器）。

2 创建弯曲变形器，并将其命名为“移动 右眼”。

3 选择另一边的眼珠和高光，创建弯曲变形器，并将其命名为“移动 左眼”。两个弯曲变形器创建完成后如右图所示。

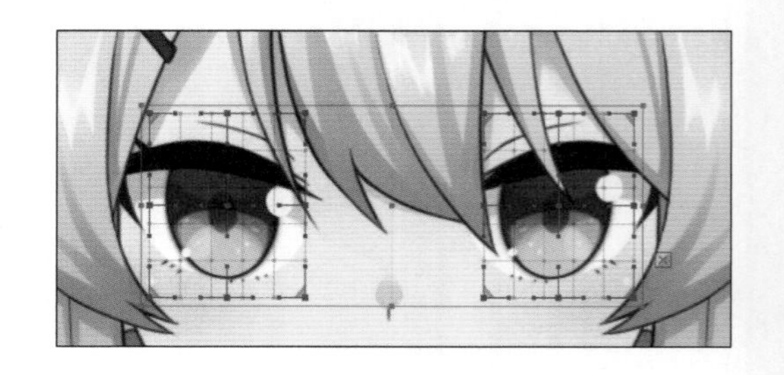

4 因为已经创建好了弯曲变形器，所以可以将眼珠和高光暂时锁定，直至需要对其进行其他操作。这样可以防止添加不必要的参数、误操作导致的细微变动等。

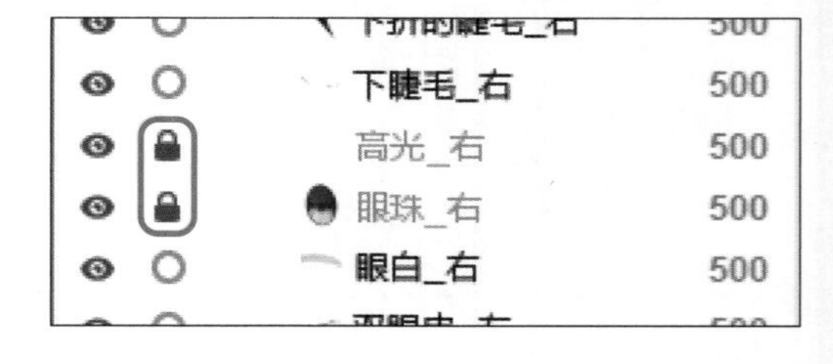

5 选择创建好的弯曲变形器，接着选择“眼珠X”“眼珠Y”，为其创建动作记录点。

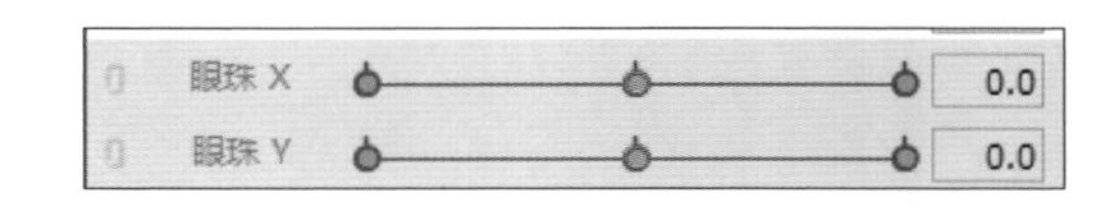

6 将“眼珠X”的动作记录点移至最左侧，眼珠也随之向左侧移动。

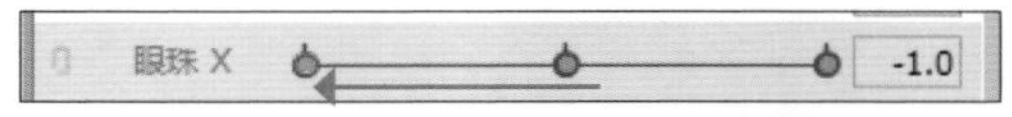

7 将“眼珠X”的动作记录点移至最右侧，眼珠也随之向右侧移动。这样，眼珠左右移动的动作就添加好了。可以移动动作记录点来确认眼珠是否能左右移动。

眼珠 X 1.0

笔记

子物体超出弯曲变形器

在创建弯曲变形器时，给子物体添加参数后，其顶点偶尔会超出弯曲变形器。在Live2D的建模中，这不是件好事。特别是在给部件或变形器添加动作时，此现象易发生。为了能更好地发现这一情况，可以在菜单栏中选择“显示”→“强调显示从父变形器伸出的顶点”。例如，有子物体超出刚刚创建的眼珠的弯曲变形器时，就会如右图所示以蓝色强调显示。为了避免此情况的发生，应将弯曲变形器创建得大于子物体。

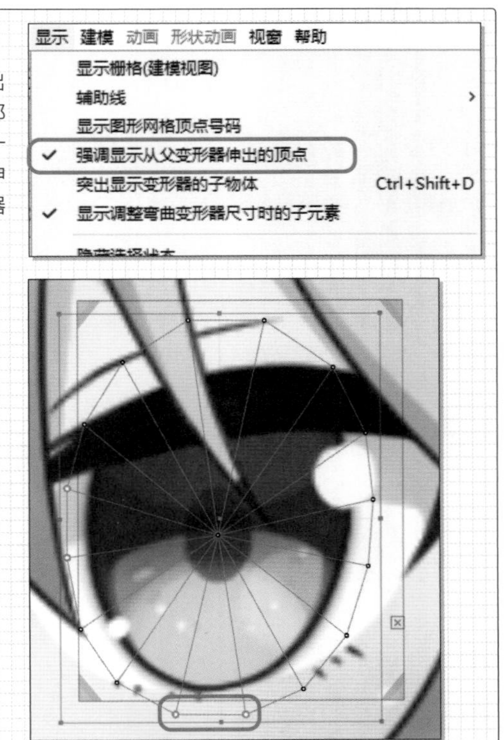

8 下面为眼珠添加上下移动的动作。将“眼珠X”的值设置为“0”，将“眼珠Y”的动作记录点移动至“1”的位置，使眼珠向上移动。

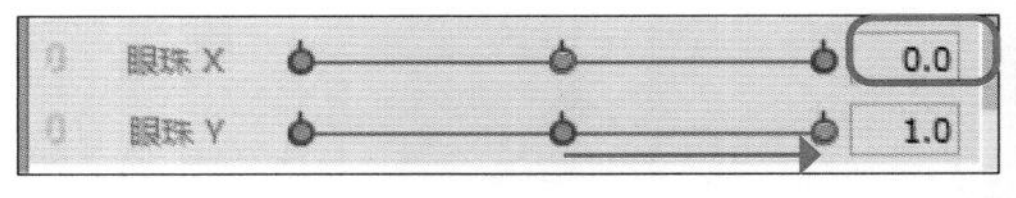

9 将“眼珠Y”的动作记录点移动至“-1.0”的位置，使向下移动。这样，眼珠上下移动的动作也添加好了。

10 下面添加眼珠的其他动作。选择“眼珠X”和“眼珠Y”，然后单击“眼珠X”左边的（结合参数）来结合两个参数，单击后的状态如右图所示。其形态发生了变化，但不影响其作用。

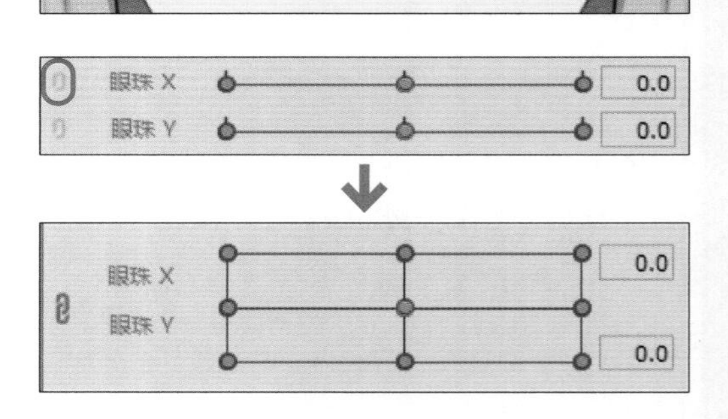

11 选择两个眼珠的弯曲变形器及参数“眼珠X”“眼珠Y”，然后在参数面板的下拉菜单中选择“四角形状合成”。确认“参数1”“参数2”分别为“眼珠X”和“眼珠Y”后，单击“OK”。

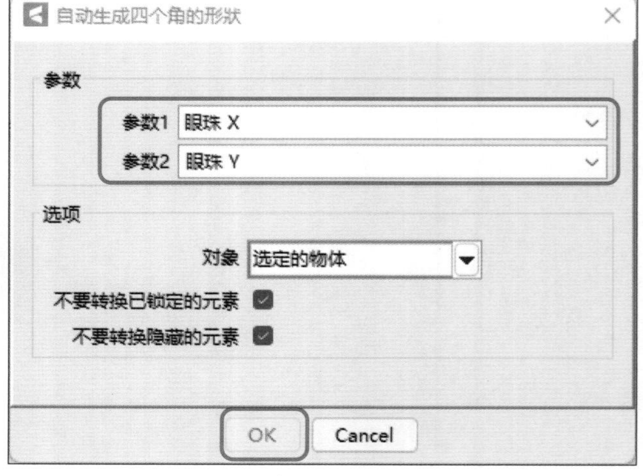

⑫ 这样，眼珠就能斜着移动了。至此，眼珠向多个方向移动的动作就添加好了。

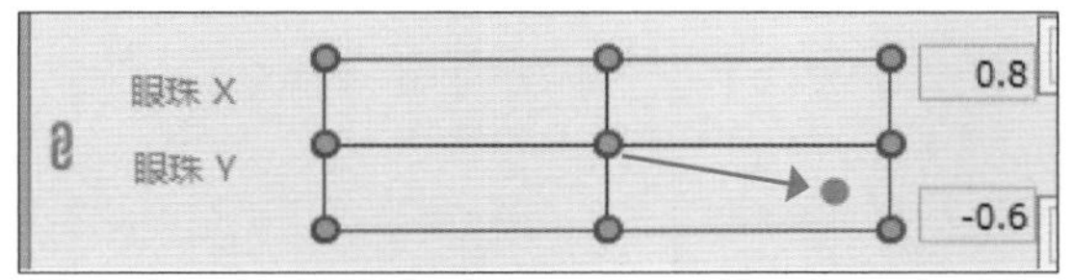

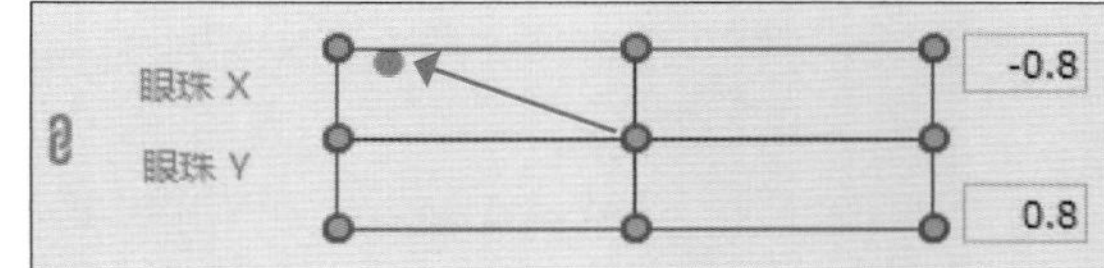

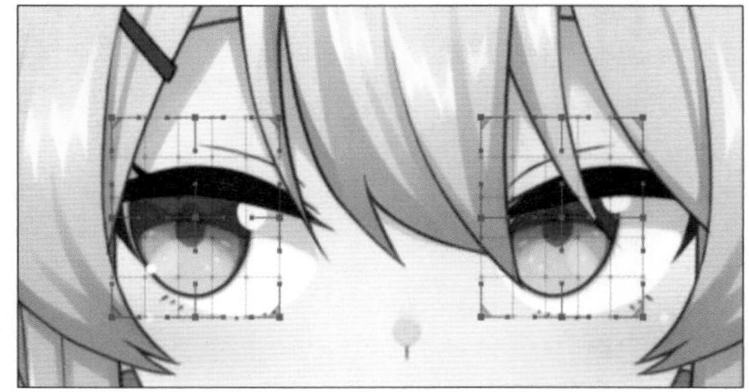

4 创建闭眼动作

① 下面进入创建闭眼动作的环节。因为眼部被刘海儿遮盖不方便操作，因此将刘海儿隐藏起来。

② 先创建右眼的闭眼动作，选中与闭眼动作相关的部件。

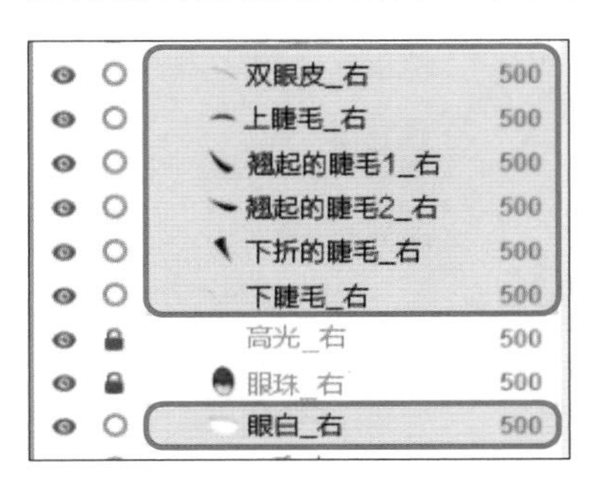

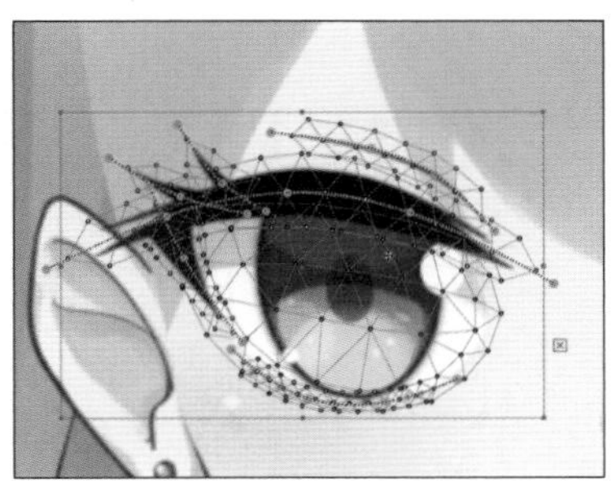

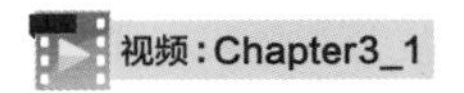

③ 为“右眼 开闭”参数追加两个动作记录点。然后取消选择所有的部件，仅选择“上睫毛_右”部件。

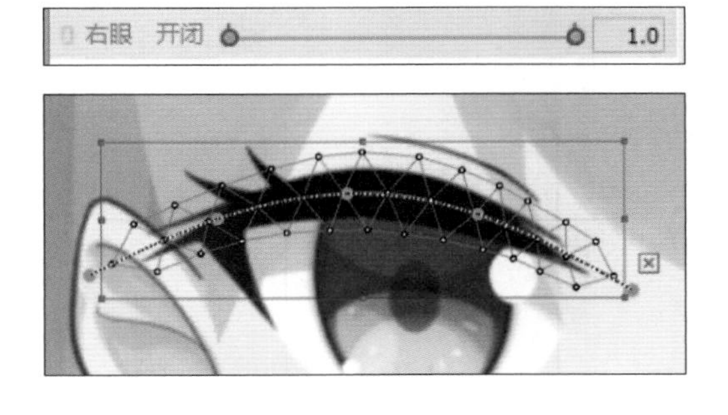

4 将“右眼 开闭”参数的动作记录点移至最左侧。

5 将“上睫毛_右”部件调整为闭眼时的状态。使用变形路径编辑工具完成上述操作。

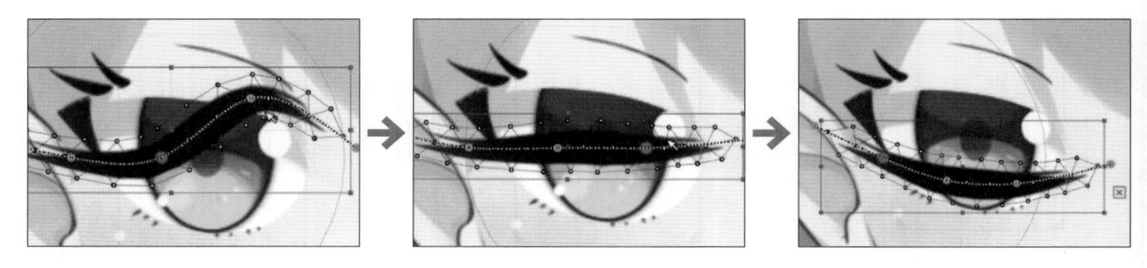

6 使用相同的工具将“下睫毛_右”“双眼皮_右”部件变形为闭眼时的状态。

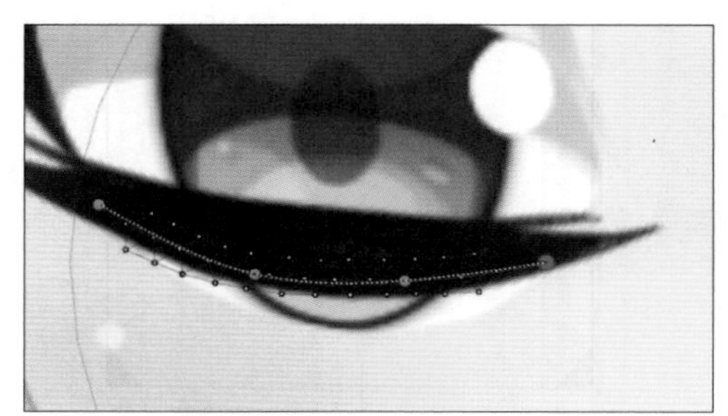

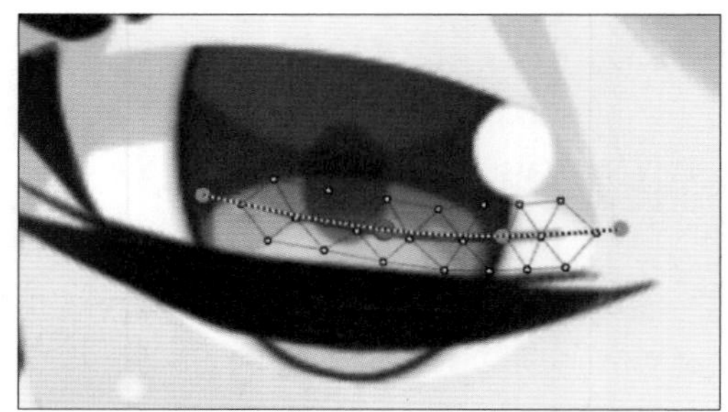

7 使用相同工具变形“下折的睫毛_右”部件，使其更贴合闭眼时“下睫毛_右”的线条。

8 此时，上面的部分睫毛会露出来。像这种细微的变形，单单使用变形路径编辑工具难以调整，因此需要手动调整顶点。

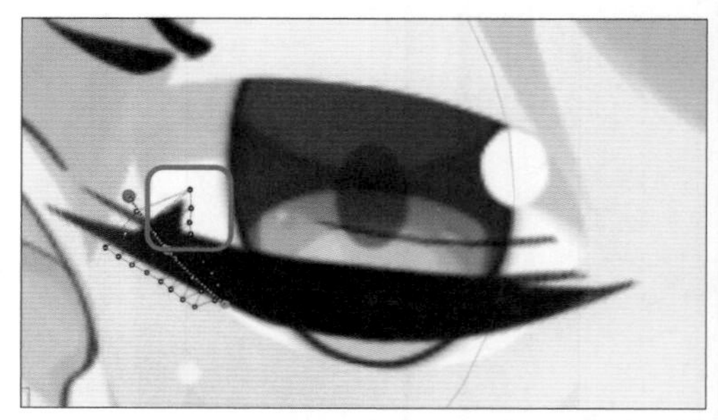

9 调整后的效果如右图所示。

10 其他翘起来的睫毛部分也分别使用变形路径编辑工具进行变形，使其配合闭眼的状态。

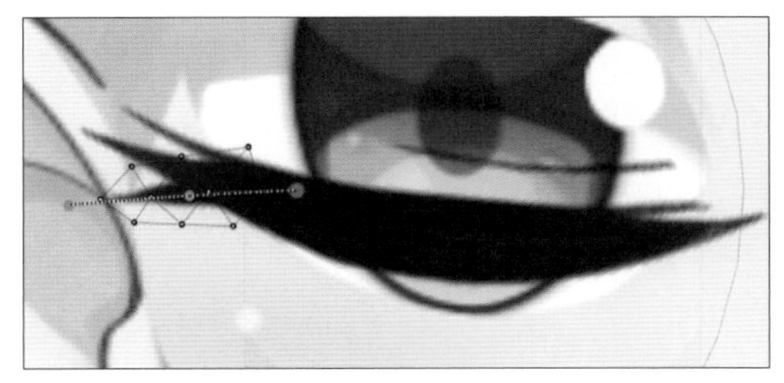

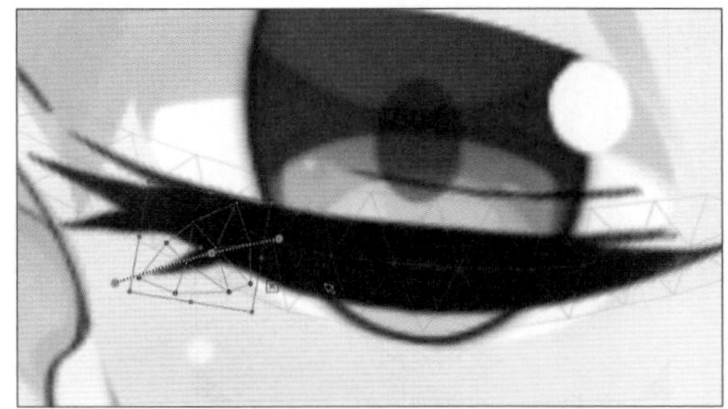

11 制作眼白部分闭眼时的状态。将眼白纵向压缩变形。

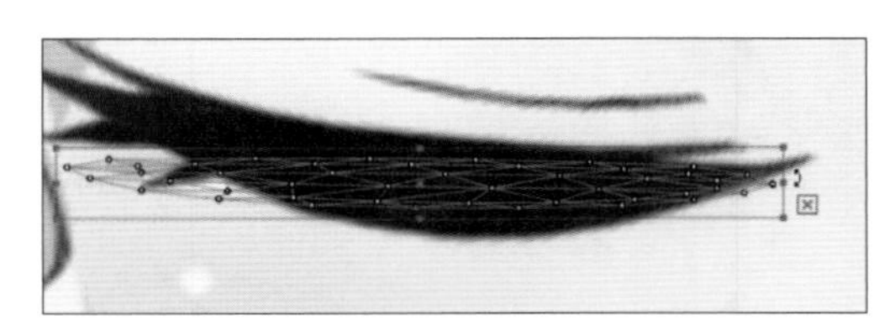

12 在这种情况下，若逐个调整顶点耗时太多。可以将纵向压缩的眼白看作线状的部件，使用变形路径编辑工具进行变形。

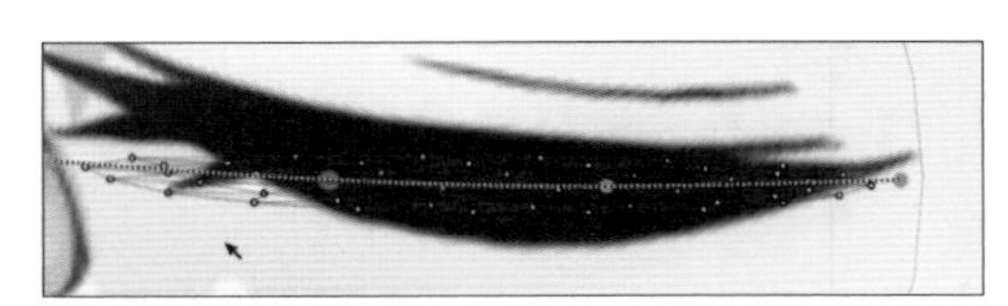

13 调整后的效果如右图所示。

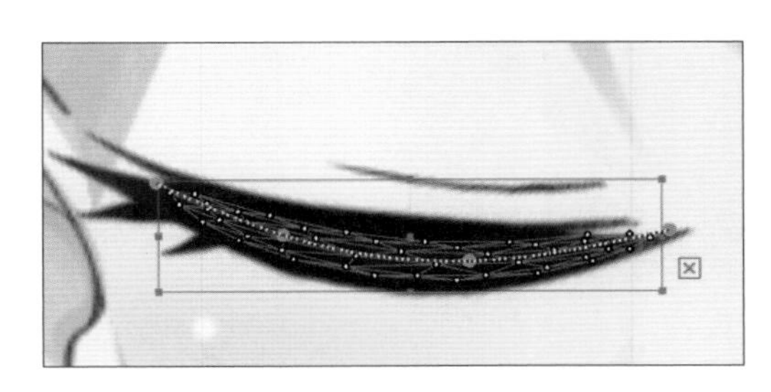

14 至此，右眼闭眼动作的相关变形就全部完成了。参考以上步骤为左眼也添加同样的动作，效果如下图所示。

5 制作微笑表情

使用“右眼 微笑”“左眼 微笑”参数可以制作微笑表情。下面对“右眼 微笑”参数进行设置。

1 单击“右眼”参数的数值，在打开的下拉列表中选择“选择”，全选该参数值对应的部件。

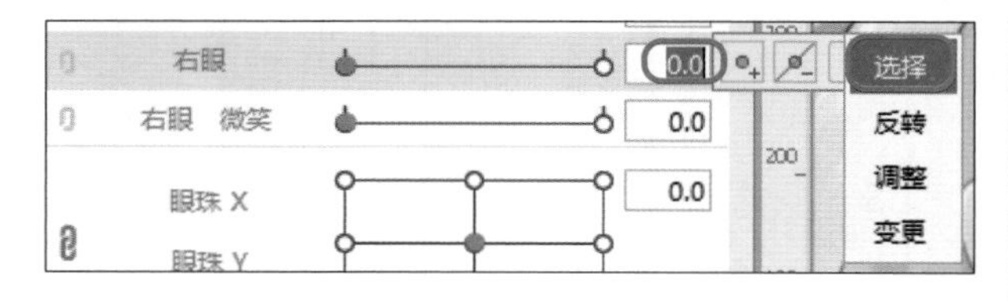

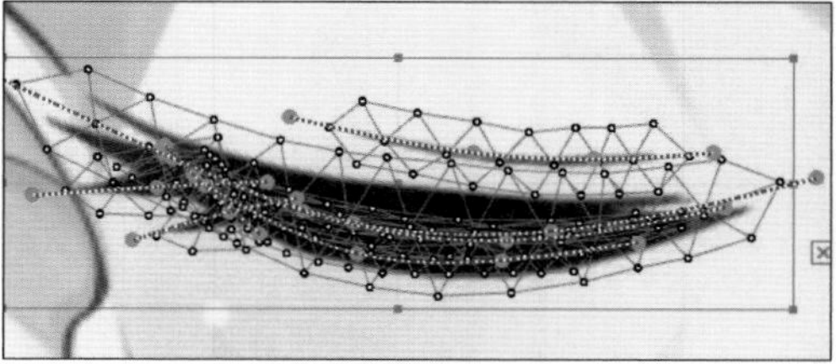

2 为“右眼 微笑”参数追加两个动作记录点，并将动作记录点移至最右侧。

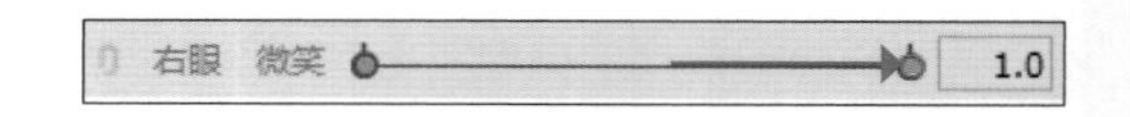

3 调整好动作记录点，使眼部变为紧闭状态，然后使用变形路径编辑工具将最大的部件——睫毛变形为“へ”字形状。

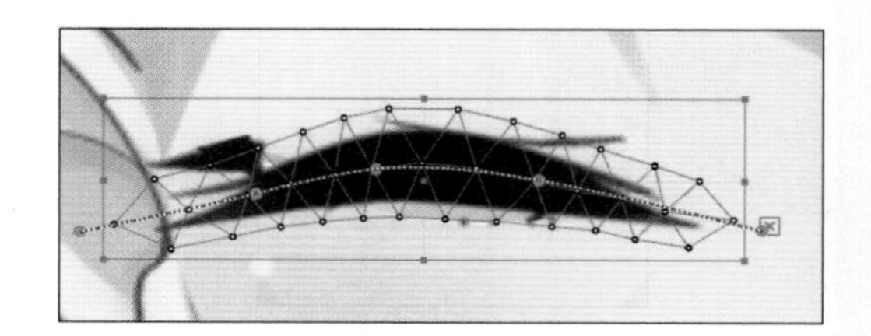

4 配合睫毛的形状，将双眼皮、下睫毛、眼白、两根翘起来的睫毛、下折的睫毛进行变形。

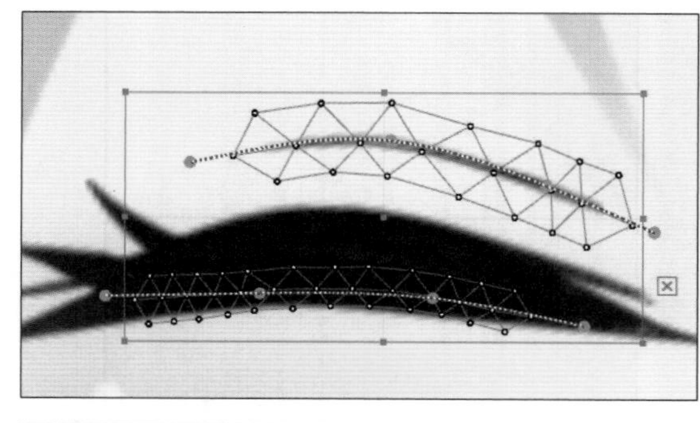

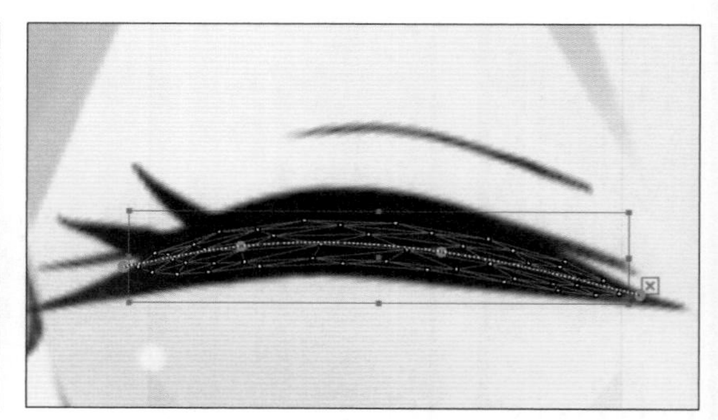

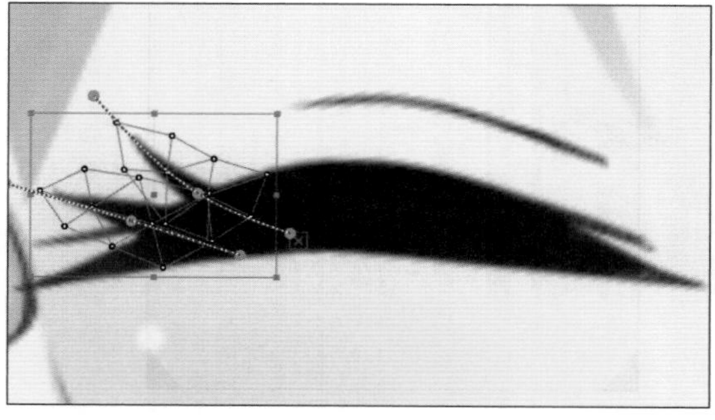

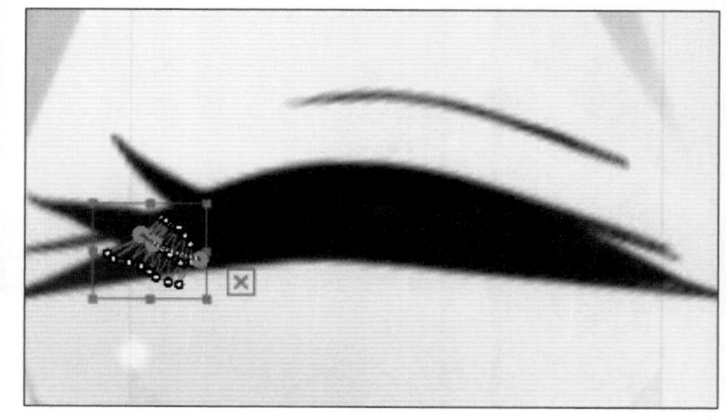

5 将“右眼 微笑”参数的值改为“1”，此时右眼变为微笑时的样子。参考上述操作，对左眼也进行相应设置。

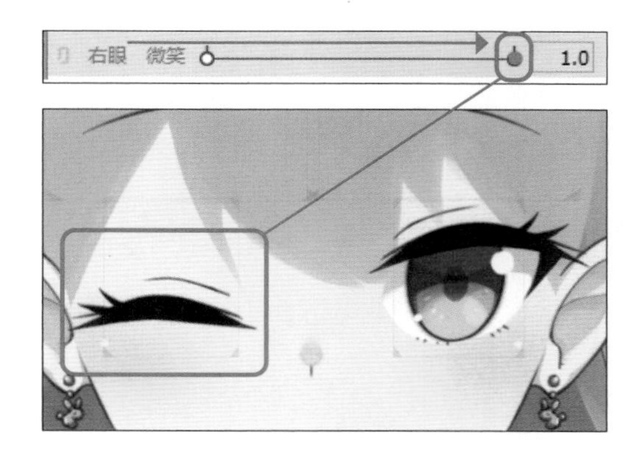

6 创建眉毛参数

1 下面为眉毛添加变形参数。这里以右眉为例进行介绍。选择右眉，为“右眉 变形”参数追加3个动作记录点。

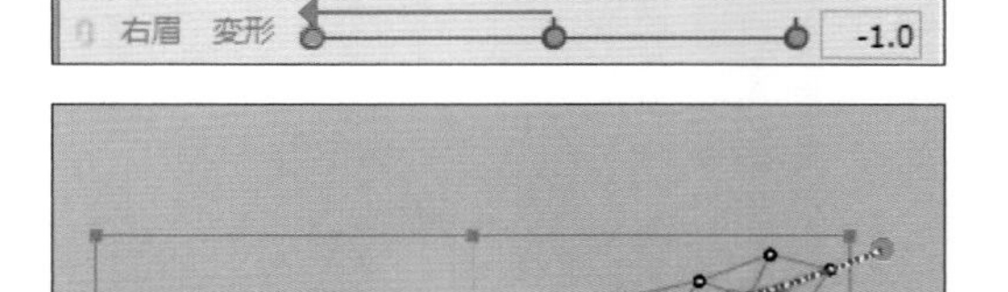

2 将“右眉 变形”参数的动作记录点移至最左边，眉毛会变为右图所示的“皱眉”的样子。

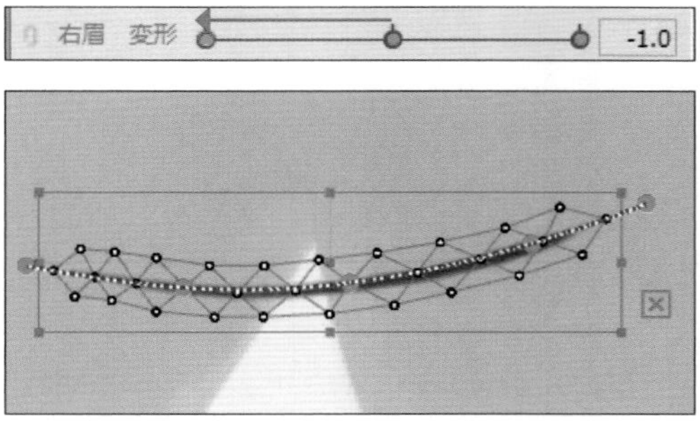

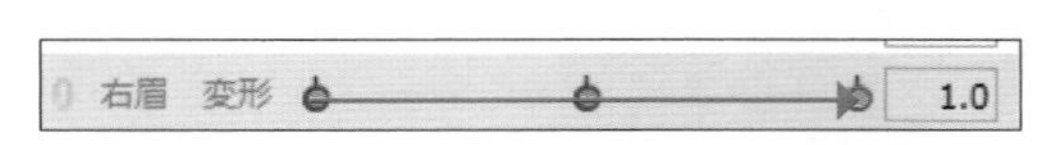

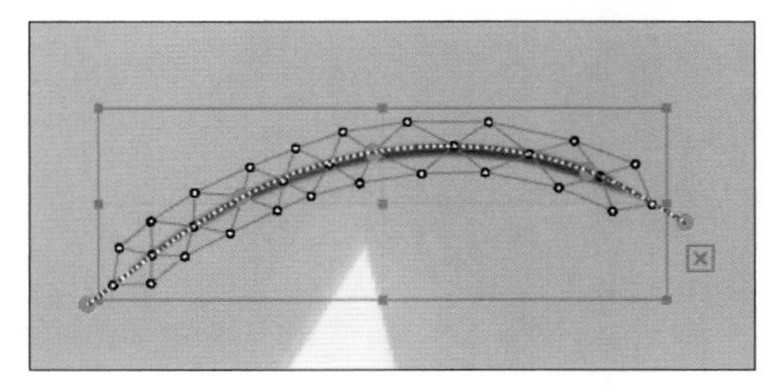

3 将“右眉 变形”参数的动作记录点移至最右边，眉毛会变为右图所示的样子。

4 下面给眉毛调整角度。创建眉毛的弯曲变形器，将其命名为“右眉 角度”。

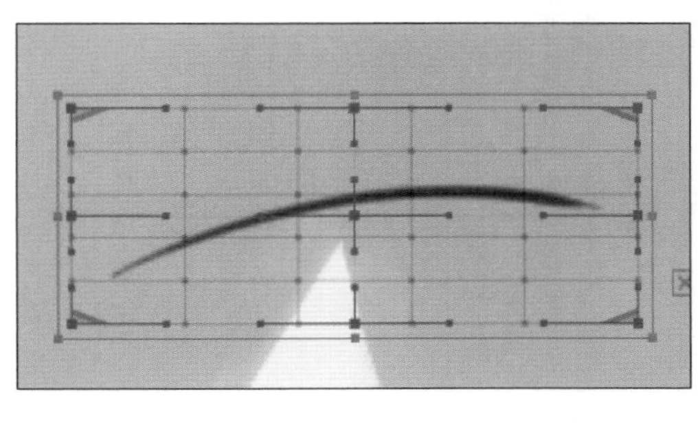

5 为“右眉 角度”参数追加3个动作记录点。

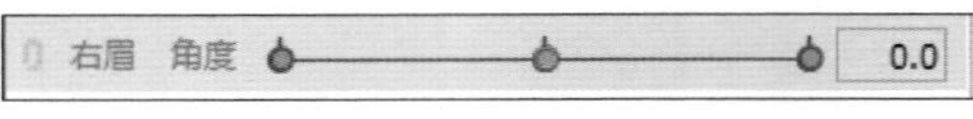

6 将“右眉 角度”参数的动作记录点移至最左边，眉毛会变为左下图所示的角度。将“右眉 角度”参数的动作记录点移至最右边，眉毛会变为右下图所示的角度。

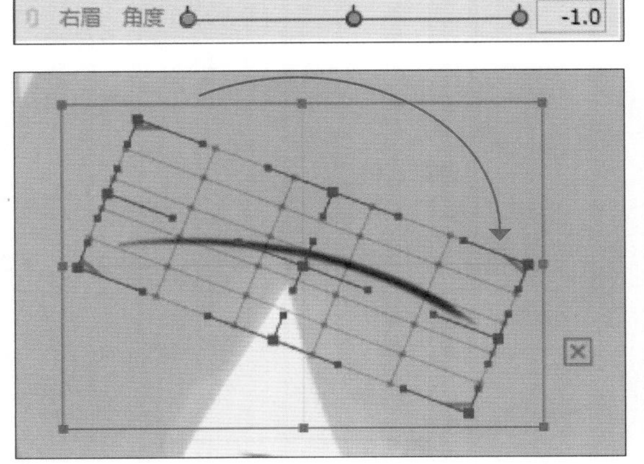

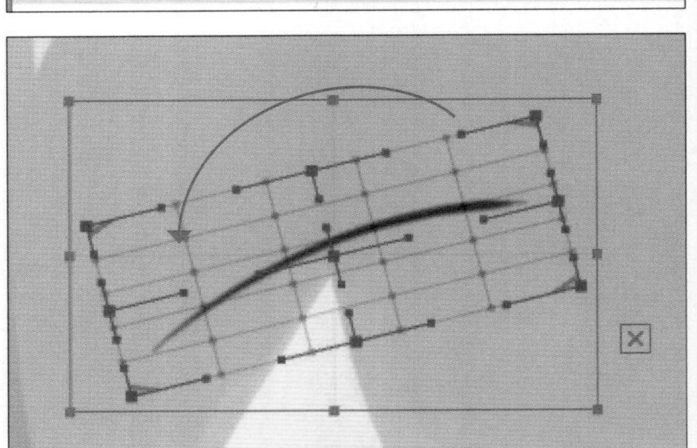

7 眉毛的角度动作添加好后，为其添加左右移动的动作。在变形器“右眉 角度”上再创建一个弯曲变形器（父变形器），并将其命名为“右眉 左右”。

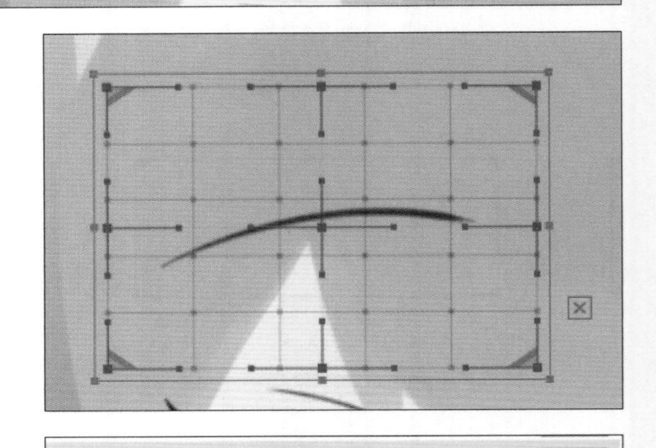

8 为“眉毛 左右”参数追加3个动作记录点。当设置此参数的值为“-1”时眉毛会向画面右侧稍微移动；当设置此参数值为“1”时则眉毛会向画面左侧稍微移动。设计成向左、向右各稍微一动一点的样子即可。

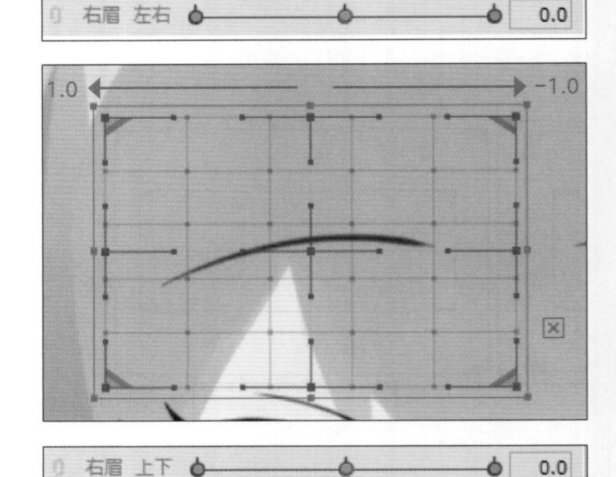

9 下面添加眉毛上下移动的动作。在变形器“右眉 左右”上再创建一个弯曲变形器（父变形器），并将其命名为“右眉 上下”。为“右眉 上下”参数追加3个动作记录点，当此参数值为“-1”时眉毛会向下移动，当此参数值为“1”时则眉毛向上移动。至此，眉毛部分的变形、角度、左右移动、上下移动的参数就全部设置好了。

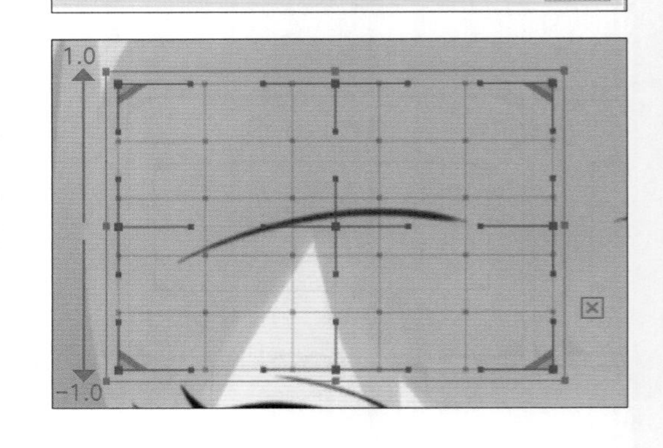

嘴部的变形以及头发和发带的摇动变形

下面进行嘴部、头发、发带等的摇动变形。使用的动作捕捉软件（详见P176）不同，参数也不同。

1 使用的软件不同，参数的形态也会有所不同

比较有代表性的动作捕捉软件有FaceRig、VTube Studio及Animaze，为适配这些软件，Live2D软件中参数的形态也有所不同。下面介绍这些参数的设置方法。下图中的“a”“e”“i”“o”均表示发音，嘴部变形是纵轴，嘴部张合是横轴。

● FaceRig

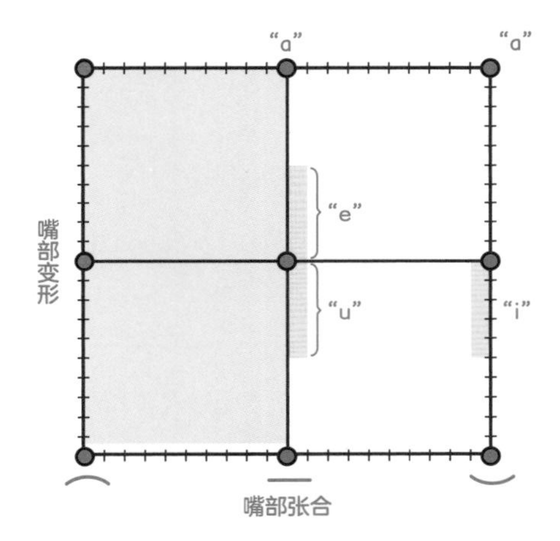

● Vtube Studio（手机版）

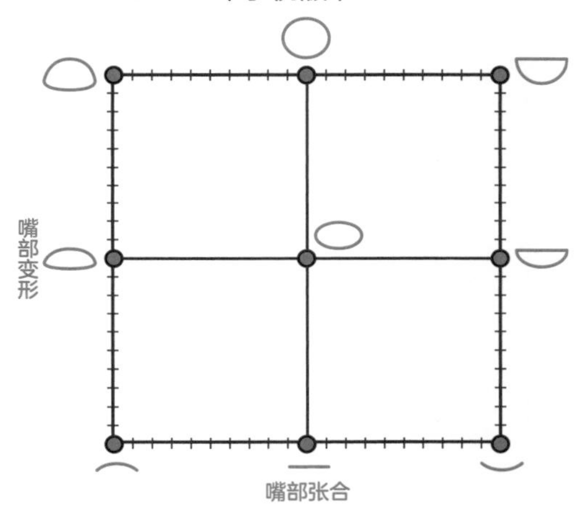

● Animaze（有ParamMouthSize）

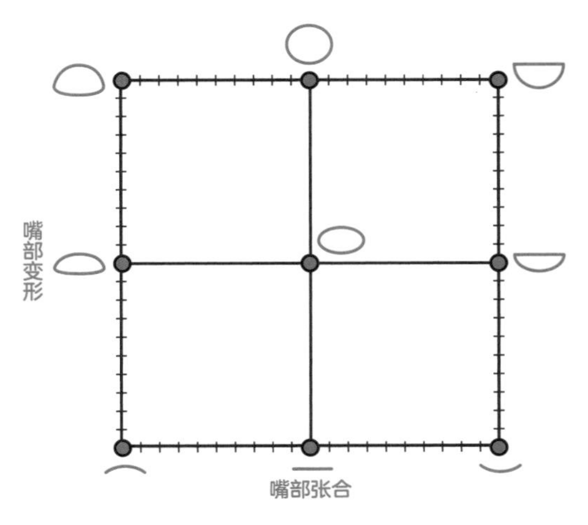

● Animaze（无ParamMouthSize）
VTube Studio（Steam版）

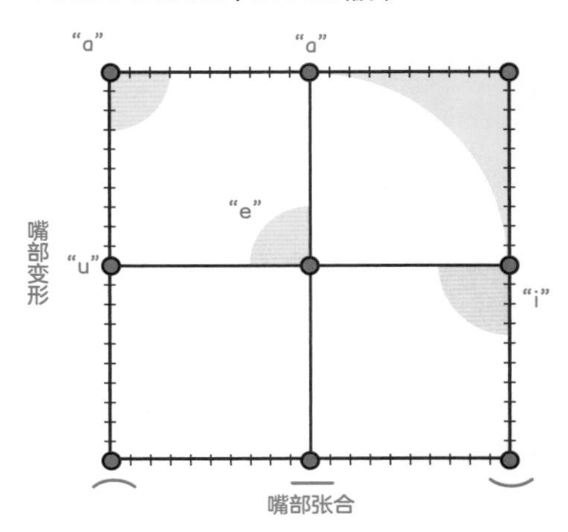

● **嘴部形状扩大和缩小（ParamMouthSize | min 0.0 /default 0.5 /max 1.0）※此设置仅适用于Animaze**

缩小　正常　扩大

未使用区域

区域宽度

※2021年3月现在

参照前页内容，给角色加上默认标准表情、微笑、“へ”口型、“a、i、u、e、o”口型的动作。虽然使用软件不同，参数的形态也会不同，但设置口型的动作记录点都是相同的，因此按口型去设定即可。选择嘴部的部件“上唇线”“上唇”“下唇线”“下唇”，然后为“嘴 变形”“嘴 张开和闭合”参数追加3个动作记录点。

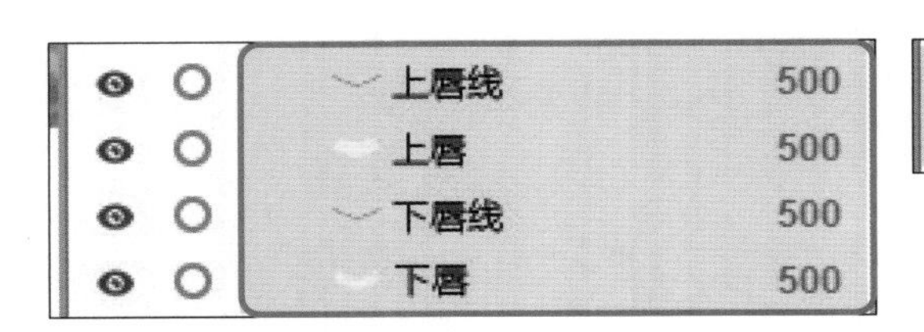

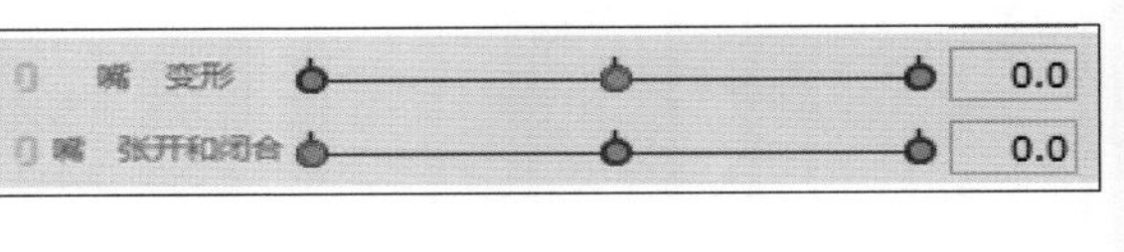

结合以上两个参数后会出现右图所示的9个点。因为此处的参数样式与前页展示的相同，所以可以依照前页说明来添加参数。

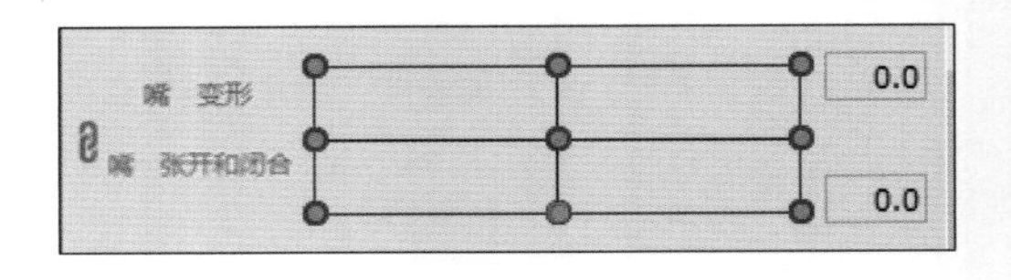

此外，在FaceRig和Vtube Studio中，设置好正常表情、“へ”形口型和微笑表情后，就可以流畅地变换口型。而在Animaze（已安装ParamMouthSize）中，则需要创建一个新参数“嘴 放大和缩小”创建完毕后，Animaze的参数形态会发生变化。

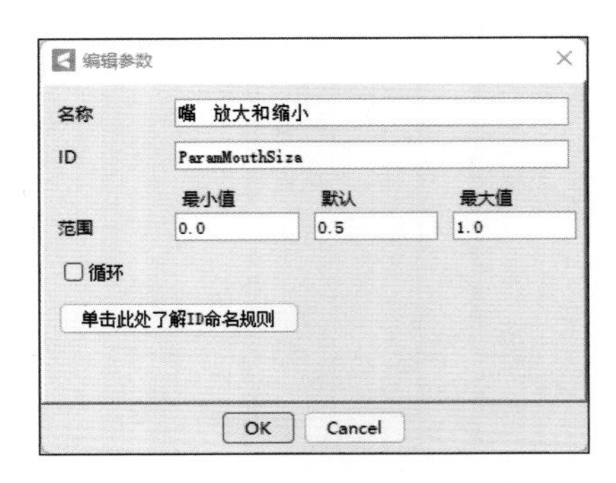

※此说明基于2021年3月时的版本。各软件中的操作在之后可能会有变化。为了慎重起见，在制作模型时请检查并确认各软件的更新说明。

2 闭嘴微笑的口型

嘴部为默认参数状态时，就是“闭嘴”的动作状态，因此无须进行部件变形。

1 将嘴部的样式变为微笑时的样式。可以直接将嘴部变形，但这样做的话会看见口腔的图层，如右图所示。这在变形时会产生干扰，因此需要将其隐藏。此外，在进行嘴部上半部分的变形时可隐藏嘴部下半部分的部件。

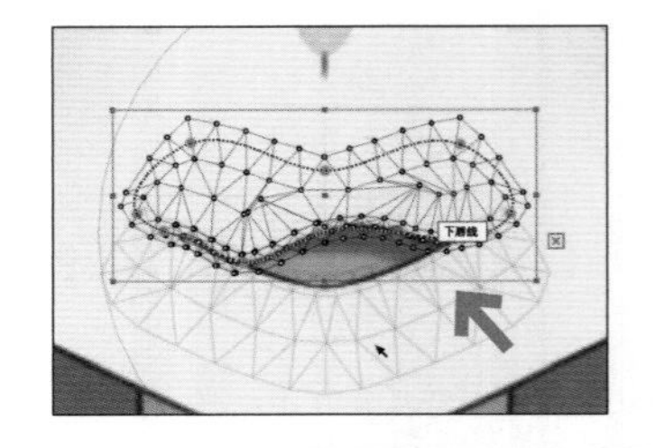

2 在仅显示嘴部上半部分的状态下进行变形。使用变形路径编辑工具，同时移动唇线和嘴唇来更改嘴部上半部分的形状。

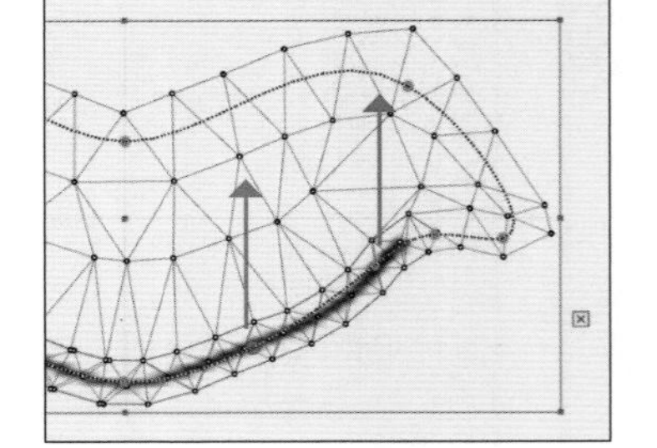

3 在变形时连接顶点的线有时会重叠。这样的话，图形网格可能会出现问题，所以需将顶点调至正确的位置。

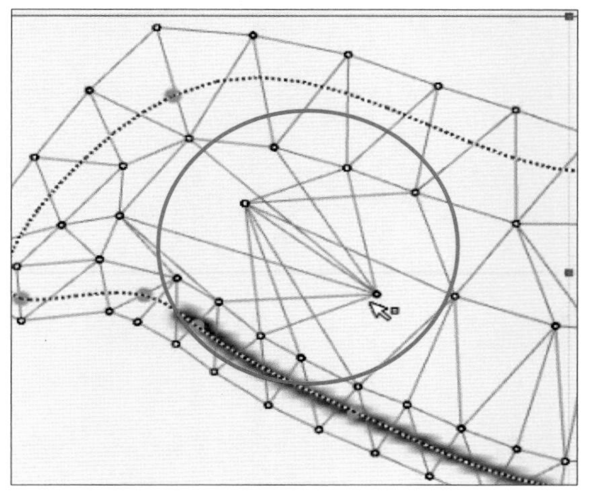

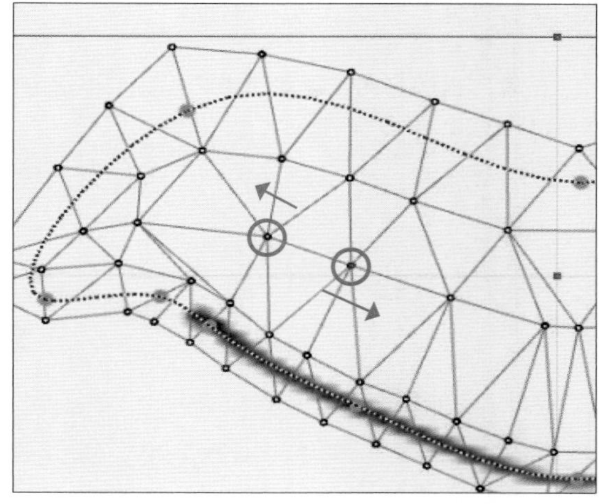

4 可根据需要增加图形网格的顶点。
闭嘴微笑时嘴部上半部分效果如右图所示。

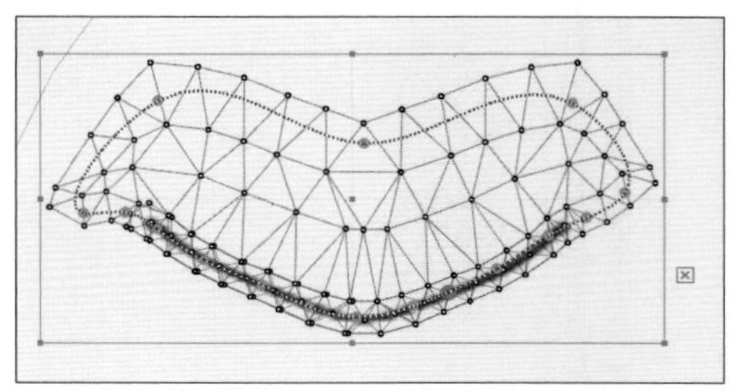

5 使用相同的工具和方法，将嘴部下半部分配合嘴部上半部分进行变形。

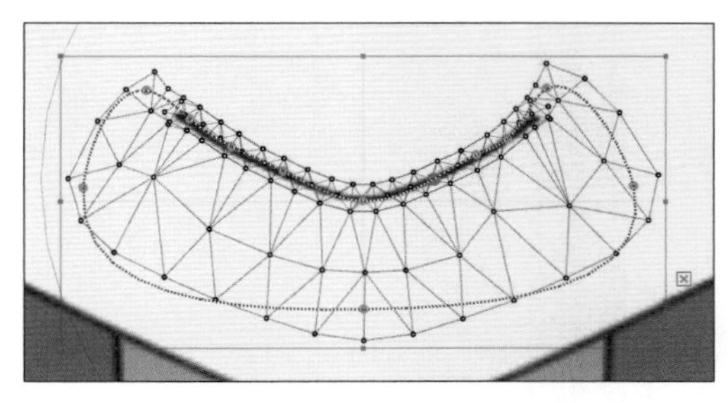

6 变形后嘴部上半部分与下半部分的图形网格如左下图所示。将两个图形网格重叠后，只显示为一条线。这样，闭嘴微笑的口型就制作好了。

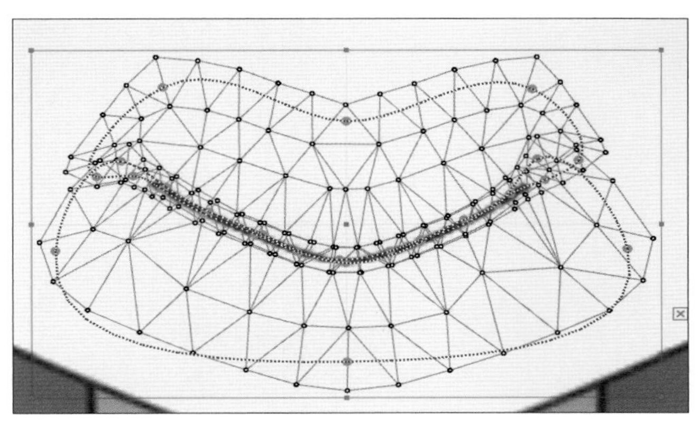

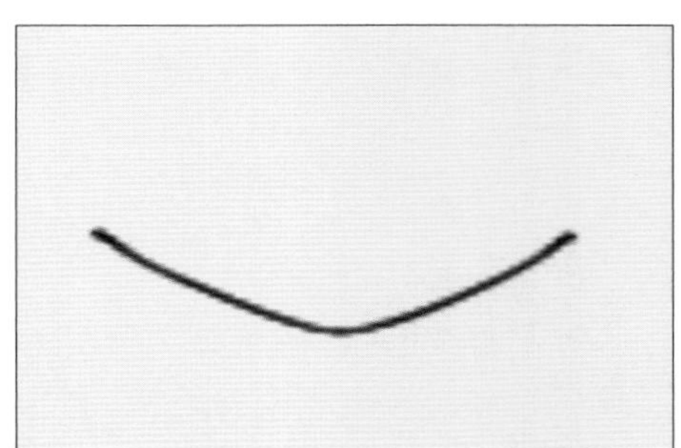

3 嘴部的“へ”字口型和“a”“i”“u”“e”“o”口型

按照同样的方式，隐藏口中和嘴部下半部分的部件，将嘴部变形为“へ”字形。

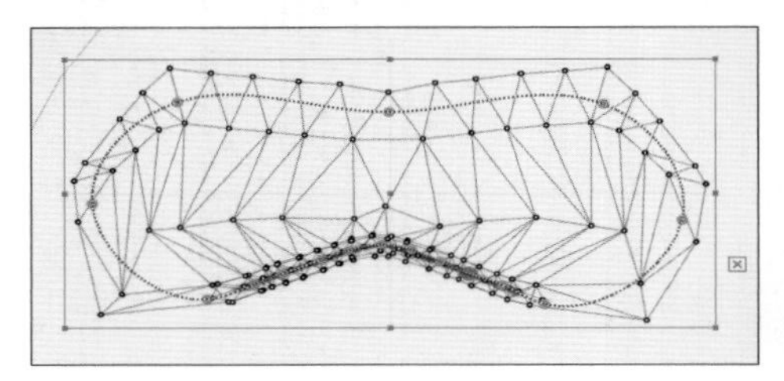

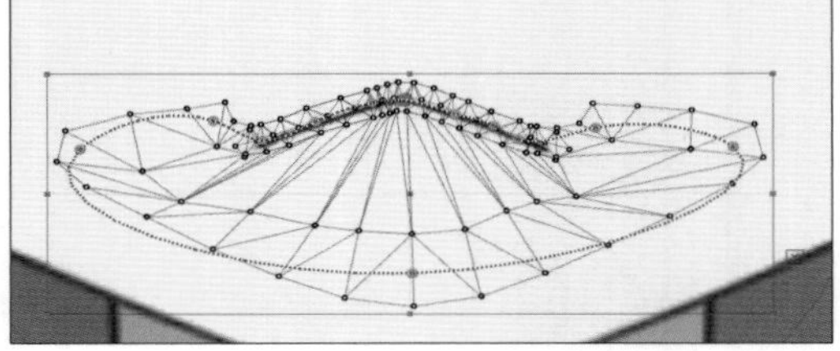

● “a”(标准笑脸的口型)

1 “a”的口型一般是张大嘴巴的形状。基于“闭嘴”的形状，变形拉开嘴部上半部分与下半部分的各部件。

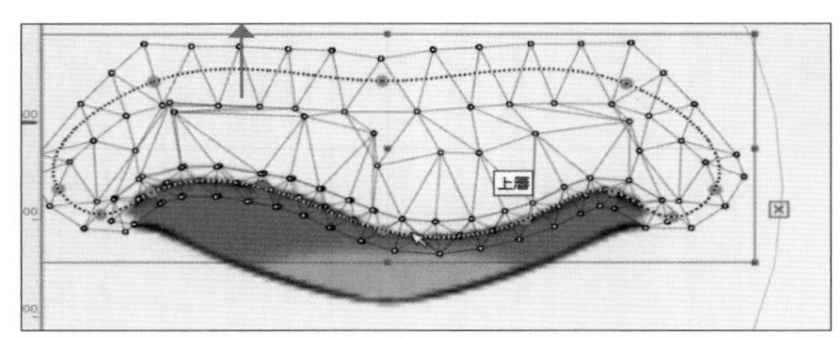

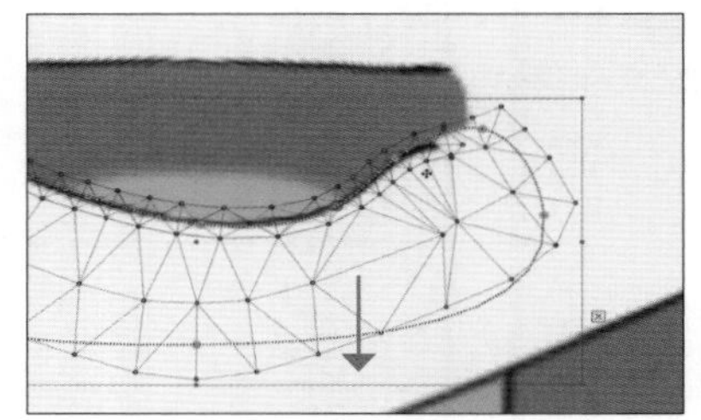

2 嘴部上半部分变形后为右图所示的形状。

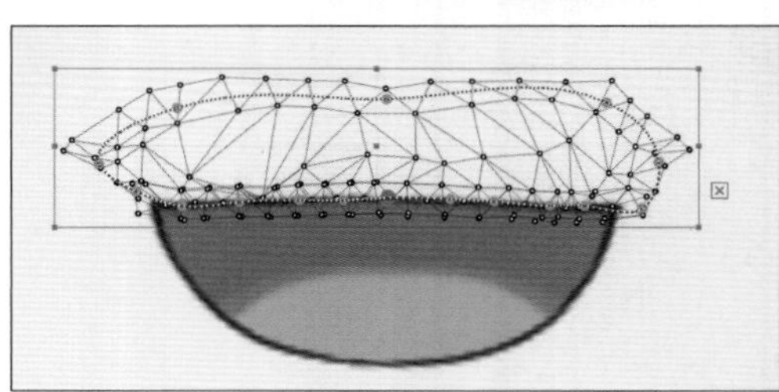

3 嘴部下半部分变形后为右图所示的形状。

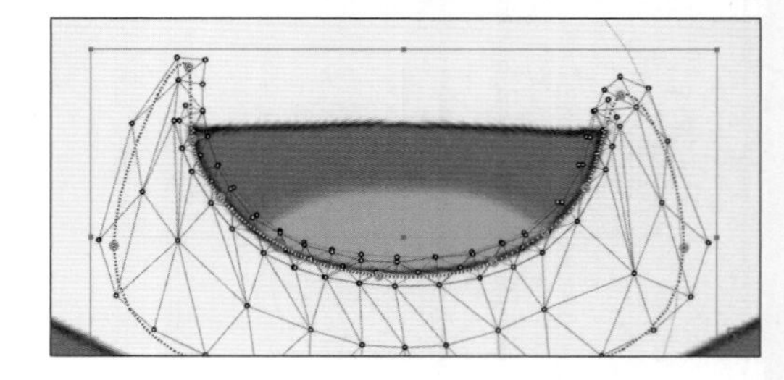

● “i”

“i”口型通常是半开口笑着的形状。变形后嘴部上、下半部分的效果如下。

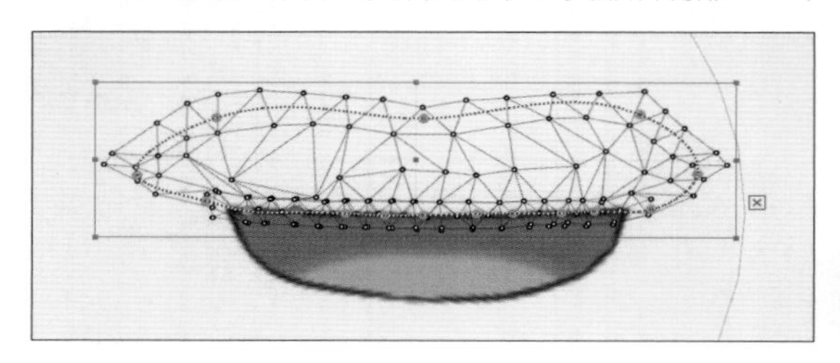

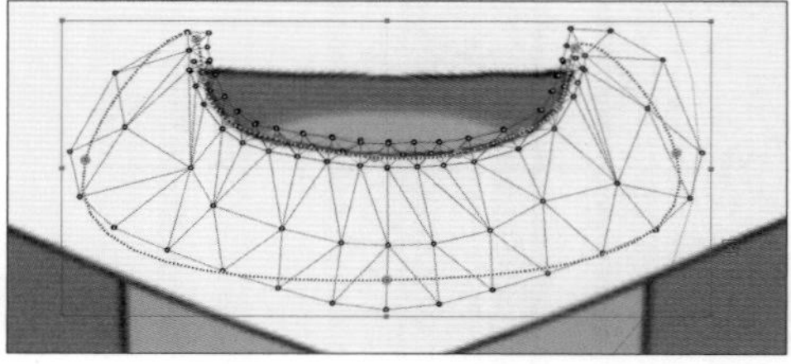

● “u”“e”

制作从“u”变化为“e”之间的口型。在FaceRig和VTube Studio中，如果已制作好这个口型，就能让口型变化时更加自然。若是在Animaze中，“u”和“e”的口型可以分别表现就需要分别制作对应的口型。变形后嘴部上、下半部分的效果如下图所示。

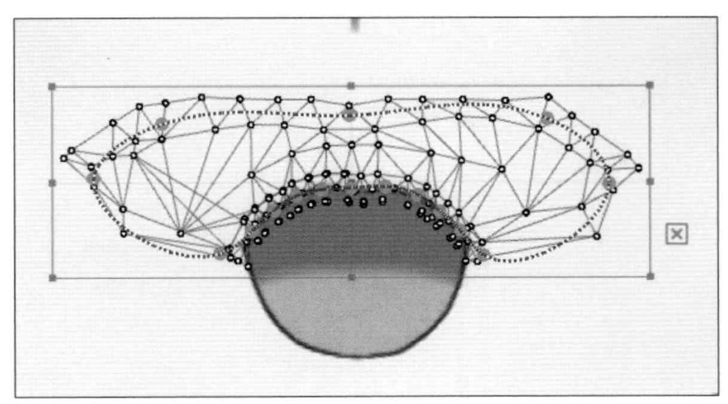

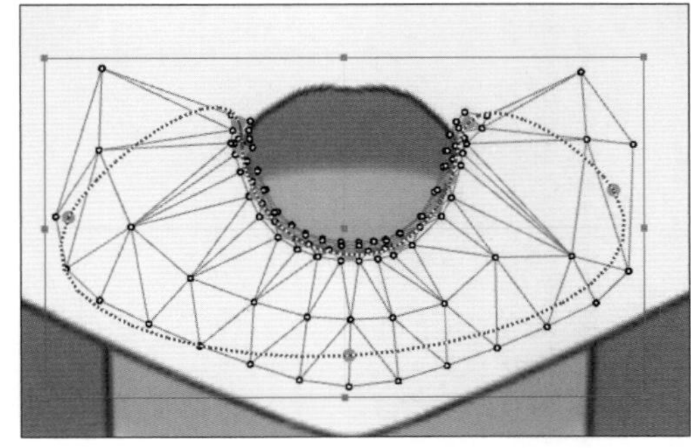

● “o”

制作“o”的口型。在“a”口型的基础上稍微缩小，在缩小的过程中就能自然地表现出“o”口型的样子。变形后嘴部上、下半部分的效果如下图所示。

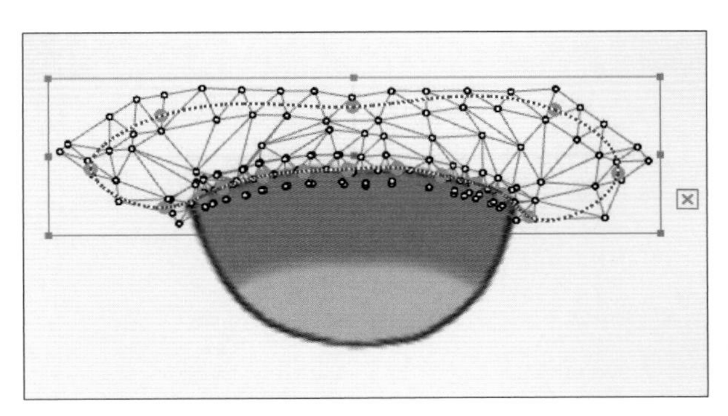

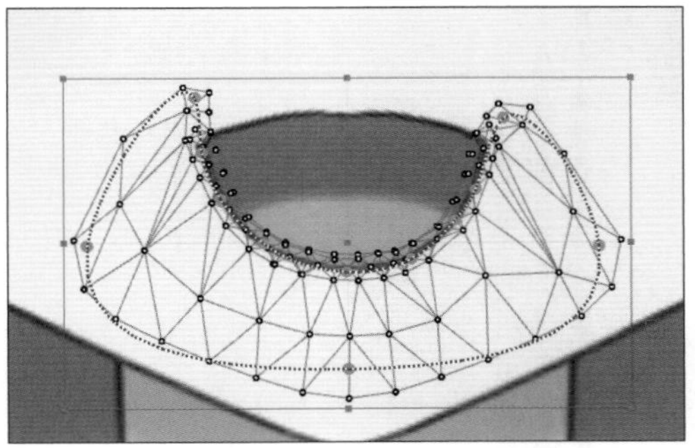

4 是否显示脸颊红晕

下面创建用于切换脸颊红晕是否显示的参数。这类切换的参数也可用于其他部件，例如眼镜、装饰品等。

1 选择想要切换显示的部件，这里选择脸颊红晕部件。

2 选择用于切换的参数，这里选择“脸颊泛红”，然后追加两个动作记录点。

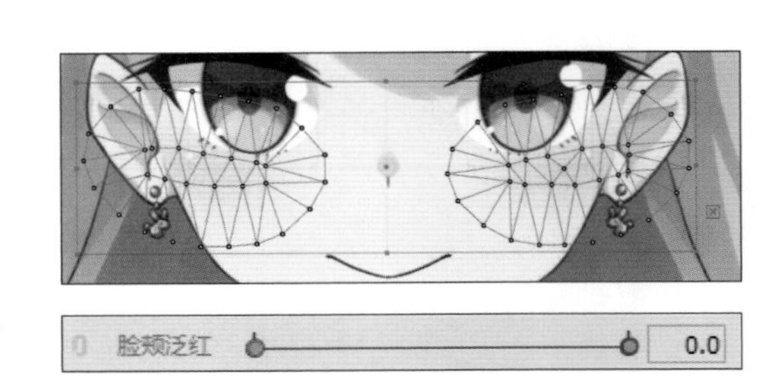

3 设置“脸颊泛红”参数的值为“0”，然后将检查器面板里的“不透明度”从“100%”更改为“0%”。

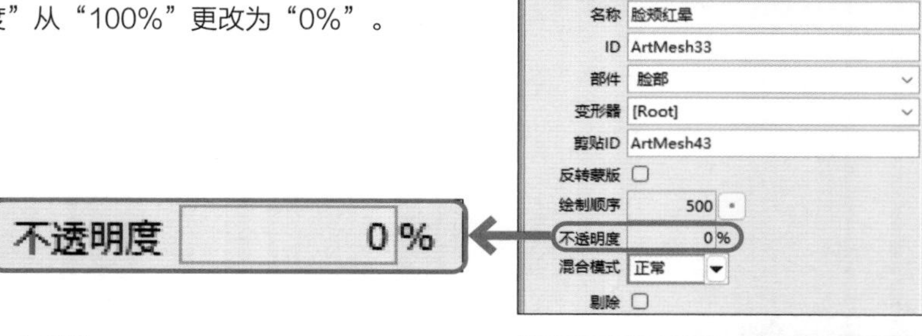

4 此时，脸颊的红色消失。

5 创建头发飘动的参数

下面创建头发飘动的参数。为了方便编辑，先锁定头发以外的其他部件，并隐藏发带与发箍部件。

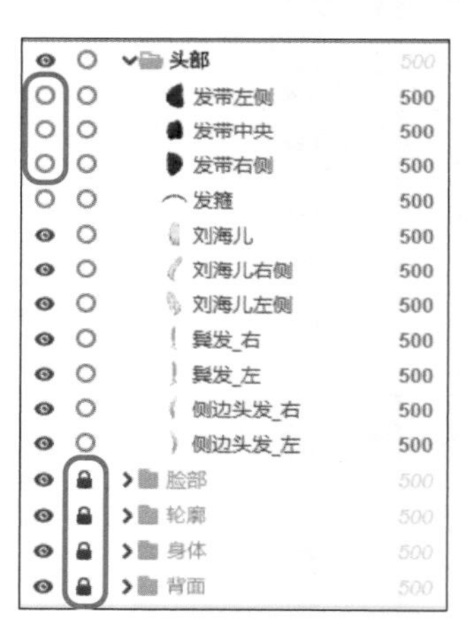

●刘海儿

1 选择刘海儿部件，创建弯曲变形器“飘动 刘海儿”。

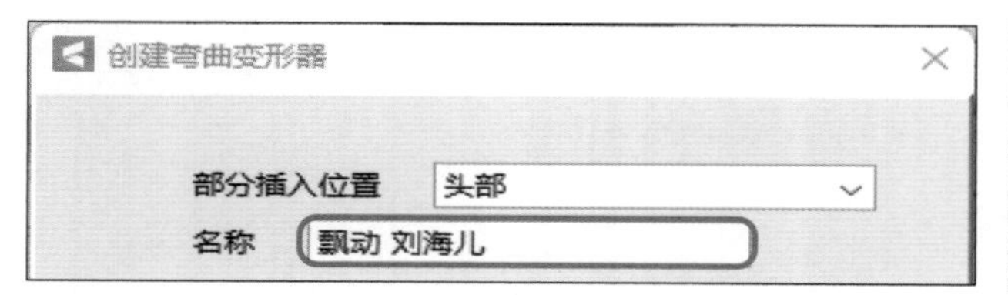

2 选择“飘动 刘海儿”弯曲变形器。选择“摇动 前发”参数追加3个动作记录点。

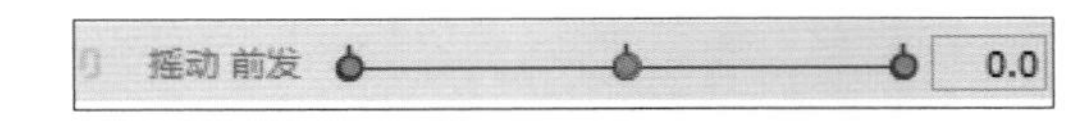

3 将动作记录点移至最右侧，添加头发飘动的动作。此时，尽量使发根部分保持原状，并将发梢部分依图中箭头所示方向变形。

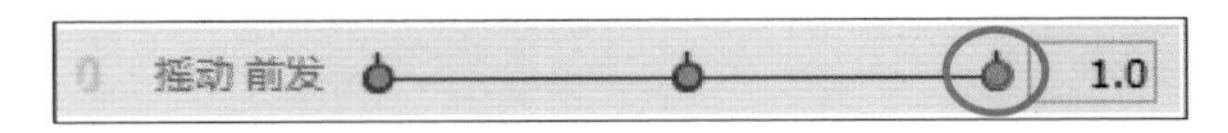

4 对刘海儿左侧也同样进行弯曲变形器的变形。为了让头发飘动更自然，需要不断进行细微调整，逐渐添加头发的飘动动作直至在左右移动“摇动 前发”参数的动作记录点时，动作没有不自然感。

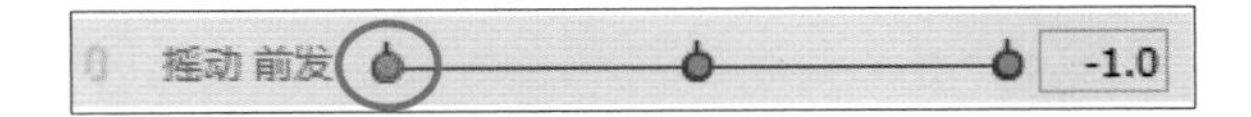

5 给刘海儿的左右两侧添加飘动的动作。因为目前没有刘海儿左右两侧飘动的参数，因此需新建一个新参数“摇动 前发两侧”。摇动 前发两侧参数设置其“ID”为“ParamHairFrontLR”、最小值为“-1”、“默认”为“0”、最大值为“1”。

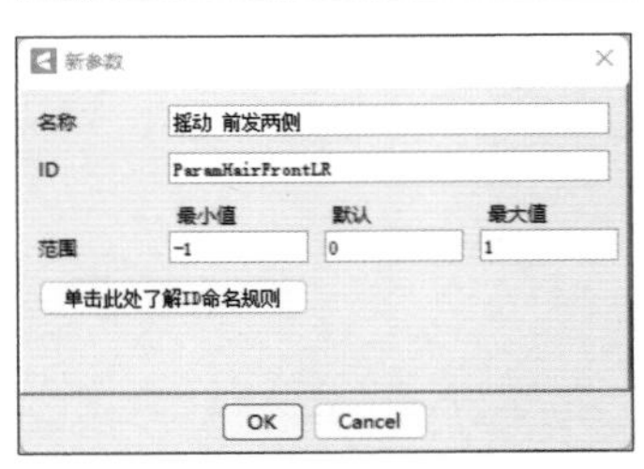

6 分别对两侧的刘海儿部件创建弯曲变形器。将弯曲变形器命名为“飘动 刘海儿右侧”，注意将“左”或“右”在变形器名称中标注，以便区分。

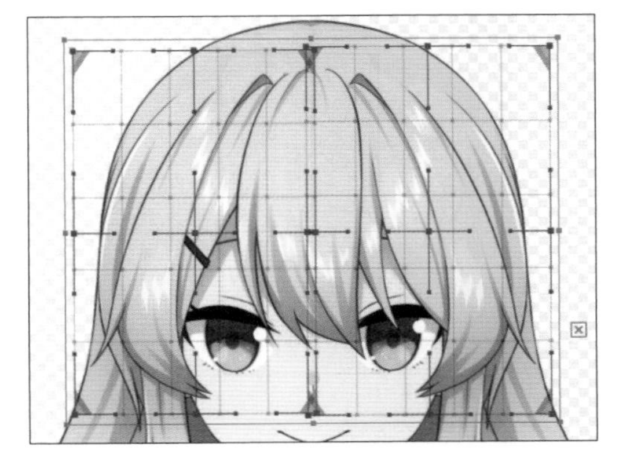

7 选择“飘动 刘海儿右侧”变形器并为“摇动 前发两侧”参数追加3个动作记录点。

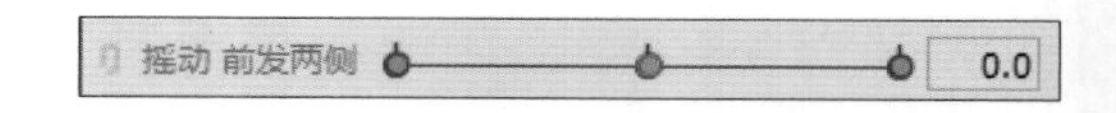

8 对刘海儿的右侧进行变形，添加飘动动作，如下如所示。为刘海儿的左侧也添加同样的动作。

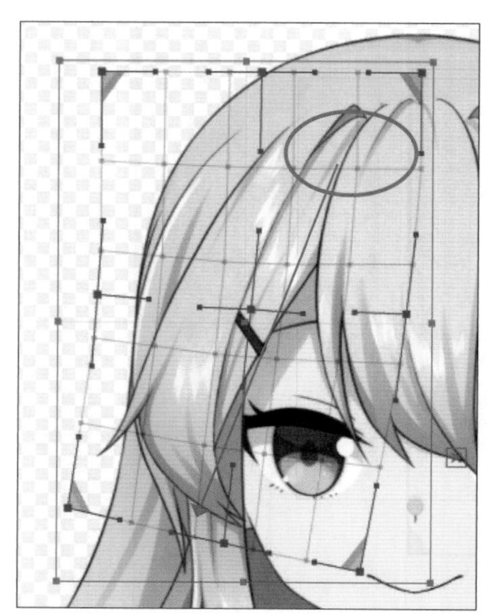

●鬓发

1 创建鬓发的飘动动作。分别创建左右鬓发部件的弯曲变形器。选择右侧鬓发的弯曲变形器并点选“摇动 侧发”参数，追加3个动作记录点。

2 制作好的左右飘动的动作如右图所示。注意不要移动弯曲变形器到右图中用圆形圈画的发根部分。同样，也为左侧鬓发添加相应的参数和动作。

●侧边头发

1 为侧边头发部分添加飘动的动作。分别创建左右侧发部件的弯曲变形器和“摇动 侧发2”参数。为“摇动 侧发2”参数追加3个动作记录点。

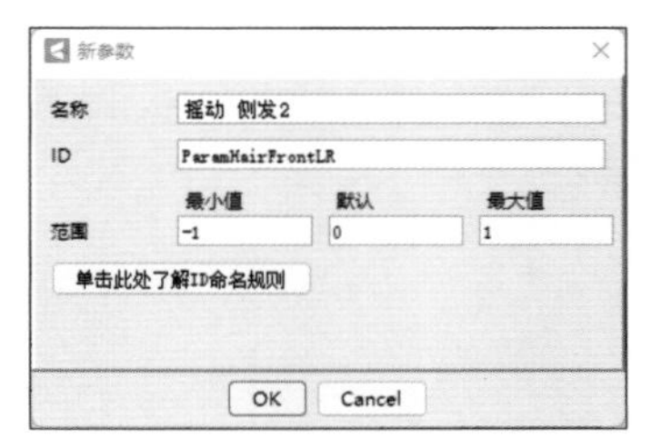

2 创建好的右侧边头发飘动的动作如右图所示。注意不要将弯曲变形器移动到右图中用圆形圈画的发根部分。

●后面两侧头发

1 为后面两侧头发添加飘动动作。解锁之前锁定的部件，使其处于可选的状态。

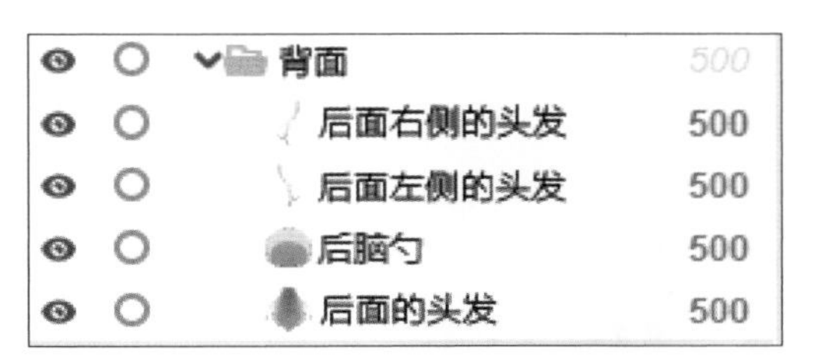

2 为后边两侧的头发添加飘动参数，参数命名为“摇动 后面两侧头发”，“ID”设置为“ParamHairBackSide”，“最小值”设置为“-1”、“默认”设置为“0”、“最大值”“设置为”“1”。

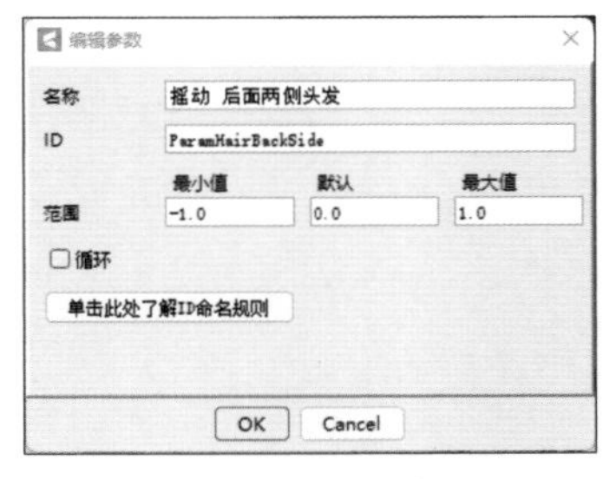

3 选择后面两侧的头发，分别创建后面两侧头发的弯曲变形器。选择弯曲变形器并为“摇动 后面两侧头发”参数追加3个动作记录点。

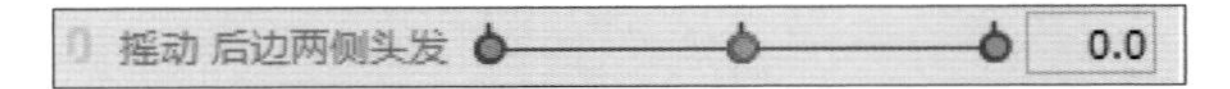

4 创建好的后边右侧头发飘动的动作如右图所示。注意不要移动弯曲变形器到右图中用圆形圈画的发根部分。同样，为后边左侧头发也添加相应的参数和动作。

●后面的头发

1 给后面的头发添加动作。选择后面的头发部件，创建弯曲变形器和并点选“摇动 后发”参数追加3个动作记录点。

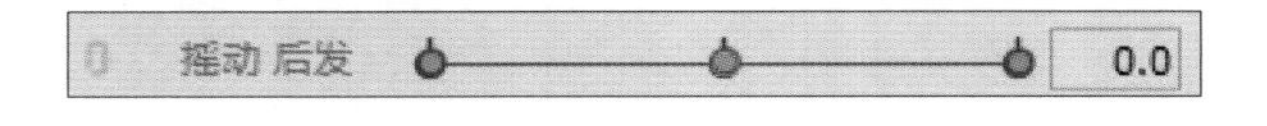

2 后面的头发向右飘动的效果如右图所示。注意不要移动弯曲变形器到右图中用圆形圈画的发根部分。

3 因为后面的头发飘动的动作是左右对称的，只需将向右飘动的动作反转即可得到向左飘动的动作。分别选择“摇动 后发”参数及弯曲变形器，然后在参数面板的下拉菜单中选择“动作反转”，再选择“水平翻转”来进行动作反转。

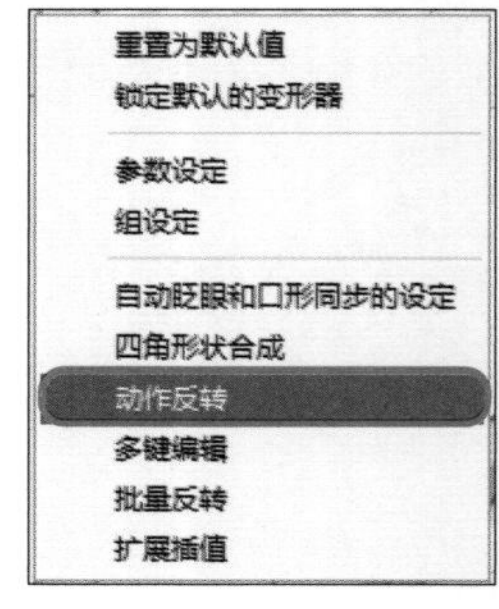

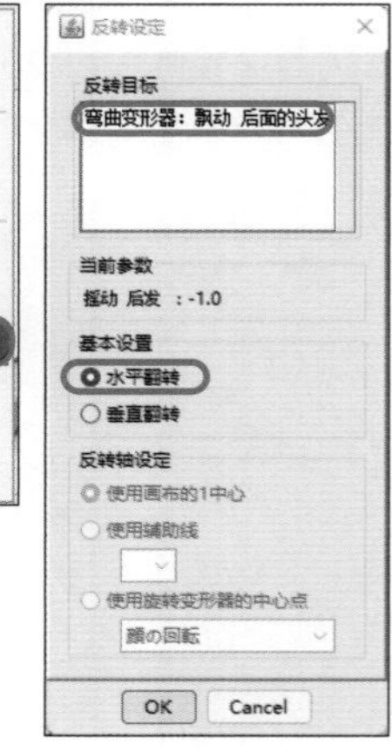

4 后面的头发向左飘动的动作效果如右图所示。

6 创建发带摆动的参数

1 因为软件没有预设关于发带摆动的参数，所以需新建参数。将参数命名为“发带摆动”，“ID”设置为“ParamRibbon”，“最小值”设置为“-1”“默认”设置为“0”、“最小值”设置为“1”。

2 选择发带左右两边的部件，创建弯曲变形器。此时无须移动发带的中间部分，使其保持当前的状态即可。选择弯曲变形器并为“发带摆动”参数追加3个动作记录点。

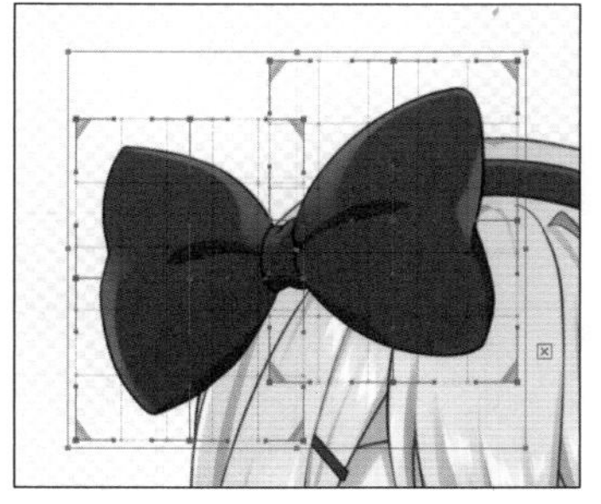

3 将“发带摆动”参数的值设置为“1”，即可添加发带向上摆动的动作。以右图中圆形圈画的部分为支点向上移动。

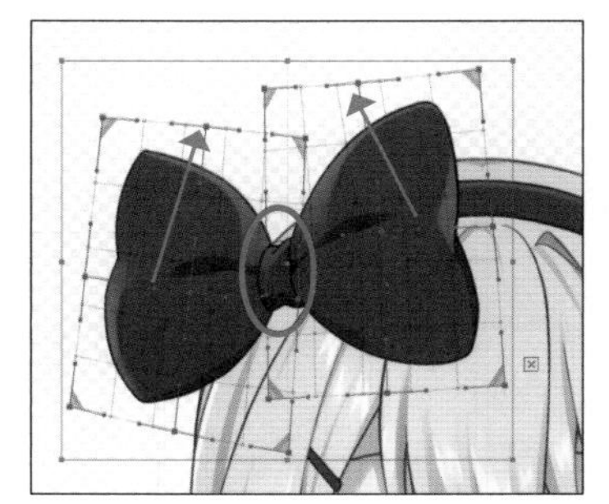

4 将“发带摆动”参数的值设置为“-1”，即可添加发带向下摆动的动作。和向上摆动相同，这里也是以右图所示的圆形圈画的部分为支点向下移动。

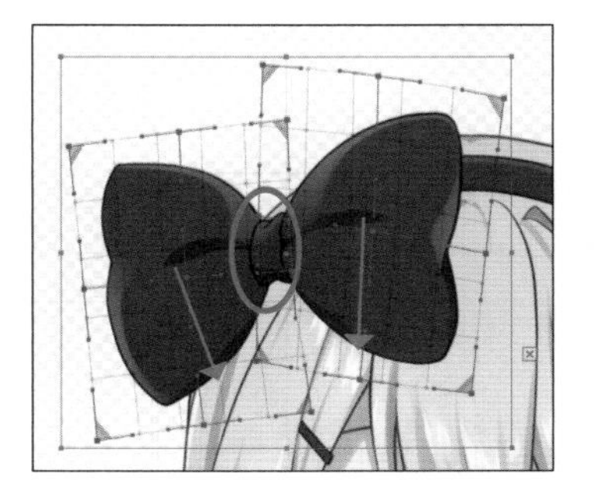

创建头部参数

头部是用于发布的Live2D模型中非常重要的一个部分。如果制作好这个部分，就能做出有魅力的模型。

1 创建脸部轮廓的弯曲变形器

1 按照脸部轮廓、耳朵、脸部、头发、发带的顺序进行操作，为头部添加左右转动的动作。首先给脸部轮廓添加左右移动的动作。为了方便移动可先隐藏脸部的部件和刘海儿的部件，然后选择脸部轮廓部件并创建弯曲变形器“弯曲 脸部轮廓”。

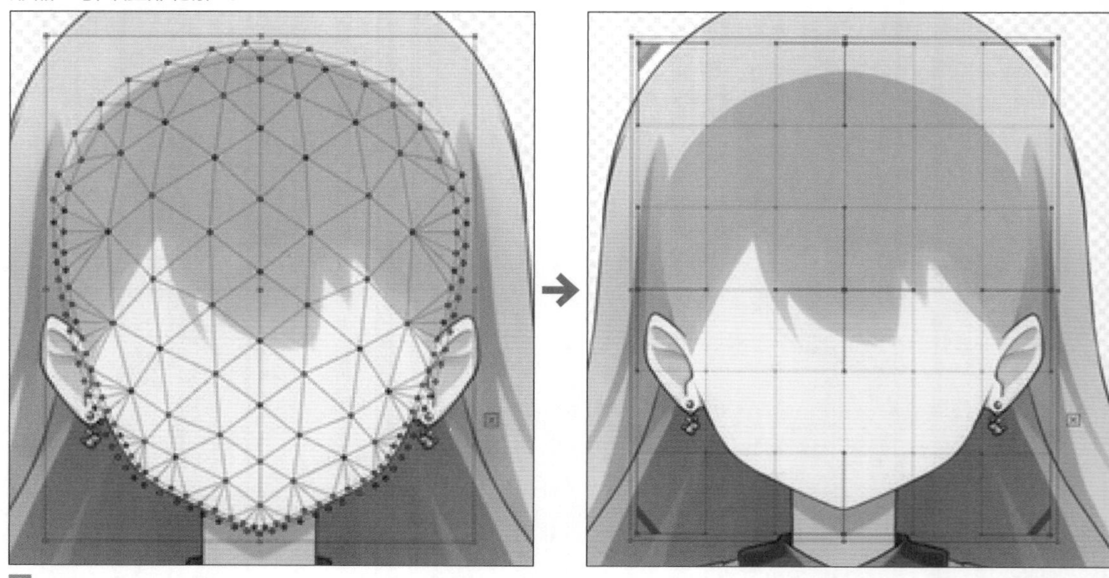

2 在“创建弯曲变形器”对话框中或在检查器面板中将“转换的分裂数量”设置为“6×6”，需要将“转换的分裂数量”的“宽”设为偶数。这样，弯曲变形器的一条分割网格线位于脸部的中央，变形时能很好地移动下巴部分（参考右上图）。

或者

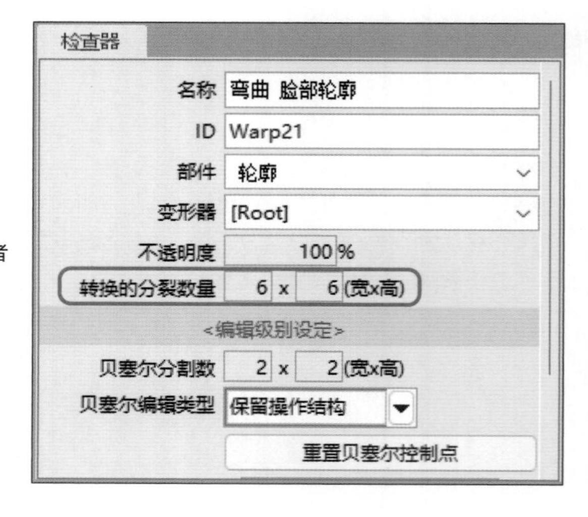

2 创建耳朵和耳环的参数

1 为耳环部件创建旋转变形器，分别为“摆动 右耳环”“摆动 左耳环”。

2 创建好旋转变形器后，会显示一个很大的且旋转中心位于耳环部件中心的变形器，按住Ctrl键可以变更其中心和角度，按住Alt键可以变更其长度。将变形器移至耳垂的位置，这样就能以耳环根部为中心移动耳环了。

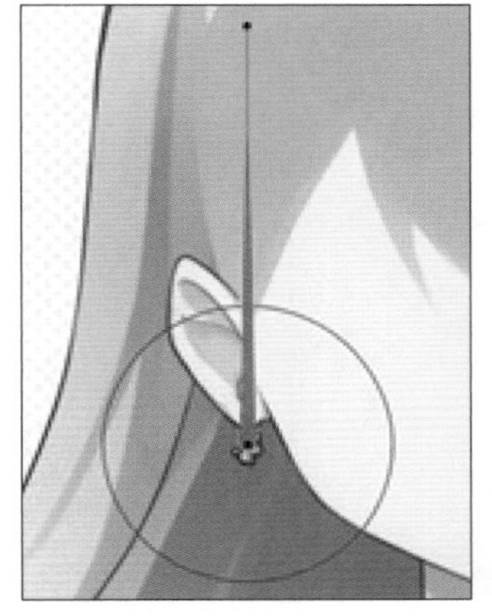

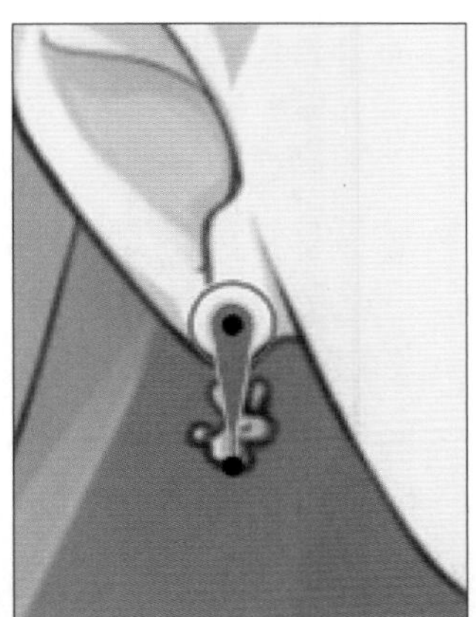

3 为两耳创建弯曲变形器“弯曲 右耳”“弯曲 左耳”。选择创建的耳环旋转变形器，将它们分别包括在弯曲变形器内。
这样，在移动变形两耳的同时，耳环也会随之移动。

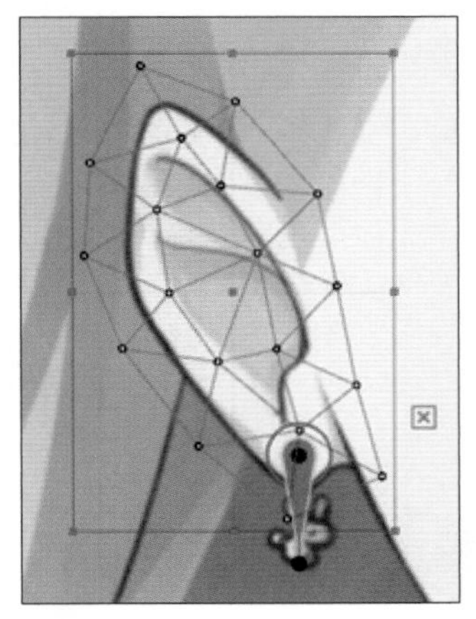

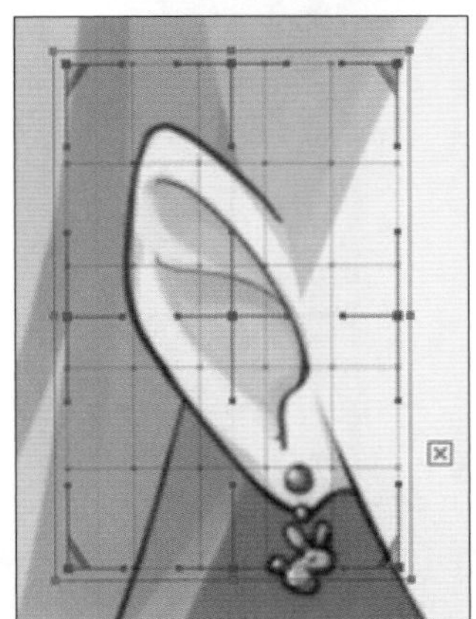

4 添加小动作——耳环的摆动。新建参数，命名为“耳环 摆动”，将“ID”设置为“ParamEarrings”，将“最大值”设置为“-1”“默认”设置为“0”、“最大值”设置为“1”。若想使耳环的动作更加随意，且生动，我们可以分别对左右两只耳环部件设置参数。选择耳环摆动的旋转变形器并为“耳环 摆动”参数追加3个动作记录点。

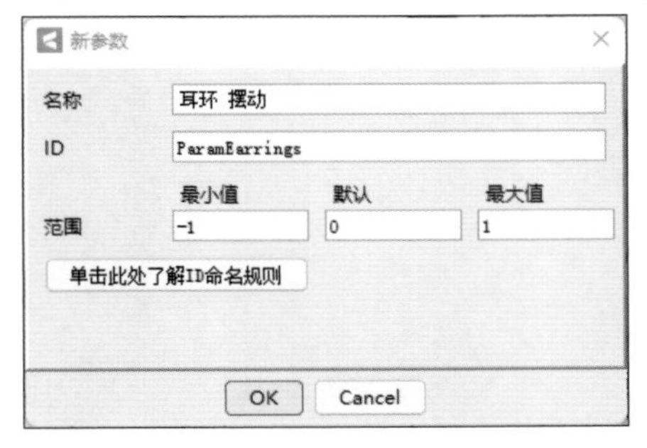

耳环 摆动 0.0

5 分别制作耳环向左倾斜、向右倾斜的效果。

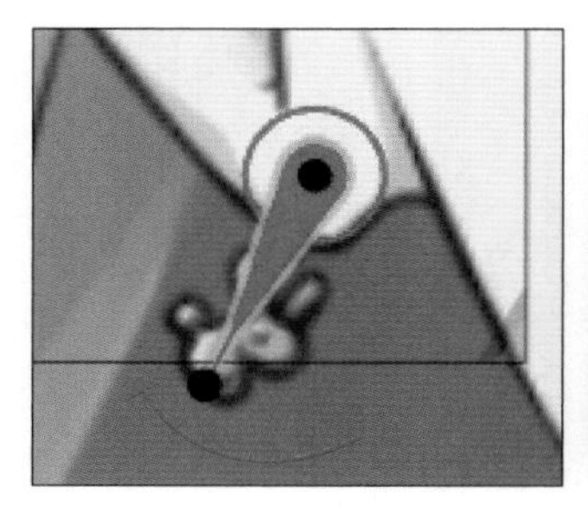

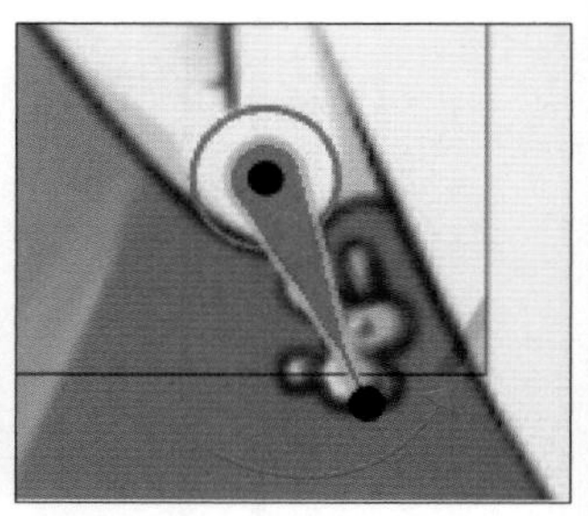

6 此时耳环可以左右摆动。之后就不用再给耳环添加参数了，因此将耳环的旋转变形器锁定。

摆动 右耳环
摆动 左耳环

7 下面给脸部轮廓添加动作。分别选择脸部轮廓和耳朵的变形器，并为“角度X”“角度Y”参数追加3个动作记录点。

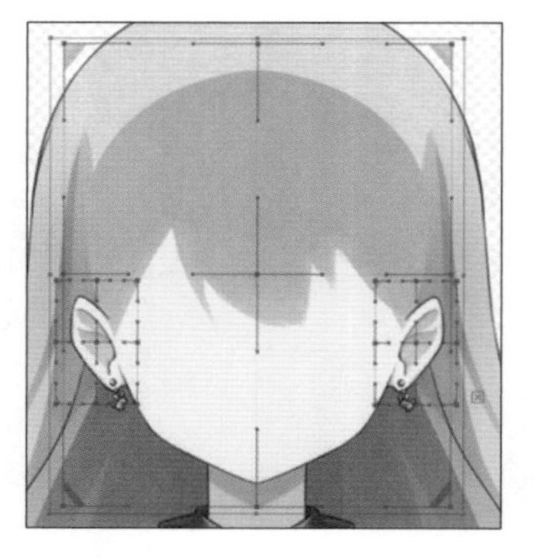

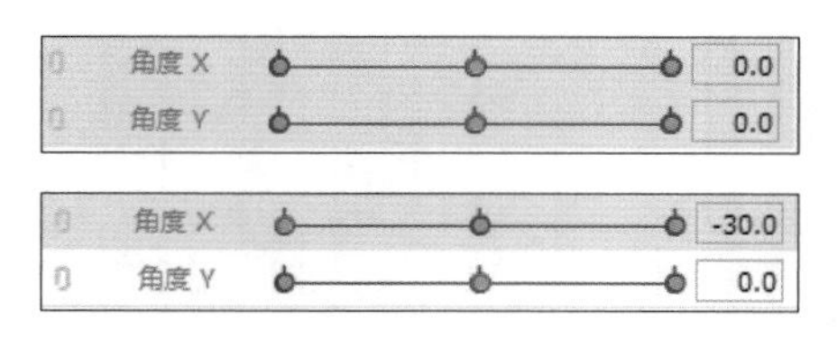

8 调整脸部轮廓的弯曲变形器，将“角度X”参数设置为“-30”。拖动下巴旁的弯曲变形器的顶点，将下巴右移。移动时需要注意，不要同时移动同一侧变形器的网格轮廓。

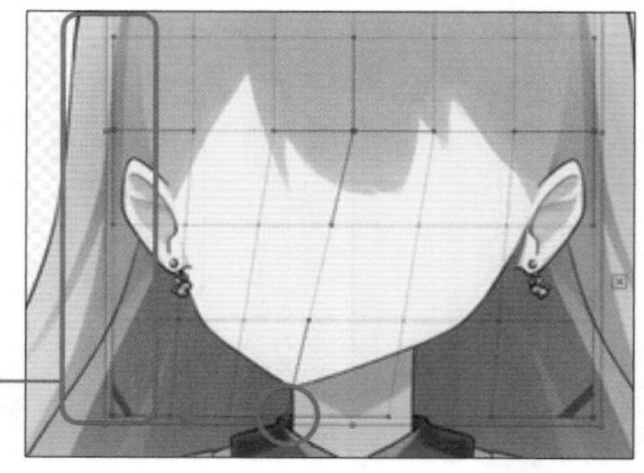

不要移动

9 此时，脸部轮廓的弯曲变形器的中心线呈弓形，近似3D模型的脸部朝向斜侧面的样子。

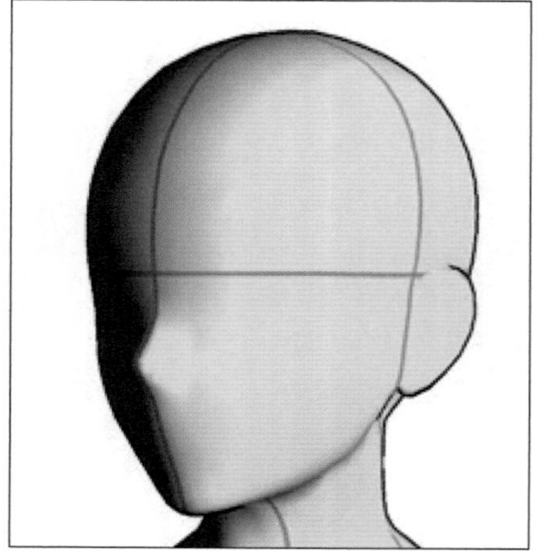

10 添加好动作后，在参数面板的下拉菜单中选择“动作反转”来创建下巴朝向另一侧的动作。这样，头部左右转动的动作就添加完成了。

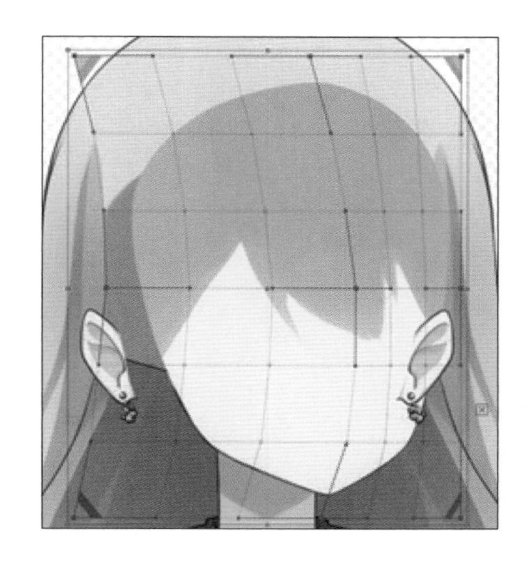

11 下面给耳朵添加动作。全选后面部分的头发，并将头发的绘制顺序从“500”更改为“450”左右，此操作可以在检查器面板中完成。这样可将头发的绘制顺序移至最底层。

部件	绘制顺序
后面右侧的头发	500
右面左侧的头发	500
后脑勺	500
后面的头发	500

→

部件	绘制顺序
后面右侧的头发	450
右面左侧的头发	450
后脑勺	450
后面的头发	450

12 接着设置转向左右时的部件移动、变形、绘制顺序。首先是角色转向右边（即画面的左边），将耳朵部件随着脸部轮廓一起移动和变形。

拉宽耳朵部件的宽度，将部件紧贴脸部轮廓部件。

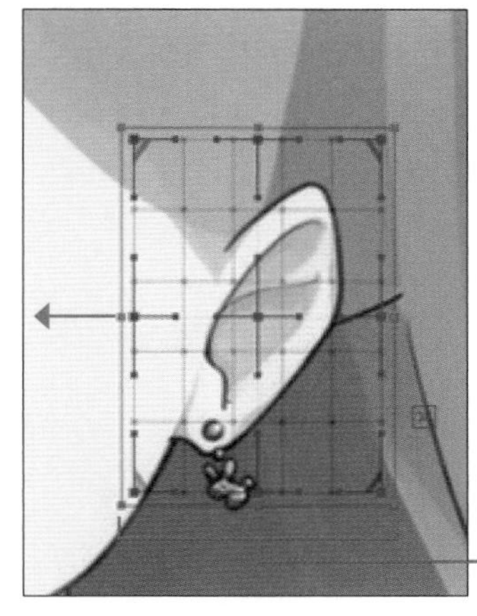

稍微展开一点

13 右耳与左耳反着变形，部件的宽度需变窄。

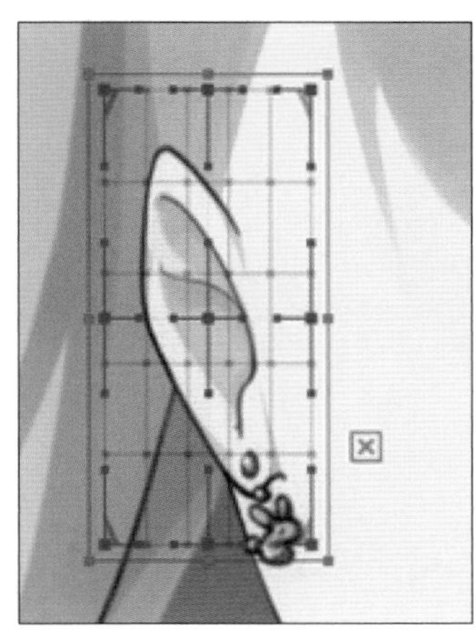

14 但此状态下，本应藏于脸部后面的耳朵会贴放到前面。选择耳朵和耳环的部件，为参数“角度X”追加3个动作记录点，并将“绘制顺序”由“500”减少到“490”，这样设置的绘制顺序可以在向右转动时使耳朵部件藏于脸部的后侧。另一侧的耳朵也是一样的操作过程。这样就完成了耳朵部件的移动、变形、绘制顺序设置。左右移动参数“角度X”的动作记录点，确认动作无误，脸部轮廓部分的动作就添加完成了。

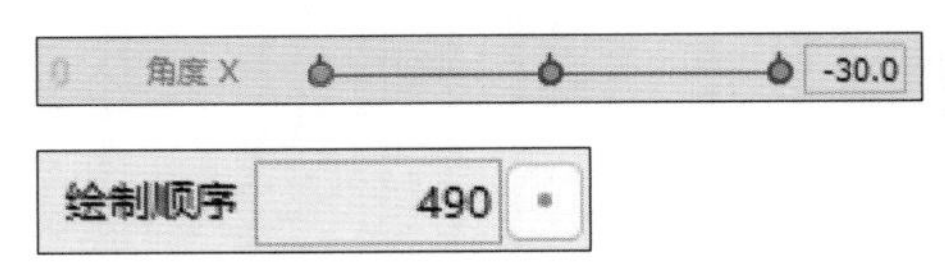

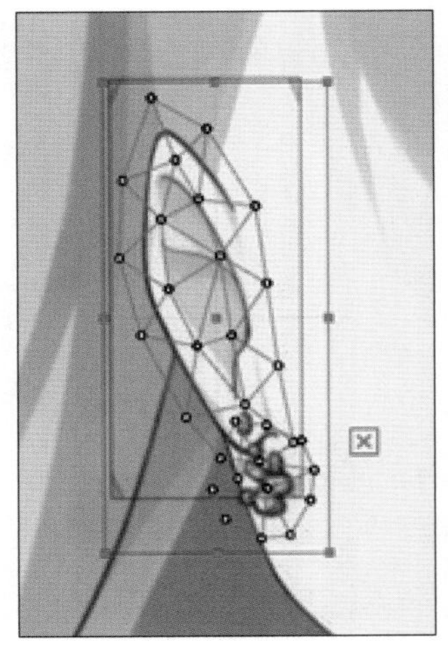

3 创建脸部参数

下面进行脸部的变形。原本，区分左右的眉毛、眼睛，以及鼻子、嘴必须随着脸部的转动而分别变形，但这对于初学者来说不易调整。

下面向初学者推荐“统一进行脸部变形”的方法。该方法就是将脸部的所有部件及变形器整合为一个变形器进行移动。此时要注意仅选择父变形器，及不包含变形器的部件。若在选择子变形器或包含变形器的部件的状态下创建变形器，会出现错误提示从而无法成功创建。因此，仅需选择在检查器面板中变形器一栏状态为“root”的部件。

1 这里需要选择的所有部件如下图所示。尝试在选择的状态下移动，确认所有的部件都能移动。

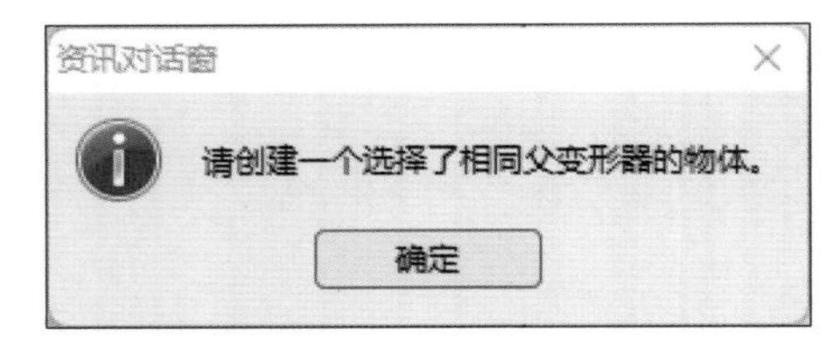

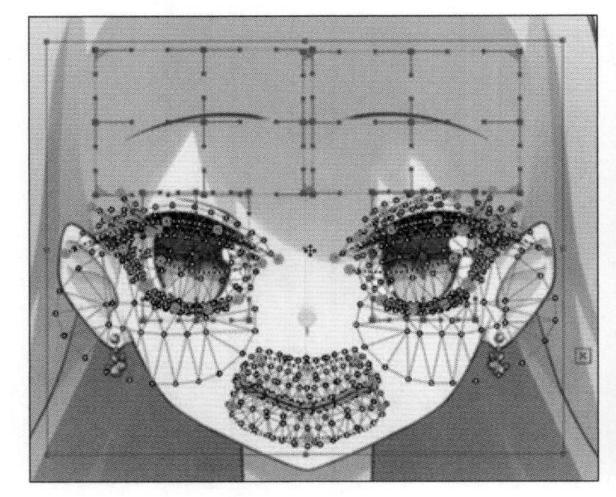

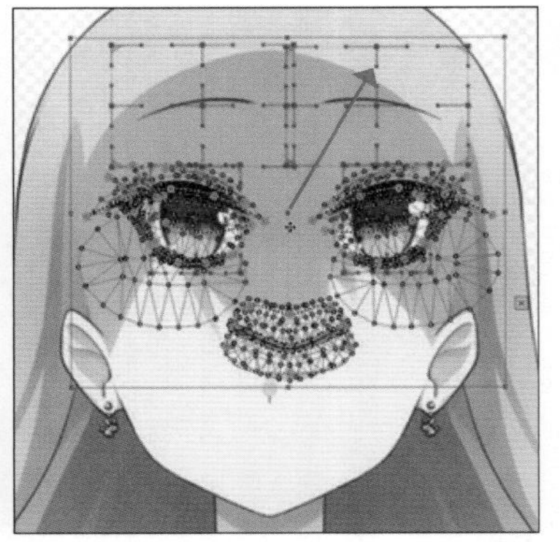

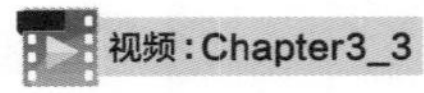

此时不需要选择鼻子部件，因为需要对其进行别的变形。这样，创建变形器，将此变形器命名为“弯曲 脸部”。

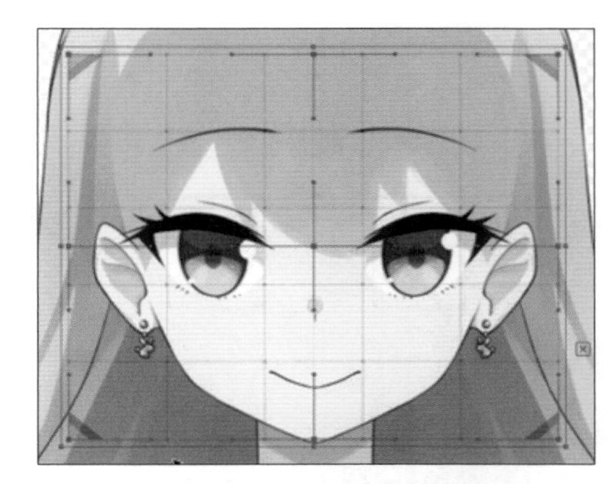

2 将“弯曲 脸部”变形器的“转换的分裂数量”更改为6×6，然后按住Ctrl键并调整变形器的位置，具体步骤如下。❶调整变形器上的网格分割线，使其接近两眼之间的中心。❷将鼻子的中心位置调整至图中红圈所标处。❸调整嘴巴线条的位置至图中红线所示处。选择“弯曲 脸部”变形器，并为参数“角度X”“角度Y”追加3个动作记录点。

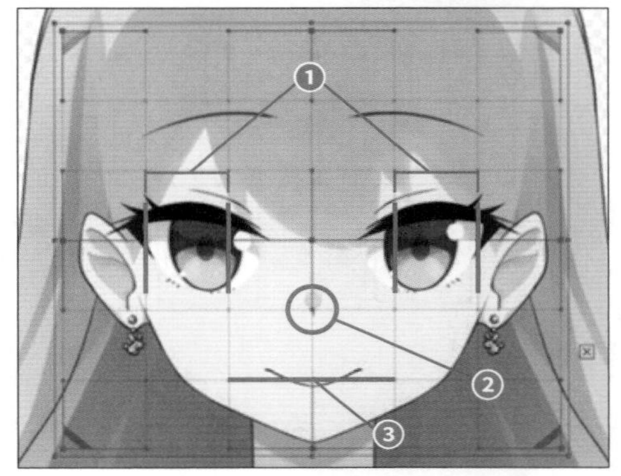

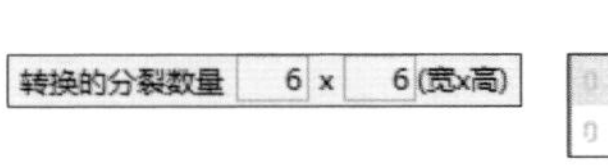

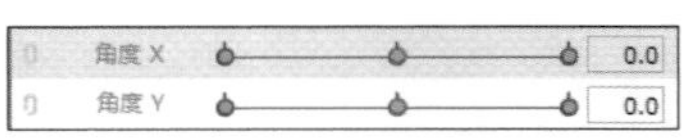

3 使用“弯曲 脸部”变形器及鼻子部件，可以实现脸部的左右转向变形。将位于脸部中心的下巴线条与变形器中线对齐。选择下巴的左侧，将选择的范围向中央收缩。

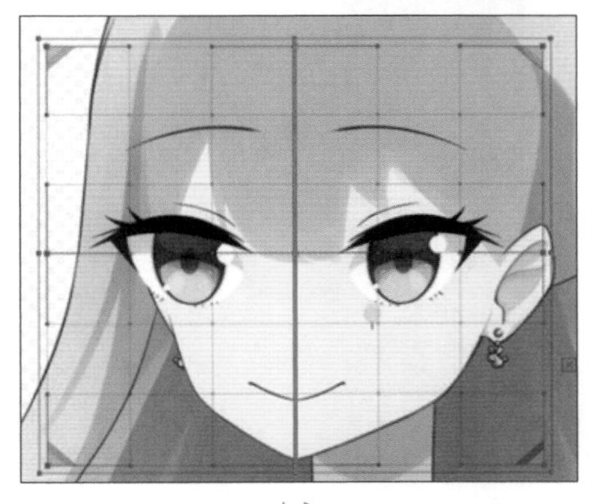

中心

4 此时虽然只有一点变化，但也会让人觉得角色在向右看。

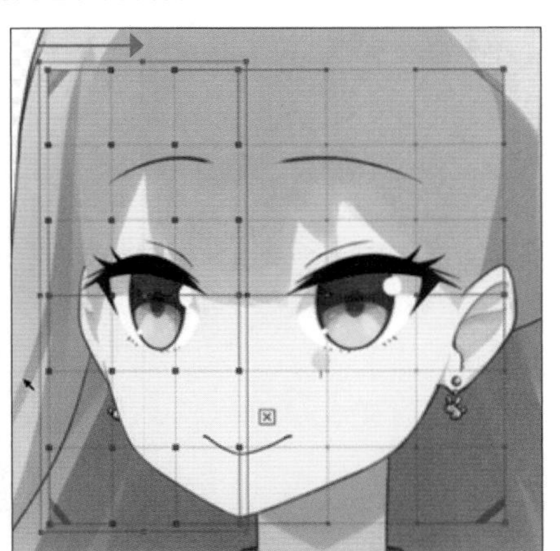

5 配合脸部的朝向将变形器变为弓形。移动变形器上鼻子对应的顶点，像画3D曲面一样，变形脸部的变形器。

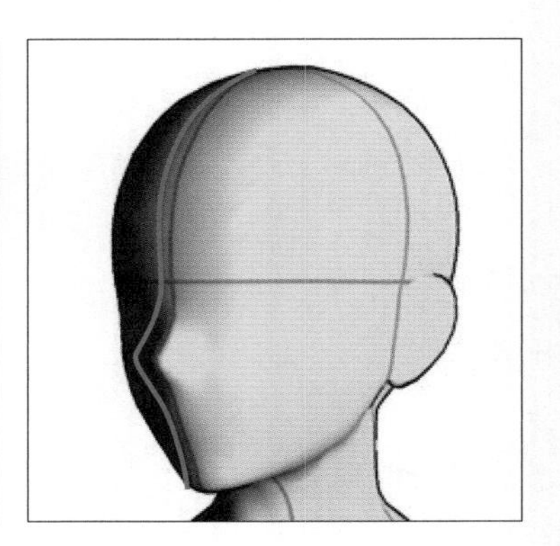

6 此时的脸部接近侧脸的状态。因为鼻子还在原来的位置，我们也要将鼻子部件移动至变形器的中线位置。使用改变形路径编辑工具配合曲面改变鼻子的形状。这样，即可变形成面向一侧的形态。

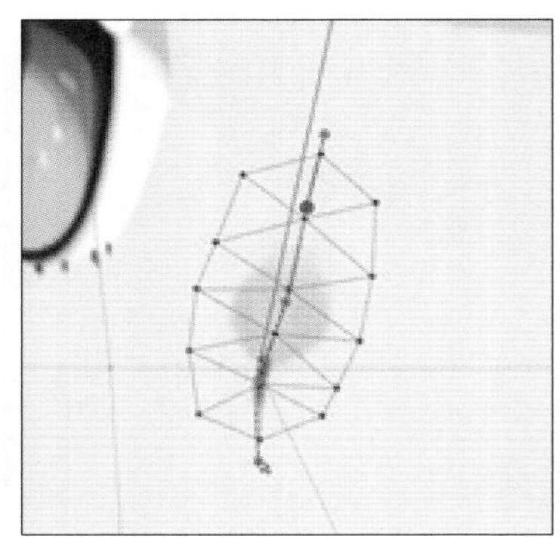

7 进行动作反转，制作脸部偏向另一边的效果。此时无须选择鼻子部件，仅先设置“弯曲 脸部”变形器。

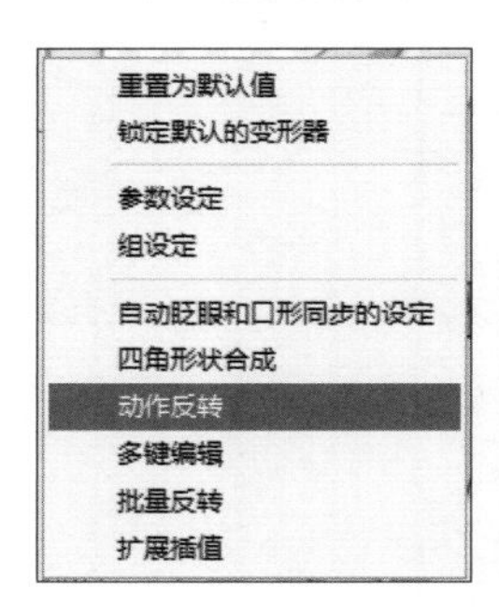

8 按照以上的步骤变形鼻子部分，使其配合脸部的形状。
到此，可以使脸部转向左右了。可以结合脸部的形状统一变形，可以使用动作反转是该方法的优点。但不适用脸部移动时伴有抬头、低头动作的情况。对于初学者来说此方法利大于弊，建议制作时尝试使用这个方法。

4 创建头发的参数

下面给头发添加配合头部左右转动的动作。这就要在对应原本“飘动”动作的变形器外，再增加新的变形器并添加参数。需要对原有动作的变形器与新动作的变形器分别进行设置，使它们共同作用于同一部件，是Live2D的特色之一。

因此，在带有动作的变形器上创建父变形器，即可在该动作之上再添加动作或变形如下面两张图所示。这就是前文所述的“在小动作上添加大动作”。一个动作（参数）一般就使用一个变形器，这样制作模型时才不会出现破绽。

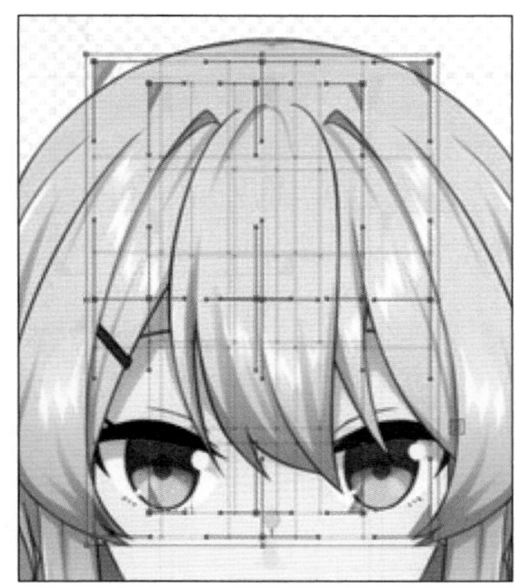

1 在头发各部分的飘动变形器的父变形器上创建弯曲变形器（参考左下图）。这样即可创建移动头发的变形器。此时，确认动作并注意变形器不要超出父变形器。选择头发部件的弯曲变形器并为参数“角度X”和“角度Y”追加3个动作记录点。

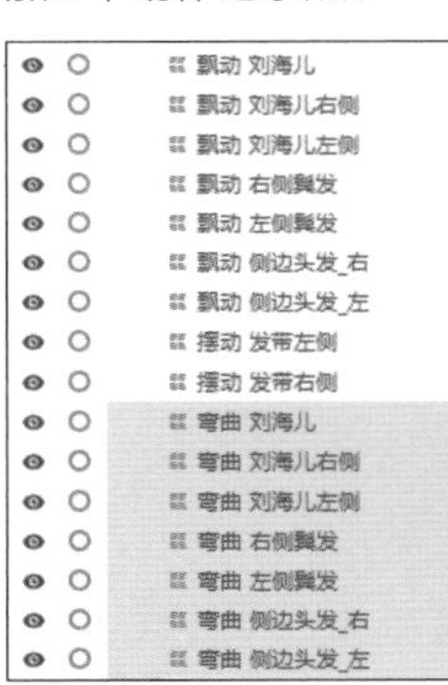

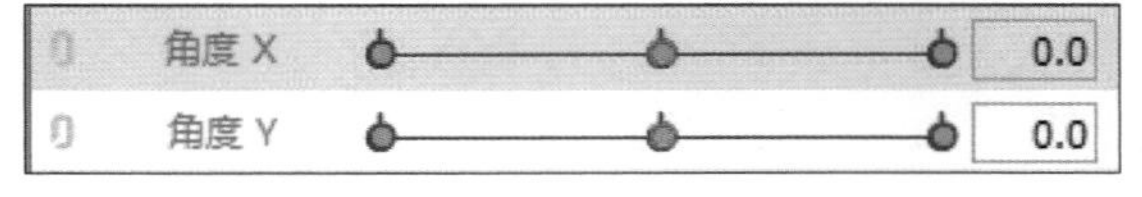

2 向左侧移动“角度X”的动作记录点，配合下巴的中央移动全部头发。

3 角色朝向画面左侧时，她右边的头发会因位置偏移超出而显得不自然。这时可以使用在处理轮廓和脸部位置关系时的技巧，对各个头发部件的弯曲变形器进行设置。把左边头发稍微拉宽，头发会显得更自然。

4 此时，鬓发部分会超出轮廓，因此鬓发部分也按照设置耳朵部分时的步骤变更绘制顺序。当动作记录点在左侧时，将鬓发和刘海儿部件的绘制顺序更改为“490”。

5 稍微移动后面的头发，使其往头部朝向相反的方向移动，以配合头部的动作。

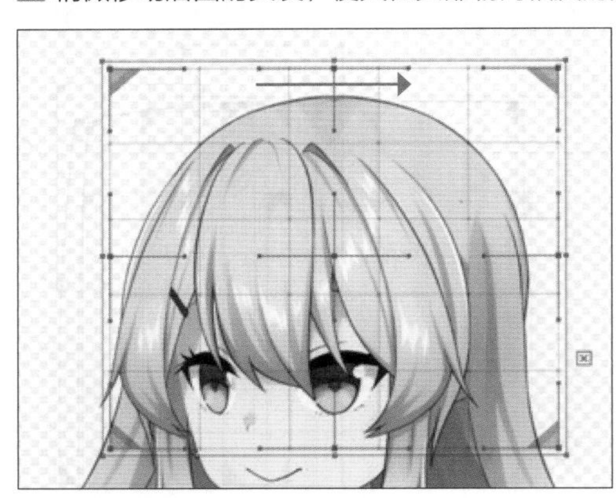

6 微调平衡，头发右转的动作设置完成。按照以上方法，完成头发的左转动作。左右对称部件的后边头发的动作使用水平翻转制作即可。

5 创建发带和发箍的参数

1 下面添加发带左右移动的动作。分别制作发带部分的弯曲变形器，并为参数“角度X”和“角度Y”追加3个动作记录点。

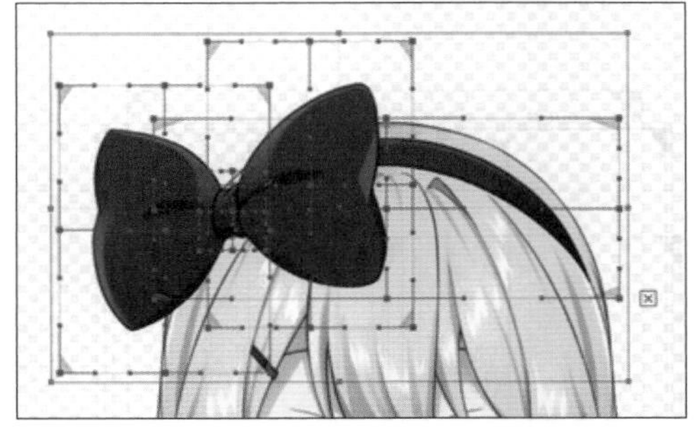

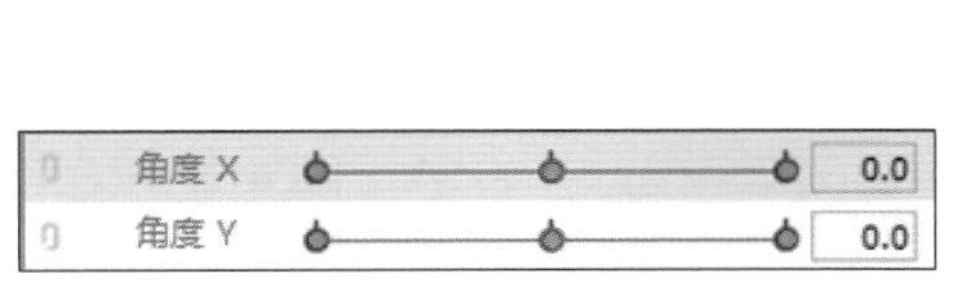

2 分别在头部转向左、右的状态下，将发箍的形状配合头的形状进行变形。

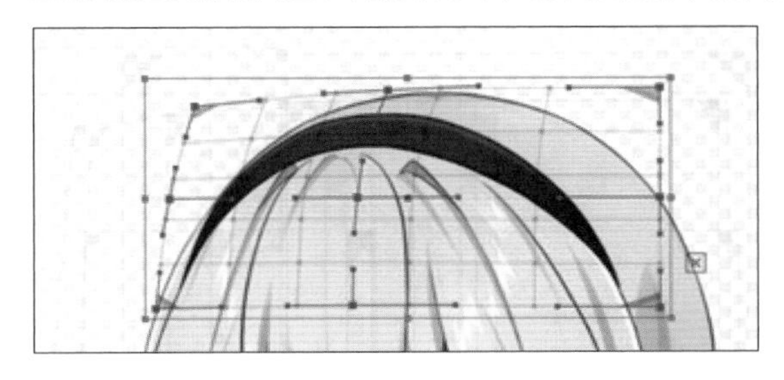

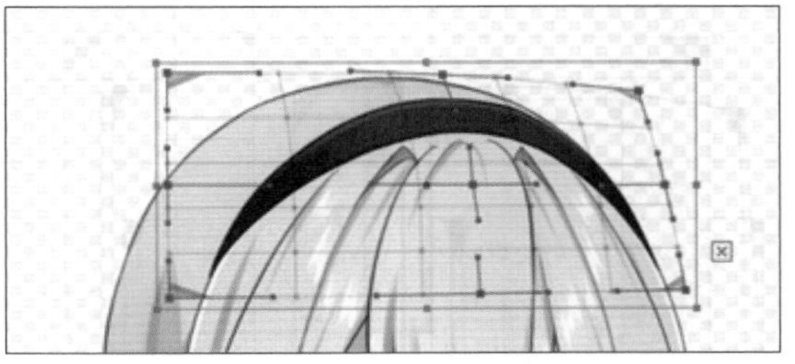

3 发带动作的设置步骤和发箍一样，配合头部的朝向进行移动和变形。当头部朝向右侧时，发带的内侧比中央深一点，效果更逼真。

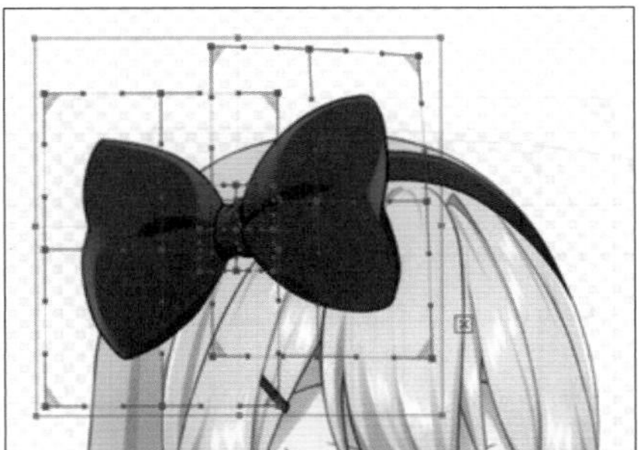

6 创建脸部朝向上下的参数

脸部朝向上下的动作可按照朝向左右动作的方法制作。参考3D模型脸部朝上、朝下时标注的弧线，来对各个变形器进行变形。

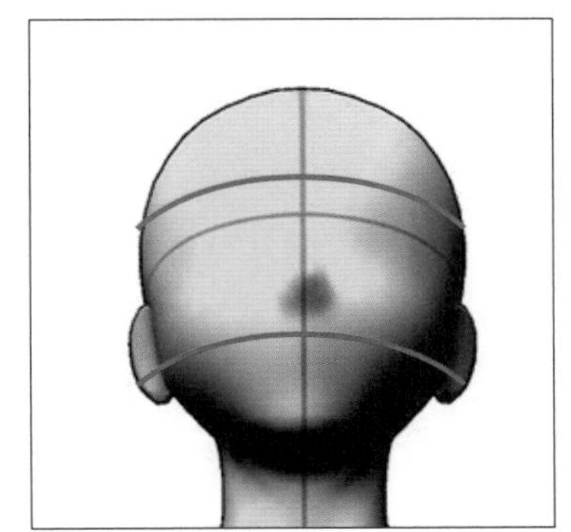

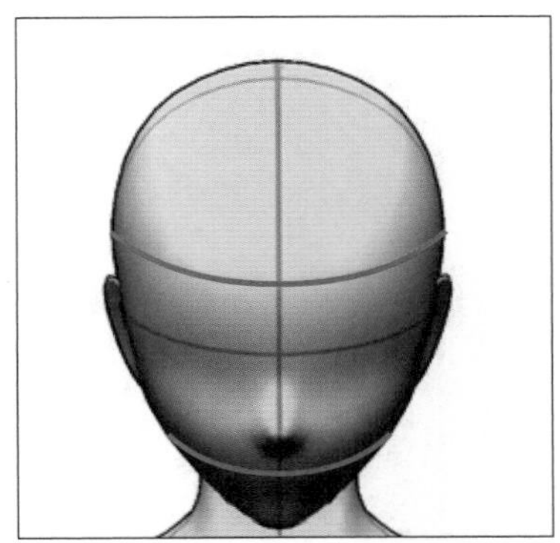

●脸部轮廓

1 将参数“角度Y”的动作记录点移动至最右侧“30”处。当该数值为正值时脸部朝向上方。

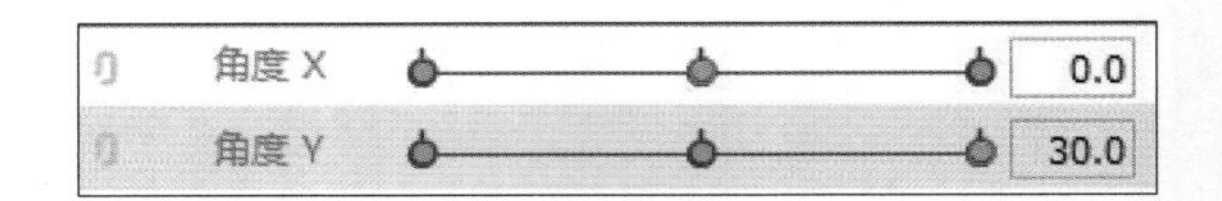

2 同添加脸部朝向左右的动作时一样，配合脸部的朝向描绘弧线进行变形。

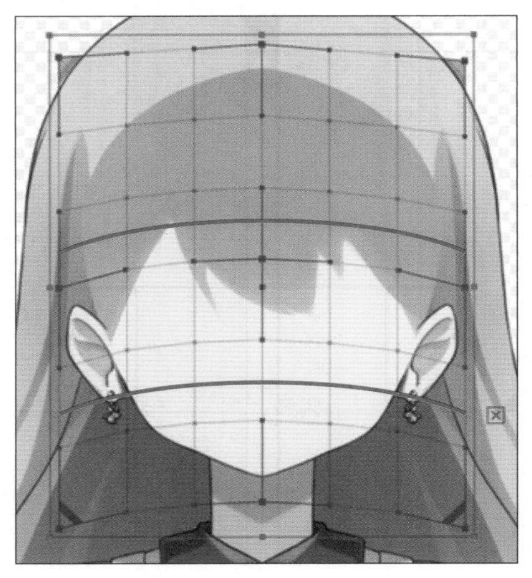

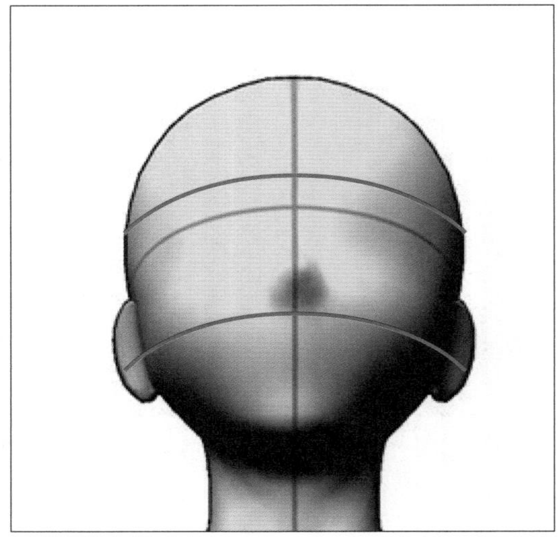

3 配合脸部轮廓来调整耳朵部分弯曲变形器的位置。直接移动耳朵部分的弯曲变形器会导致耳根部分与脸部分离，因此需适当地调整角度，尽量不破坏原本的形状。

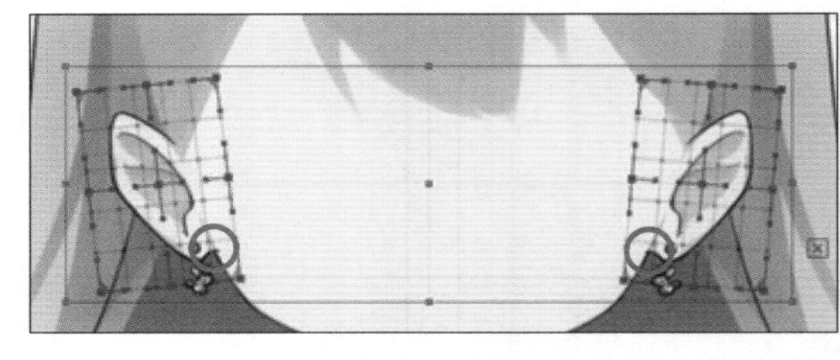

4 将参数“角度Y”的动作记录点移动至最左侧“-30”处。当该数值为负值时脸部朝向下方。

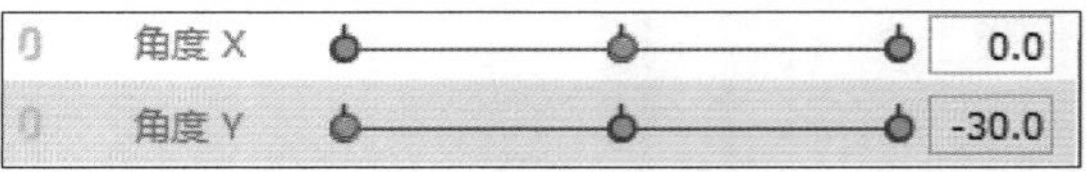

5 配合脸部的朝向描绘朝向下方的弧线来变形。

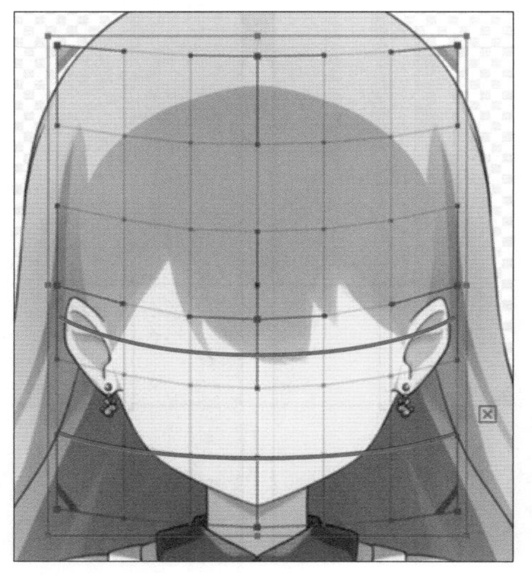

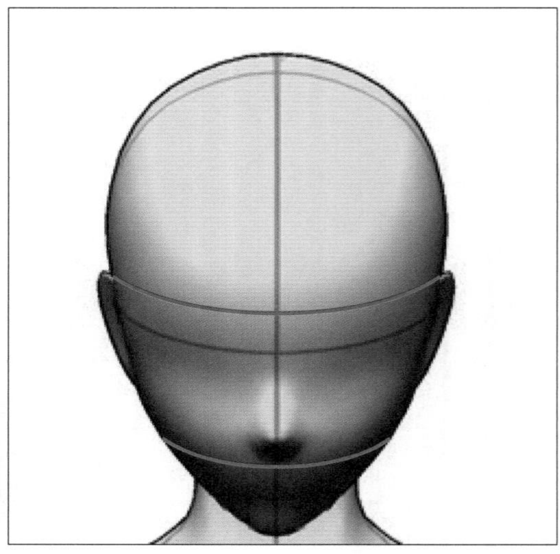

6 调整耳朵部分的弯曲变形器，要注意耳根部分的位置。

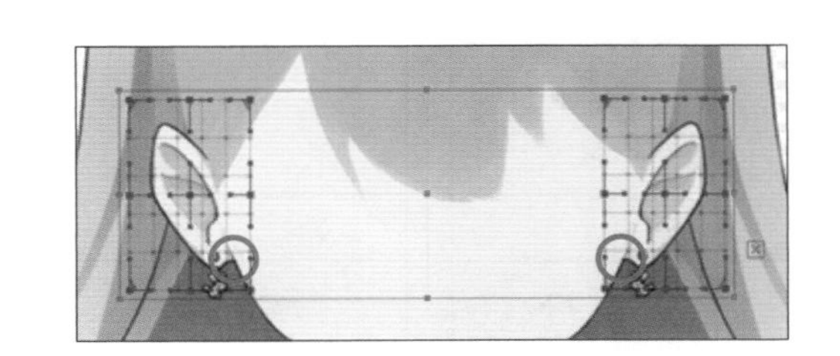

脸部

和脸部轮廓部分的操作相同，参照3D模型上的弧线来进行变形。

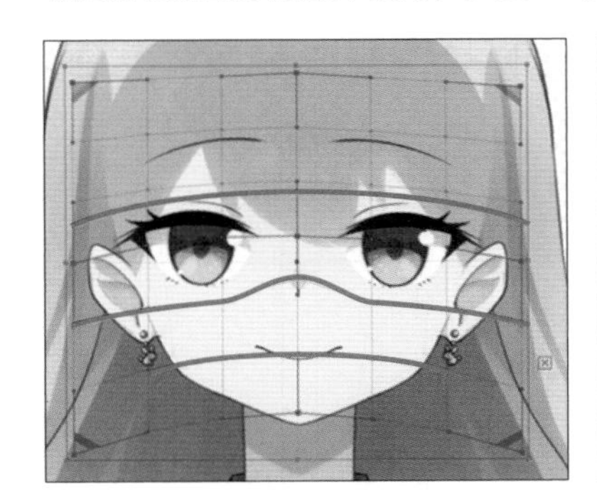

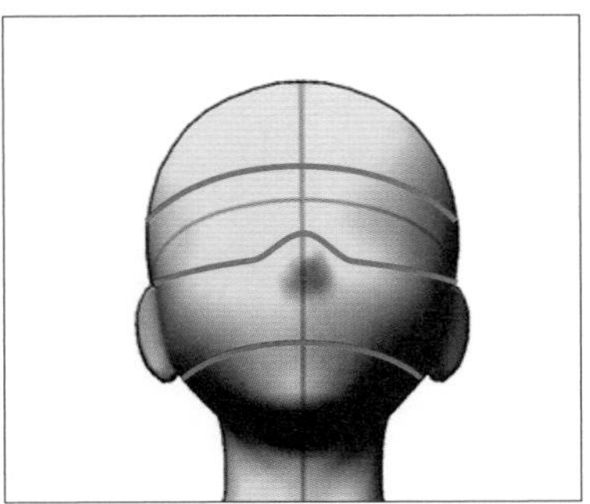

这个变形的关键点在于眼睛、鼻子、嘴与弯曲变形器中央的分割线。

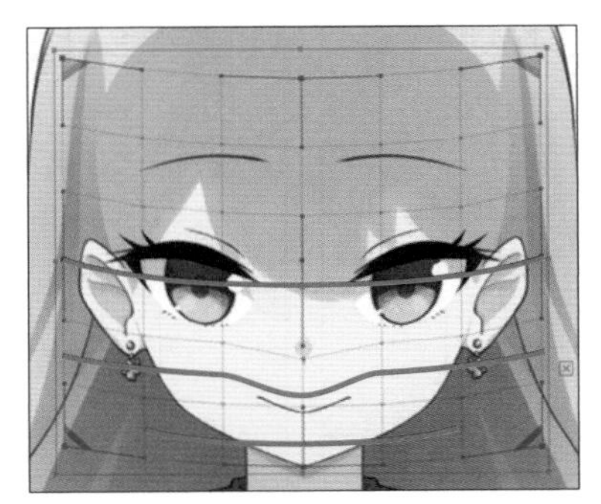

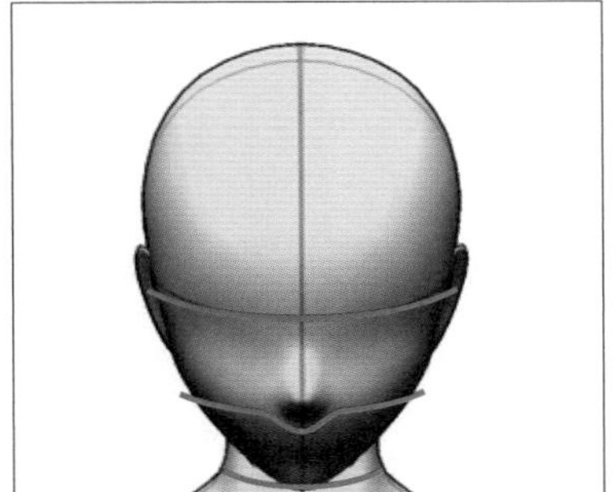

头发和发带

1 配合脸部和脸部轮廓的动作，对头发和发带也进行移动和变形。当脸部朝向上方时，需将变形器上面的部分稍微缩窄，符合透视关系。

刘海儿

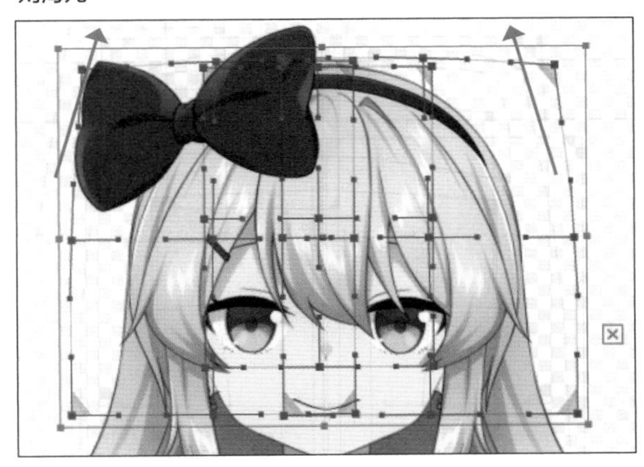

侧面头发

发带及发箍

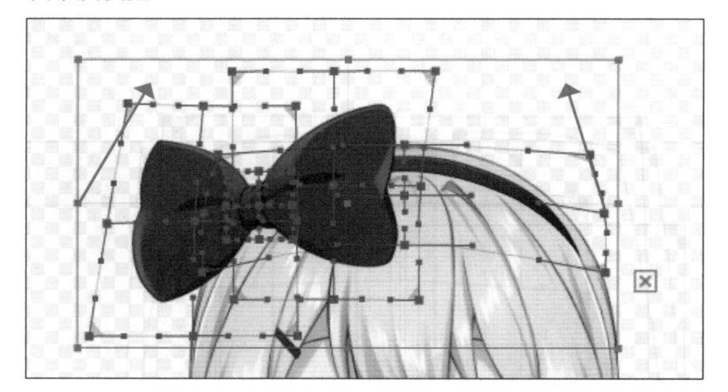

后边头发

脸部朝向上方时，头发会向下移动

2 将刘海儿整体配合脸部来移动，稍微纵向拉长一点来进行变形，即可做出逼真的动作。

3 将头顶和刘海儿一样向下移动，稍微拉长一点。

4 将发带和发箍配合头发的位置进行移动，无须进行过多的变形。

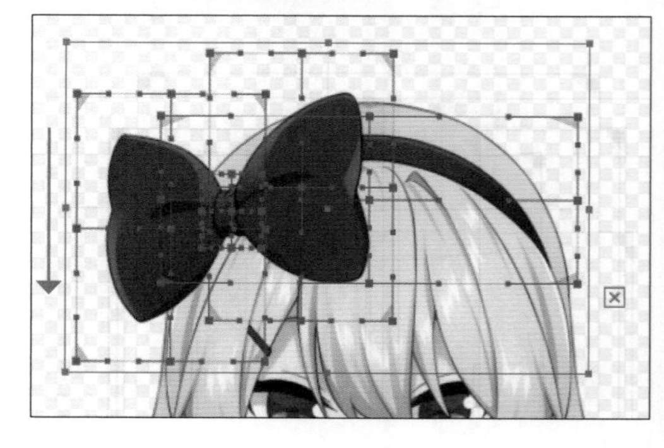

5 将脸部稍微向下移动，将后面的头发稍微向上移动。运用设置左右朝向时的技巧，想象头部3D模型的运动状态，便可简单地进行上下朝向的变形。

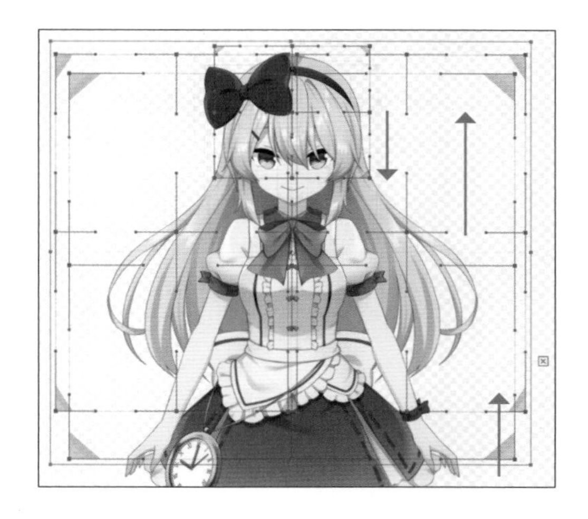

7 创建脸部倾斜的参数

下面给脸部添加倾斜的动作，就是让Live2D模型来实现右面两张图所示的朝向角度。

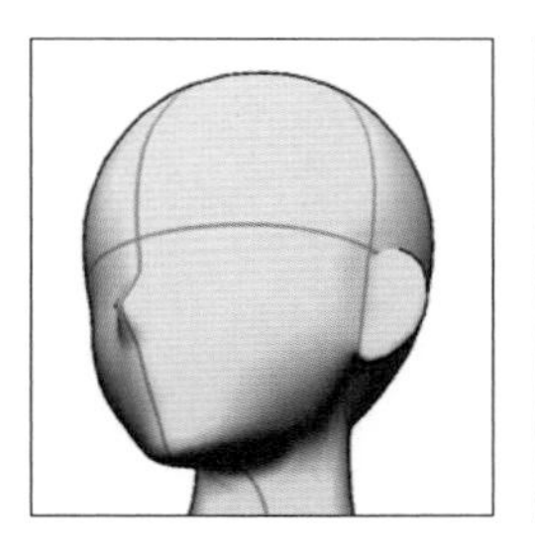

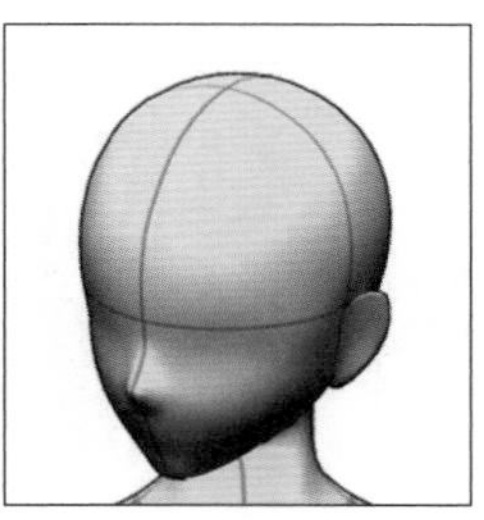

1 选中所有通过参数“角度X”和“角度Y”来实现脸部上下左右变形的弯曲变形器，并合成为四角形状。参数1和参数2分别设置为“角度X”和“角度Y”。

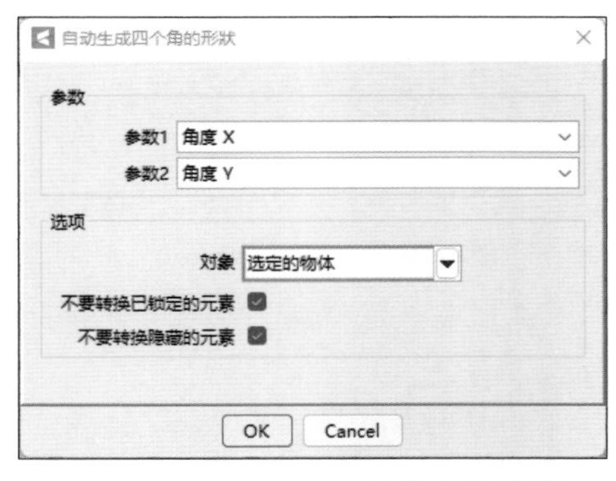

2 此时，脸部倾斜，如右图所示。但整体来看，会给人一种失真的感觉。它是自动生成的，一般情况下需要进行微调。

●脸部轮廓和脸部

1 以脸部为例，会有以下的失真变形：❶鼻子的位置有些突出；❷上半部分有棱角；❸变形器中的网格曲线不够圆滑。

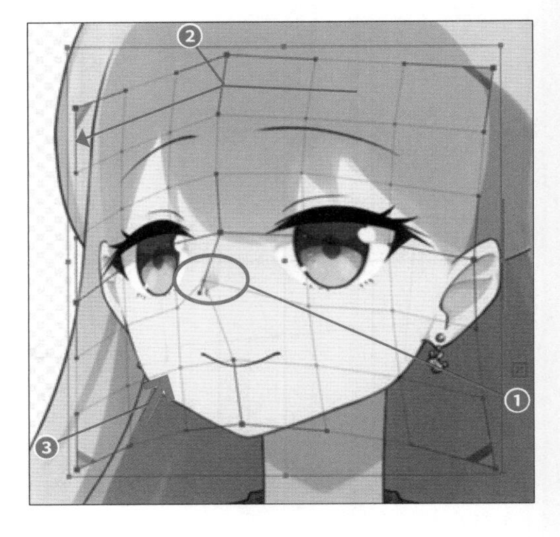

2 手动修正以上3处的失真变形，可用3D模型的线条来对照并配合脸部的线条进行变形。

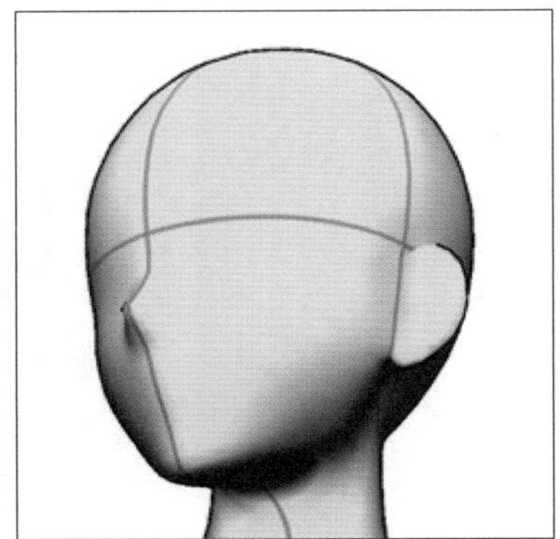

3 对向下变形进行同样的微调。身体的其他部分也进行同样的微调。Live2D Cubism自动生成的好处在于，即使不做大的改动，也可以粗略地使用自动变形。变形后的变形器形状如下页所示。

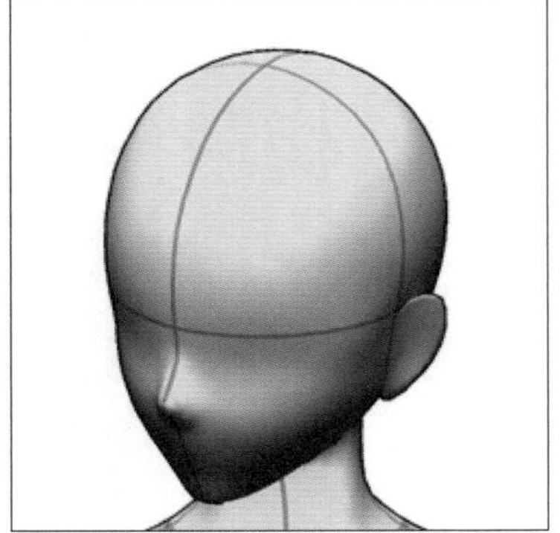

这一阶段的制作都是在调整部件来一点点地消除模型展示效果的“不协调感”使角色更加自然。上述步骤也并非绝对，还是要根据实际情况去耐心操作。

●刘海儿和侧面头发

倾斜向上

倾斜向下

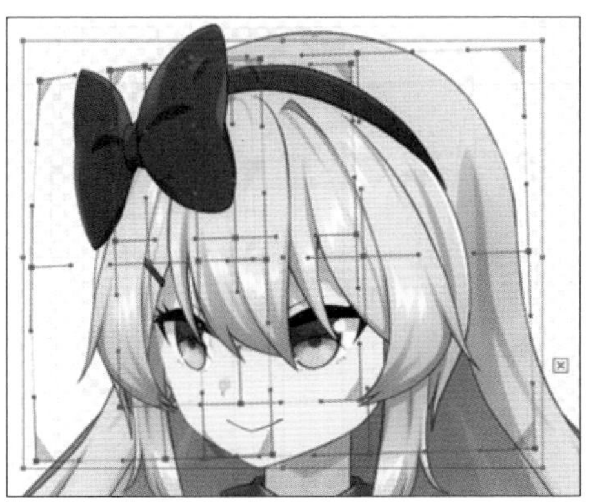

●发带和发箍

脸部朝向左右时倾斜向上

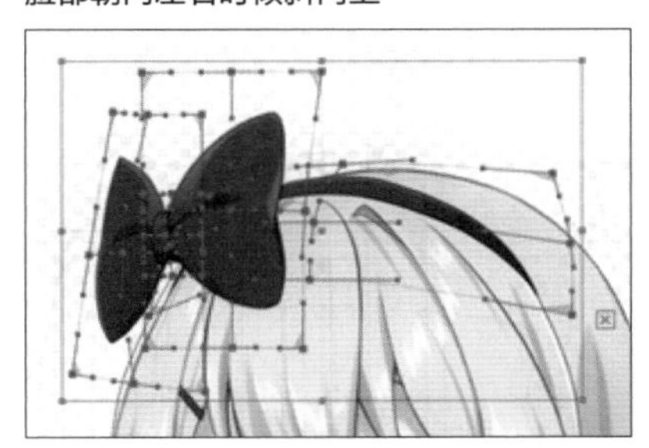

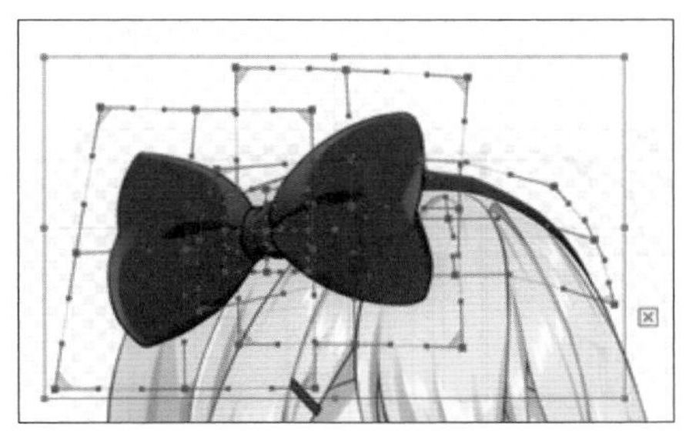

脸部朝向左右时倾斜向下

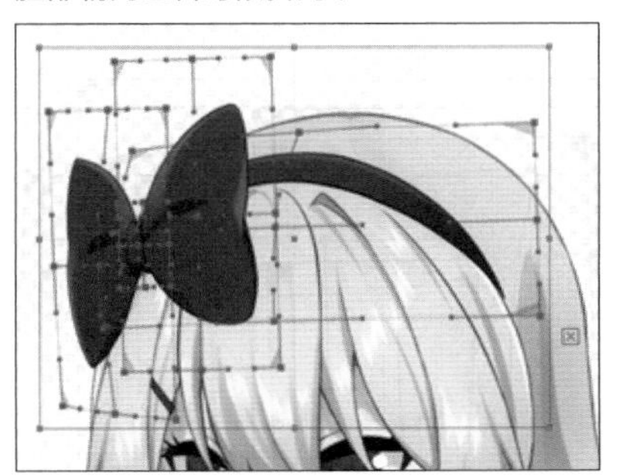

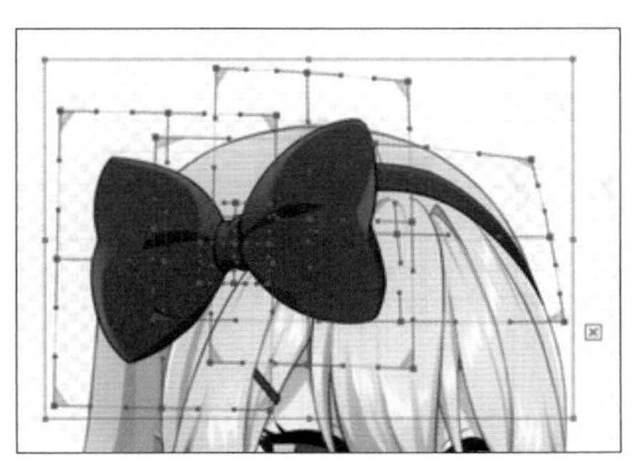

8 创建脸部“角度 Z”的参数

下面进行脸部呈“角度Z”的变形。简单来说，脸部的“角度Z”即倾斜头部时脸部的角度。制作该动作更要运用到目前制作完成的所有脸部动作。

1 选择通过“角度X”和“角度Y”变形的所有参数。

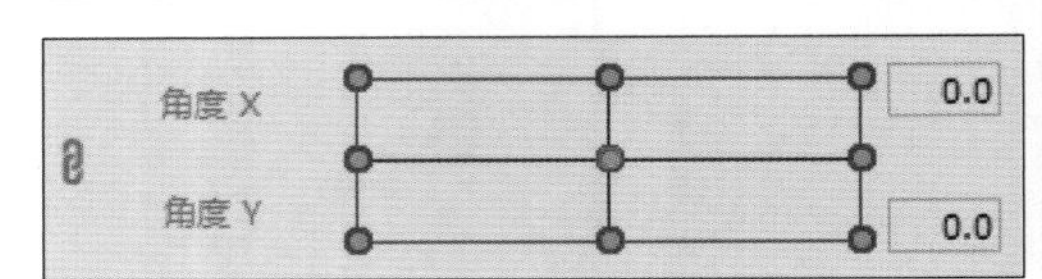

2 此时参数的状态如右图所示，动作记录点以黄色表示，意为含有不带参数的部件。

3 严格来说，是因为参数“角度X”中添加了耳朵、侧边头发和鬓发这些部件的绘制顺序（前后遮挡的顺序）。取消选择这些部件后，相应的动作记录点将显示为绿色。

4 在此状态下移动所有选中的部件，即可整体移动头部。

5 创建用于旋转脸部的旋转变形器，如下图所示创建完毕后，旋转变形器的中心轴线会出现在部件的中心。

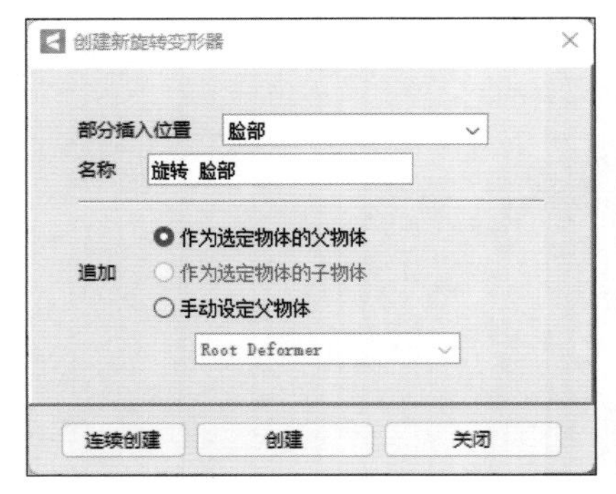

6 按住Ctrl键并将旋转变形器移动至嘴部与下巴的中间，再按住Alt键来缩小旋转变形器，使其不会妨碍操作。选择旋转变形器并为参数“角度Z”追加3个动作记录点。

7 移动“角度Z”的动作记录点至最右侧，即使用旋转变形器给脸部添加向右倾斜的动作，如右图所示。

8 当脸部朝向斜上方时，会出现、露出脖子的情况。

9 此时，变形脖子部分或调整旋转变形器的位置即可。这里进行脖子部分的变形。创建脖子部分的弯曲变形器“弯曲 脖子”，并为参数“角度Z”追加3个动作记录点。

10 为了使脖子轻轻弯曲，脖子的根部要好好隐藏。

11 为了使其也适用于脸部偏向另一边的情况，可以选择旋转变形器和头部的弯曲变形器，进行动作反转。至此脸部周围的一系列变形及动作就完成了。

创建身体参数

下面给身体添加动作。身体的动作和头部的动作的添加方法相同，都是“添加了小动作后再添加大动作”。所以先添加摇动部件的小动作。

1 创建身体上会摆动部件的参数

下面给丝巾、短裙等会随着身体摇动而摆动的部件添加参数。这里创建的所有这些部件的“最小值”“默认”“最大值”参数都使用右图中的数值。

●胸部丝巾

1 给用于移动丝巾的所有部件创建弯曲变形器。此时无须移动中间的丝巾绳结。创建下图所示的4个弯曲变形器。

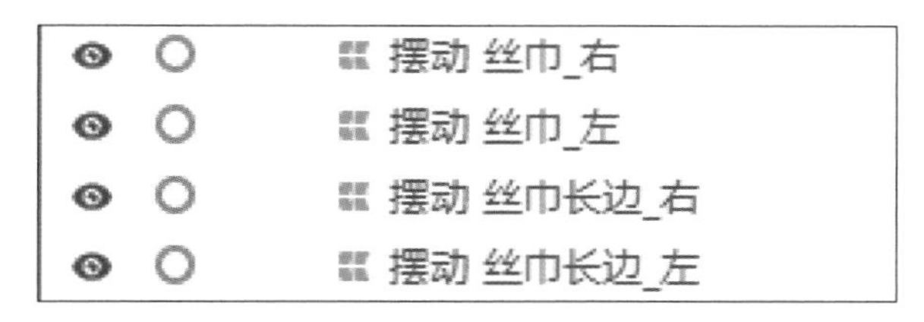

2 制作丝巾部分左右摇晃的动作。创建参数“丝巾 摆动”，并将“ID”设置为“ParamRibbonF”。选择相应的弯曲变形器并为“丝巾 摇动”参数追加3个动作记录点。

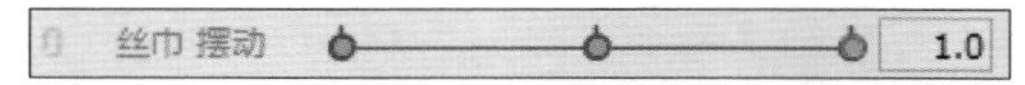

3 向右移动“丝巾 摆动”参数的动作记录点，丝巾也会向右侧移动。在这里，把丝巾的绳结作为支点使之变形即可制作出自然的动作。

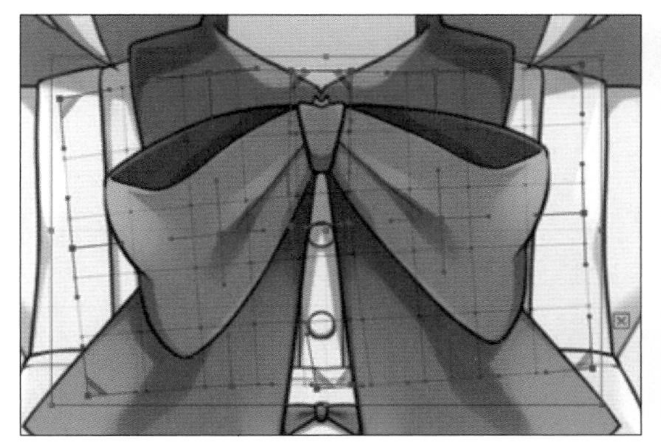

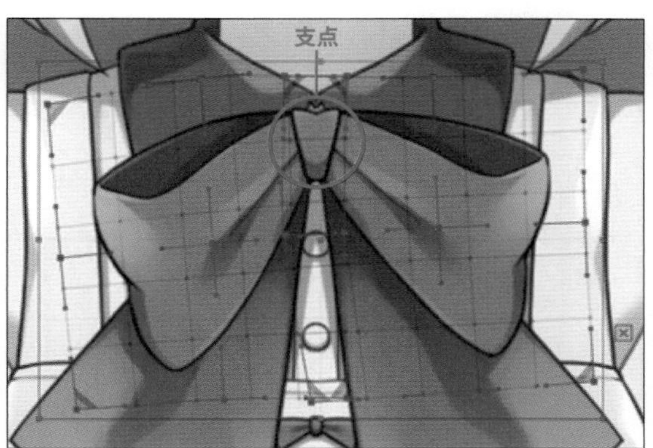

4 创建参数“丝巾长边 摆动”，并将“ID”设置为“ParamRibbonU”。选择相应的弯曲变形器并为“丝巾长边 摆动”参数追加3个动作记录点。

丝巾长边 摆动 1.0

5 丝巾长边也同样以绳结作为支点进行变形。

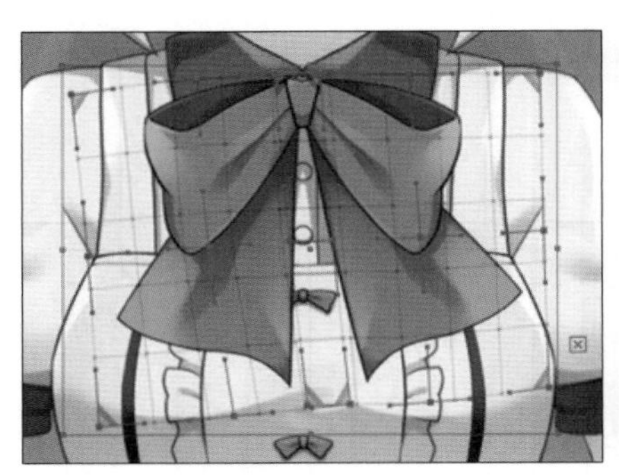

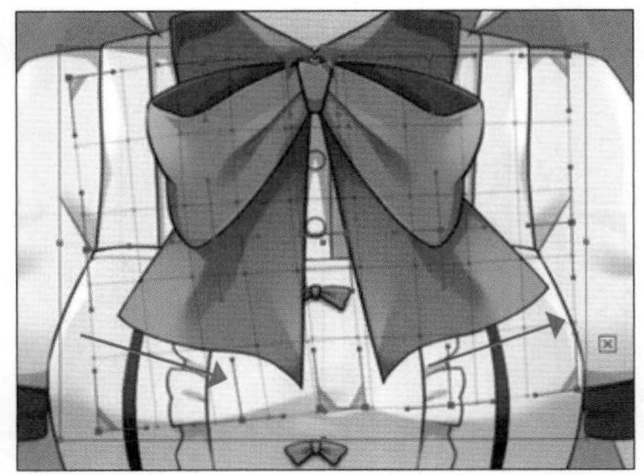

● **腰间丝带**

1 给用于移动腰间丝带的所有部件创建弯曲变形器。创建参数“腰间丝带 摆动”，并将“ID”设置为“ParamWaistRibbon”。选择相应的弯曲变形器并为“腰间丝带 摆动”参数追加3个动作记录点。

摆动 腰间丝带_右
摆动 腰间丝巾_左
摆动 腰间丝带长边_右
摆动 腰间丝带长边_左

腰间丝带 摆动 1.0

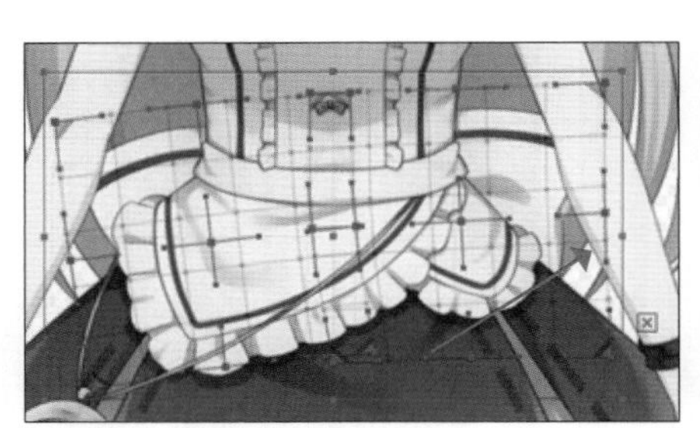

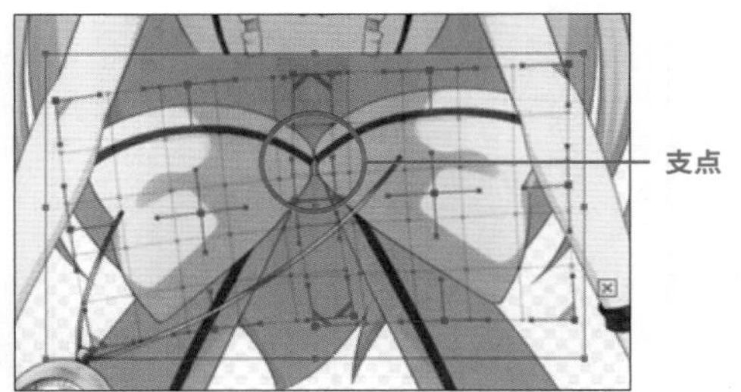

2 创建参数“腰间丝带长边 摆动”，并将“ID”设置为“ParamWaistRibbonU”。选择相应的弯曲变形器并为“腰间丝带长边 摆动”参数追加3个动作记录点。

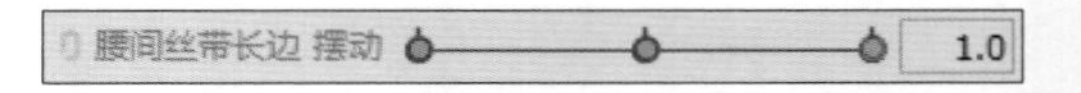

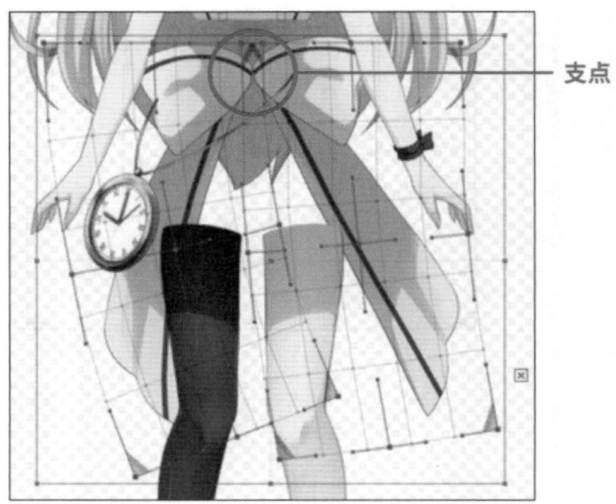

●短裙

1 给短裙部件创建弯曲变形器。创建参数“摆动 短裙”，并将“ID”设置为“ParamSkirt”。选择相应的弯曲变形器并为“短裙 摆动”参数追加3个动作记录点。

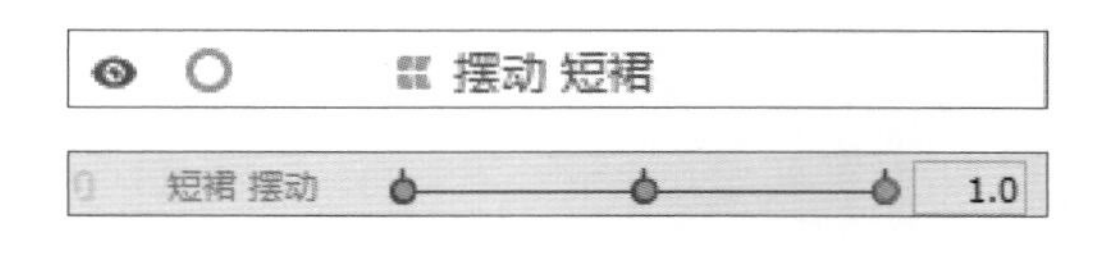

2 不移动腰部的支点，通过弯曲变形器添加短裙的摆动动作。短裙是左右对称的部件，因此可以使用动作反转为短裙的另一侧添加动作。

●时钟

1 给时钟的带子创建弯曲变形器，为时钟本体创建旋转变形器。此时想要的只是时钟摆动的动作效果，而不是使时钟本身变形，所以使用旋转变形器。带子部分的变形可以使用弯曲变形器，但因为它是带状的，所以也可使用变形路径编辑工具。

移动从腰间垂下的时钟和带子的时候，会给人一种时钟和带子一起运动、时钟又是独自运动的感觉，根据从小动作开始制作的原则，先做“时钟摆动”，然后是“时钟随着带子一起摇动”。

摆动 带子
旋转 时钟

2 制作时钟本体的摆动动作。创建参数“时钟 摆动”，并将“ID”设置为“ParamClock”。选择相应的弯曲变形器并为“时钟 摆动”参数追加3个动作记录点。因为时钟是随着带子的摆动而摆动的，所以以时钟与带子的连接点为支点使用旋转变形器调整时钟的角度。

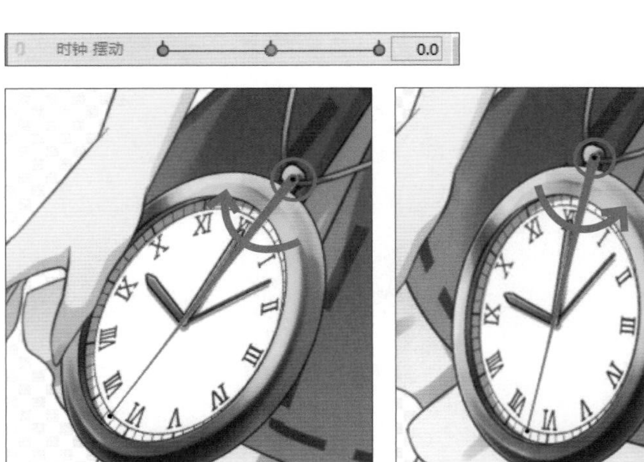

动作记录点往左移动时

动作记录点往右移动时

3 制作带子与时钟一起摆动的动作。制作带子的摆动动作，并使时钟跟随这个动作摆动。选择时钟的旋转变形器及带子部件，创建弯曲变形器。

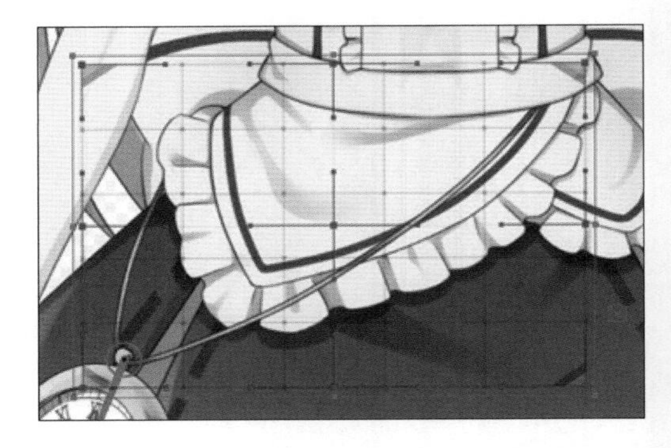

4 创建参数“时钟带子 摆动”，并将“ID”设置为“ParamClockString”。选择相应的弯曲变形器并为“时钟带子 摆动”参数追加3个动作记录点。然后给带子添加左右摇动的动作。将时钟的旋转变形器放入带子部件的弯曲变形器内并移动，即可实现两者同时移动。

时钟带子 摆动 0.0

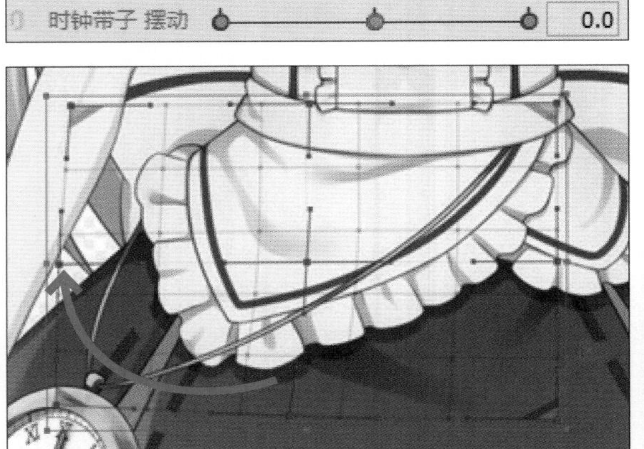

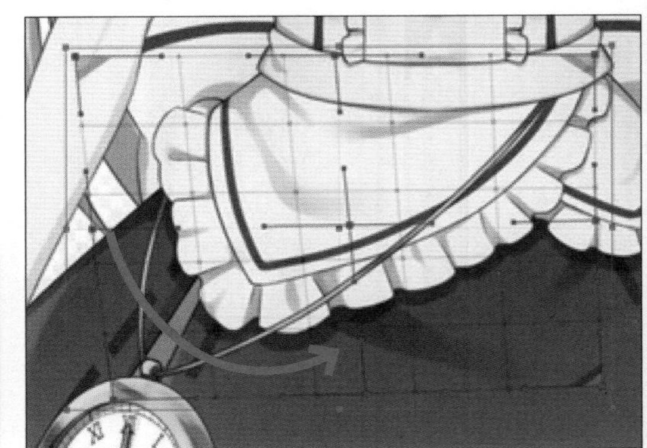

2 创建胸部参数

1 下面制作胸部的摇动动作。创建参数“胸部 摇动X”及“胸部 摇动Y”，并分别将“ID”设置为“ParamBustX”“ParamBustY”，且将“最大值”“默认”“最小值”分别设置为“-1.0”“0.0”“1.0“。

2 选择相应的弯曲变形器并为相应参数追加3个动作记录点。

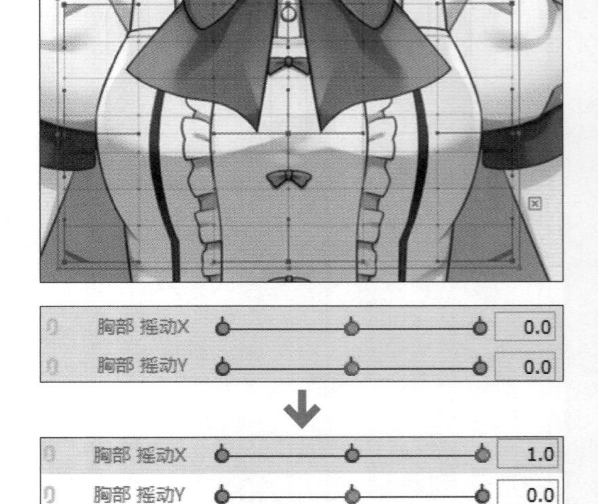

3 将参数“胸部 摇动X”的动作记录点向右移动时，胸部也会向右变形。这时，不移动右图所示的上下起点之间的部分即可完成胸部的变形。

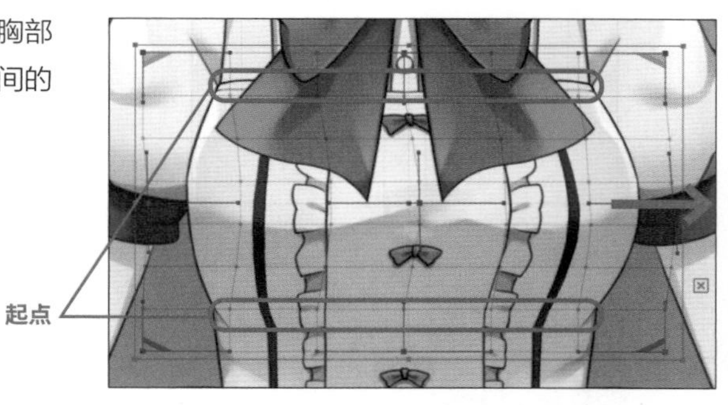

4 添加上下摇动的动作。当参数“胸部 摇动Y”的值为正数时胸部会向上摇动，为负数时则向下摇动。

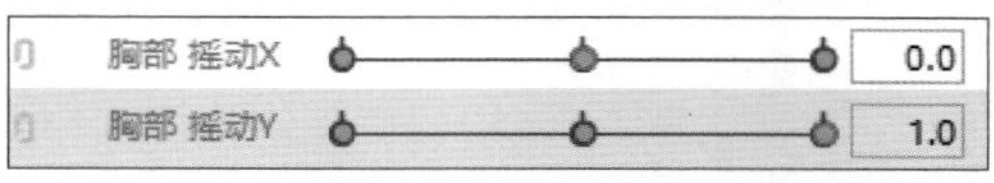

5 变形胸部部件，使其绕胸部隆起的顶点向上移动。不移动右图所示的中央部分即可展现更为自然的摇动。

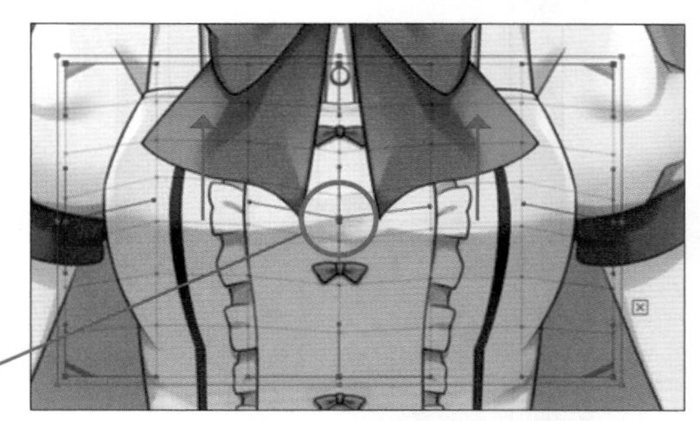

6 用相同的方法添加向下摇动的动作。

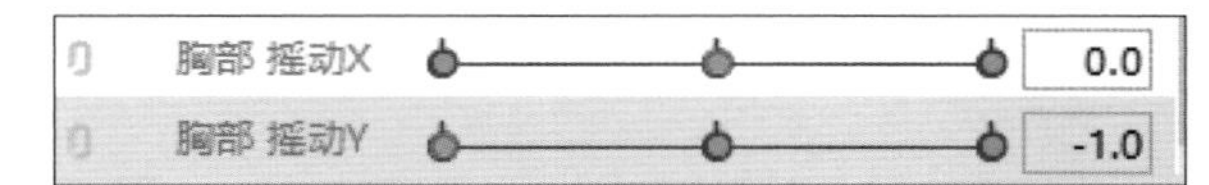

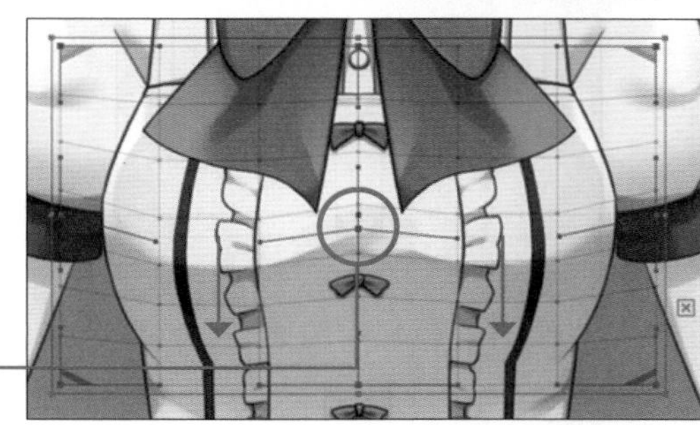

笔记

左右移动时的错误例子

在进行左右移动的时候，起点部分错开的话，衣服和衣服的连接处就会像右图所示那样错开。在变形有褶边设计衣服时要注意。

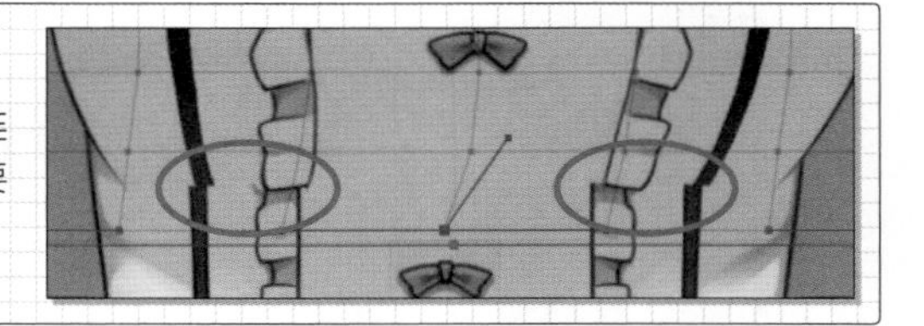

7 设置好参数“胸部 摇动X”“胸部 摇动Y”及上下左右方向的摇动动作后，选中弯曲变形器，然后选择“四角形状合成”来创建斜向移动的动作，并结合“胸部 摇动X”“胸部 摇动Y”参数。

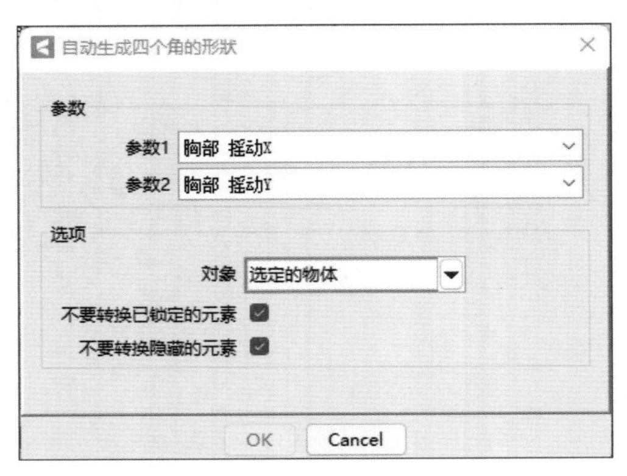

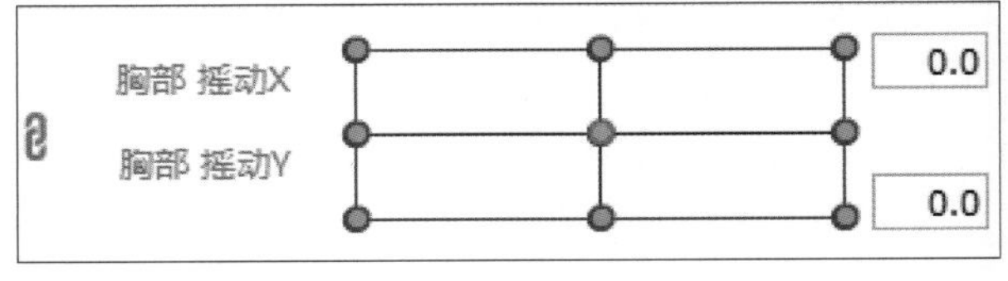

8 动作创建好后，倾斜移动时衣服能好好连接即可。若有偏差则进行微调。至此胸部摇动的动作就添加完成了。

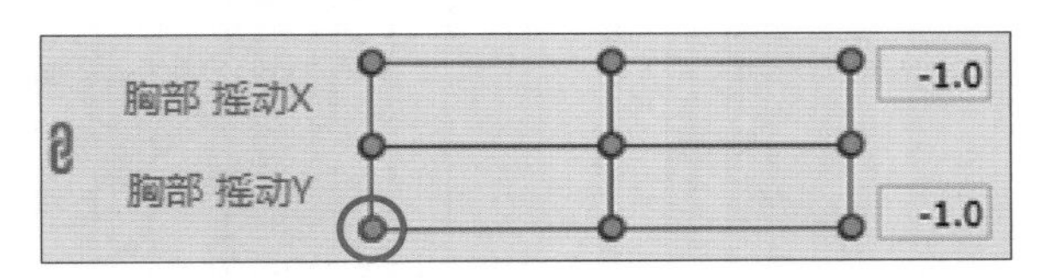

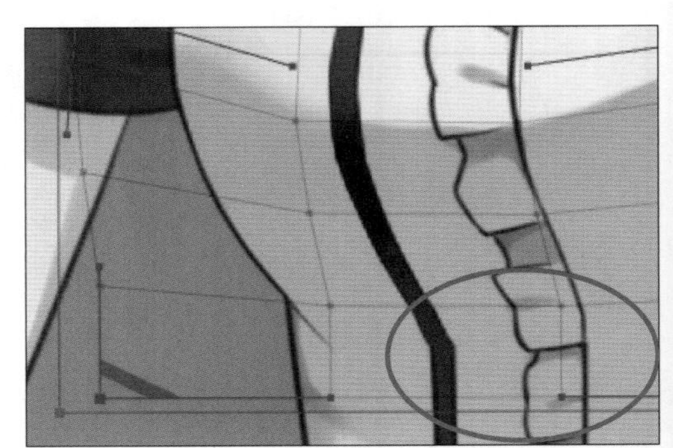

3 创建手和手臂的参数

接下来制作手和手臂的动作。因为未准备用于挥手动作的指尖部分，若制作挥手的动作就会出现不自然的情况，如左下图所示，所以这里只制作轻摇手部的动作，如左下图所示。若想制作挥手动作，应事先准备好右下图所示的朝向不同的手掌图片。因为此次介绍的是面向初学者的简单模型，所以关于通过切换图片展现细节变化的方法就先不介绍了。手臂移动的顺序也取决于动作幅度的大小，因此要按照“手腕——肘部——肩部”的顺序来制作。

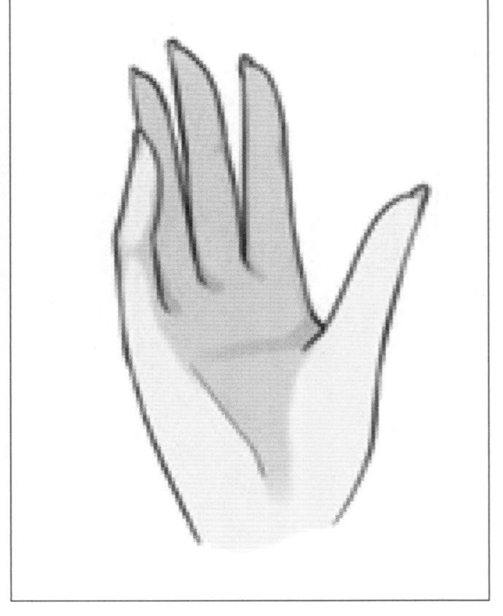

1 创建参数“右手”“左手”，并分别将“ID”设置为“ParamHandR”“ParamHandL”。选择相应的弯曲变形器并为“右手”参数追加3个动作记录点。将创建好的旋转变形器的支点移至右手腕的位置。当参数“左手”“右手”的数值为正数时手向身体外侧旋转，当数值为负数时则向身体内侧旋转。

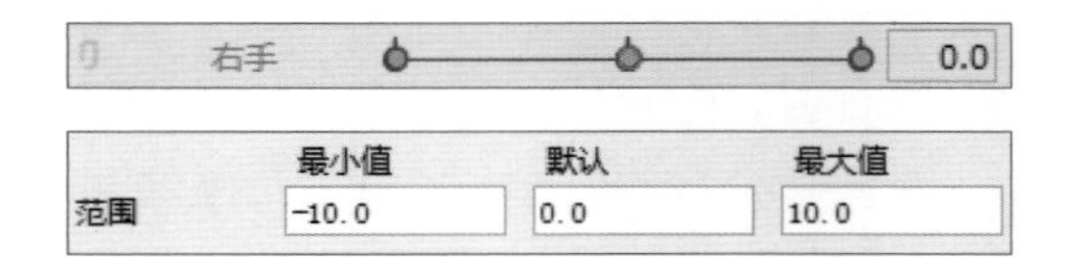

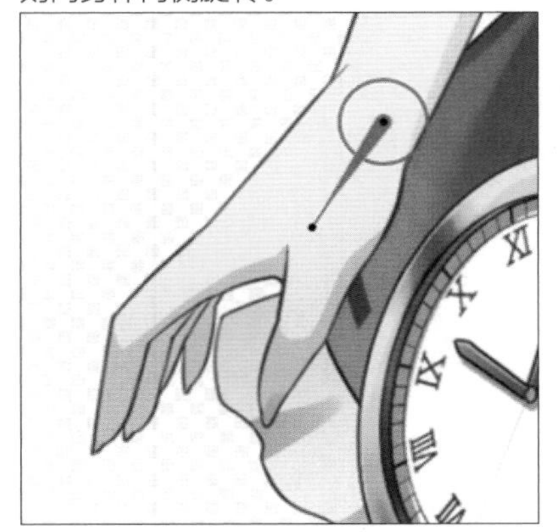

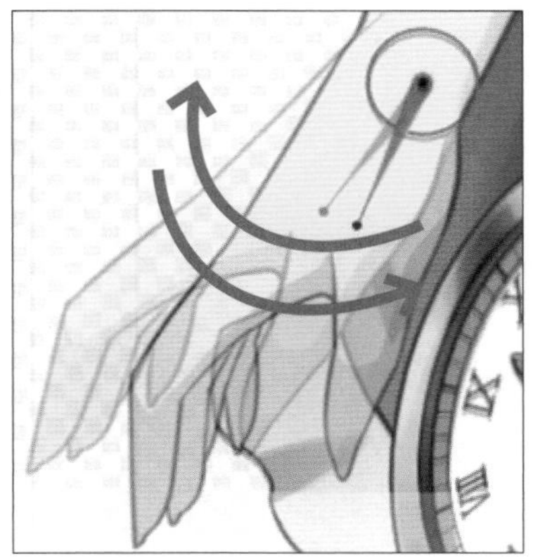

2 创建参数“右臂A”“左臂A”，并分别将“ID”设置为“ParamArmRA”“ParamArmLA”。选择相应的弯曲变形器并为“右臂A”参数追加3个动作记录点。

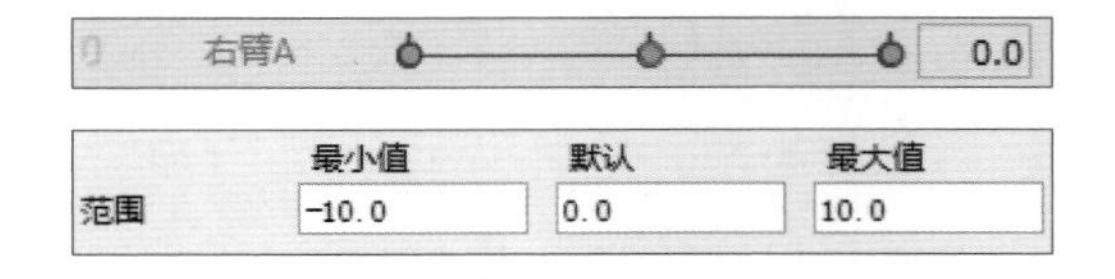

3 选中右前臂部件及右手腕的旋转变形器，创建旋转变形器。将创建好的旋转变形器的支点移至手肘的活动位置。

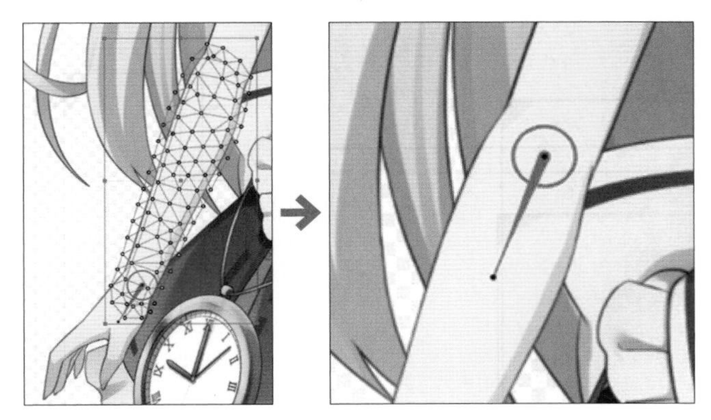

4 当参数“左臂A”“右臂A”的数值为正数时右前臂向身体外侧旋转，当数值为负数时则向身体内侧旋转。

5 创建参数“右臂B”“左臂B”，并分别将“ID”设置为“ParamArmRB”“ParamArmLB”。选择相应的弯曲变形器并为“右臂B”参数追加3个动作记录点。

右臂B 0.0

	最小值	默认	最大值
范围	-10.0	0.0	10.0

6 选中右前臂部件及其旋转变形器，创建旋转变形器。将创建好的旋转变形器的支点移至肩膀的活动位置。

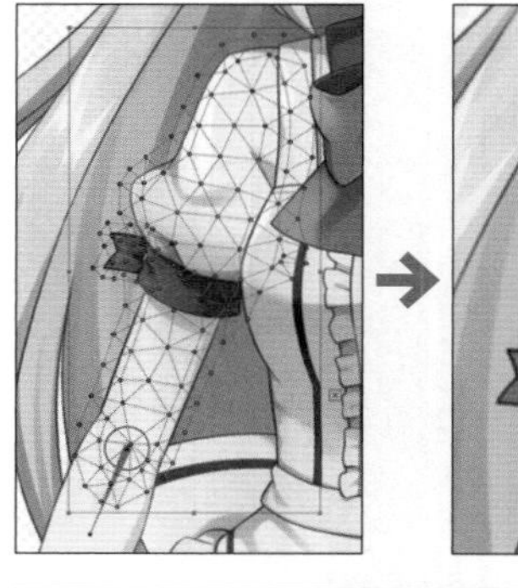

7 当数值为正数时手臂向身体外侧旋转，当数值为负数时则向身体内侧旋转。至此手臂部分的基本动作就制作完成了。

4 创建身体转向的参数

下面添加身体转向的动作。

要想让身体运动起来，需要为相应部件添加弯曲变形器。

弯曲 衣领
弯曲 丝巾中央
弯曲 身体
弯曲 围裙
弯曲 腋窝_右
弯曲 腋窝_左
弯曲 腿_右
弯曲 腿_左
弯曲 丝巾_右
弯曲 丝巾_左
弯曲 丝巾长边_右
弯曲 丝巾长边_左
弯曲 腰间丝带_右
弯曲 腰间丝带_左
弯曲 腰间丝带长边_右
弯曲 腰间丝带长边_左
弯曲 短裙
弯曲 时钟
弯曲 胸部
弯曲 右臂
弯曲 左臂

选中上页图中创建好的弯曲变形器，并为参数“身体旋转 X”“身体旋转 Y”分别追加3个动作记录点。对于左右对称部件的动作，先添加其中一边的动作，然后使用动作反转给另一边添加动作即可。可以将变形器的形状和数据与原始形状进行比较，以了解其变形情况。

身体旋转 X 0.0
身体旋转 Y 0.0

● 衣领的变形

使衣领向右侧变形。暂时隐藏胸前的丝巾，从脖子部分向左侧拖动弯曲变形器使其变形。

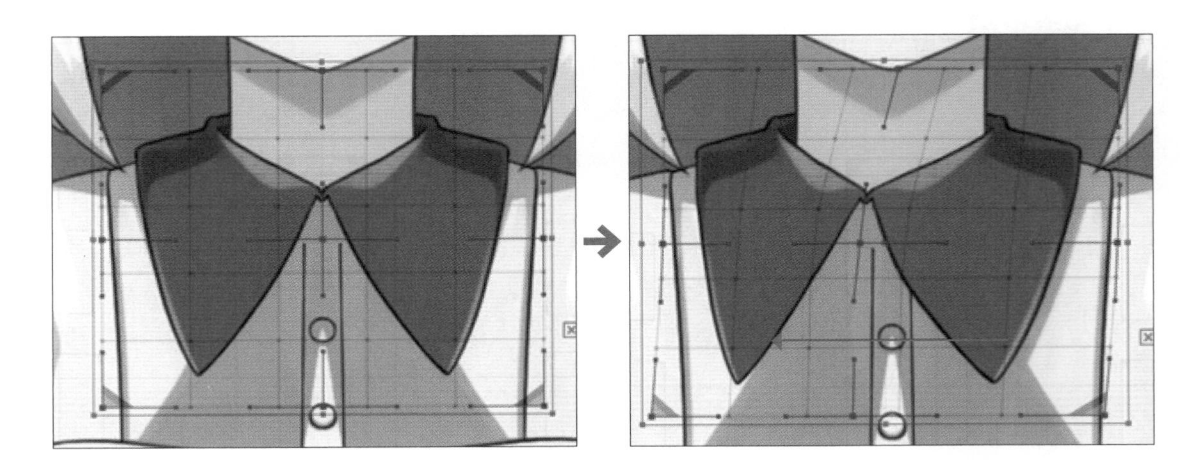

● 身体的变形

使身体向右侧变形。暂时隐藏胸前的丝巾，以胸部为基准向左侧拖动弯曲变形器使之变形。

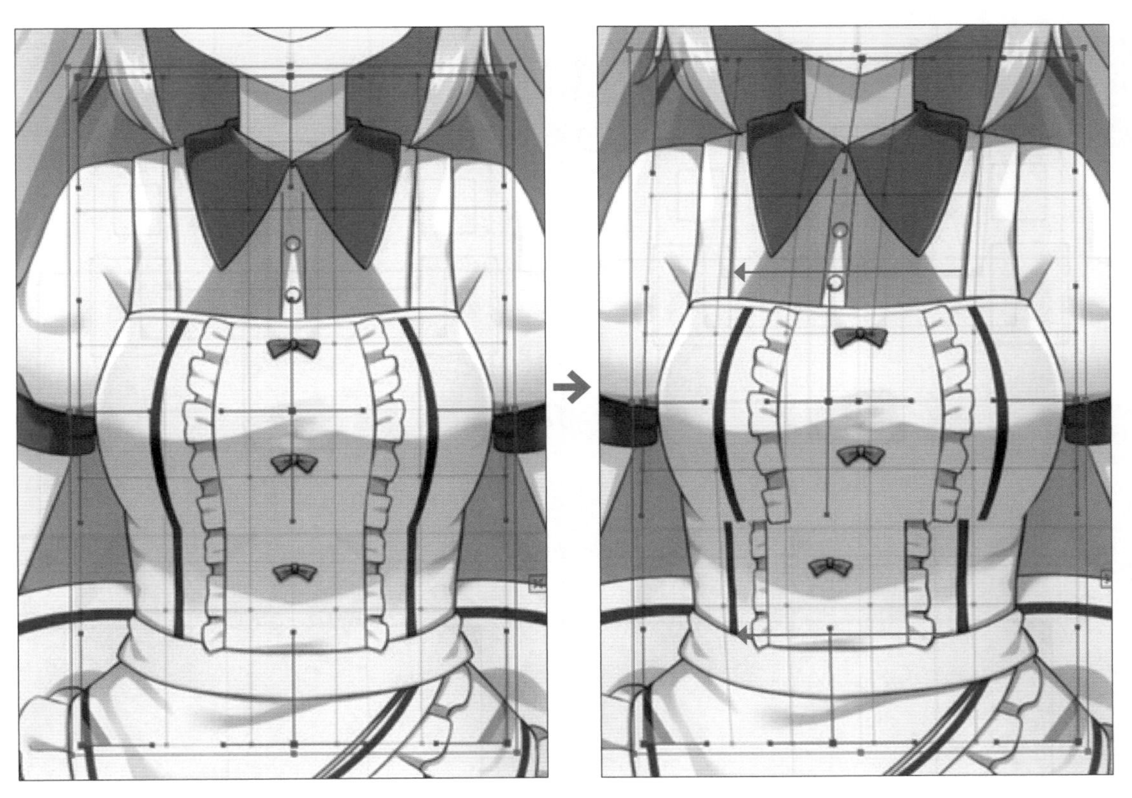

●胸部的变形

使胸部向右侧变形。暂时隐藏胸前的丝巾，以胸部隆起的部分为基准向左侧拖动弯曲变形器使之变形。

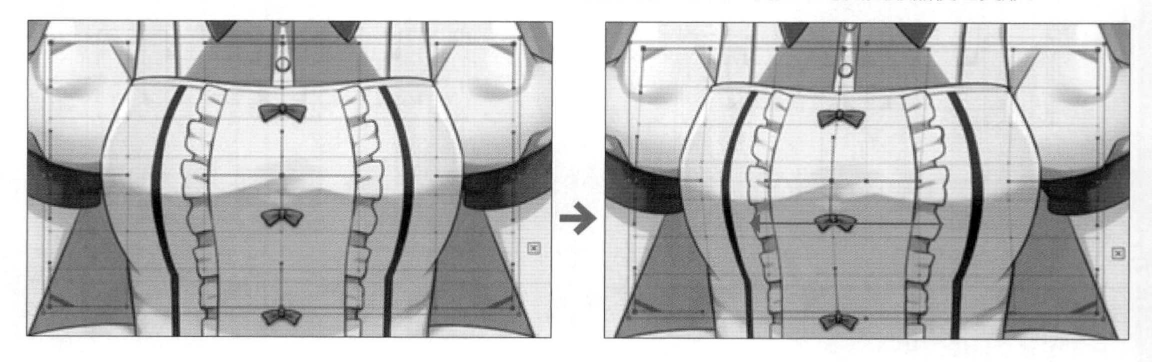

●丝巾的变形

使丝巾向右侧变形。以丝巾的绳结为支点，向左侧移动弯曲变形器来使之变形。

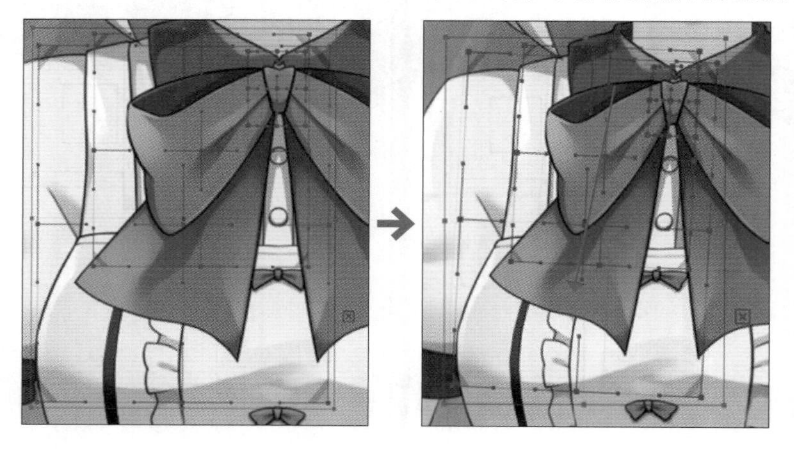

●腰部的变形

使腰部分别向左、右方向变形。以腰部中央为支点，使其向左、右方向变形。

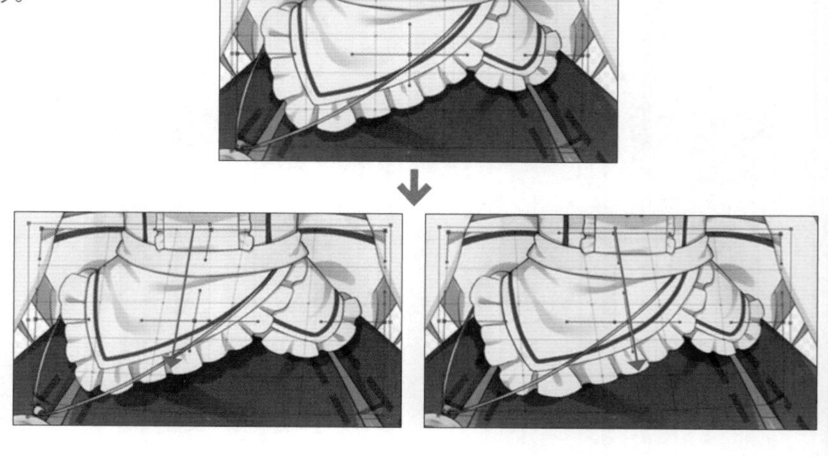

时钟带子的变形

使时钟带子分别向左、右方向变形。在变形时，避免从腰间穿出的带子的支点脱离腰部。

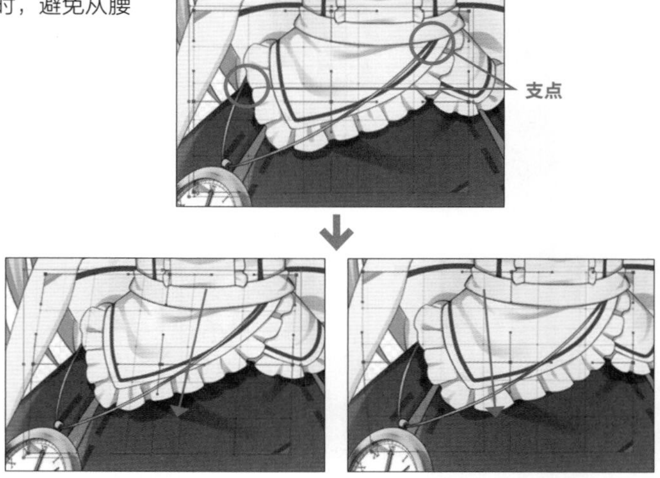

短裙的变形

使短裙向右侧变形。以短裙腰部的两侧为支点，向左侧移动弯曲变形器来使之变形。

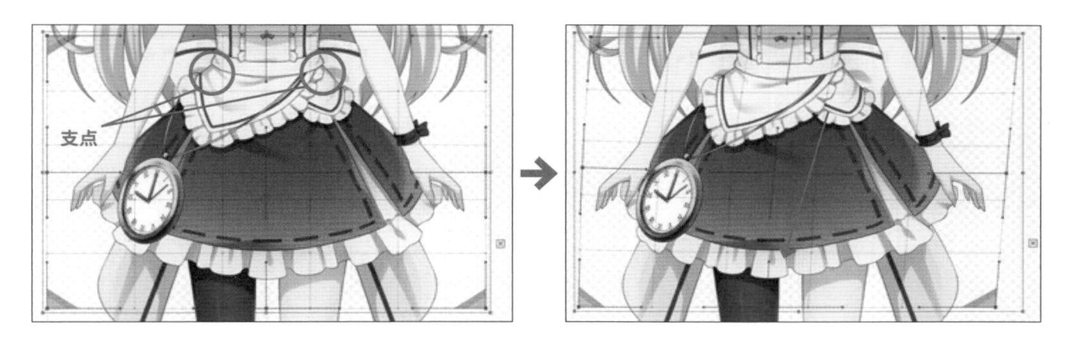

腰间丝带的变形

向右侧拖动腰间丝带的弯曲变形器。当身体朝向左侧时腰间丝带会向右侧移动，反之则向左侧移动。

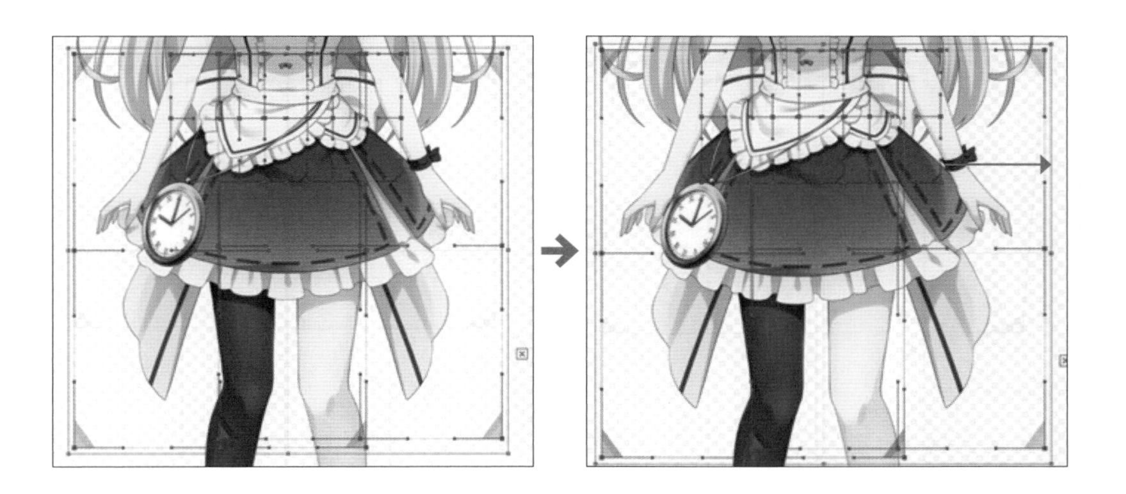

●手臂的移动

下面移动手臂。在旋转变形器已设置了参数的情况下，如要为该旋转变形器设置新参数，则须对该参数的每一个动作记录点进行调整，操作起来很麻烦。基本上，为每个变形器或部件仅设置一个参数是最简单明了的方法。这时可以使用一个“简单粗暴”但有效的方法——给旋转变形器创建仅用于移动的弯曲变形器，这样即可在旋转变形器的动作上添加弯曲变形器的动作。

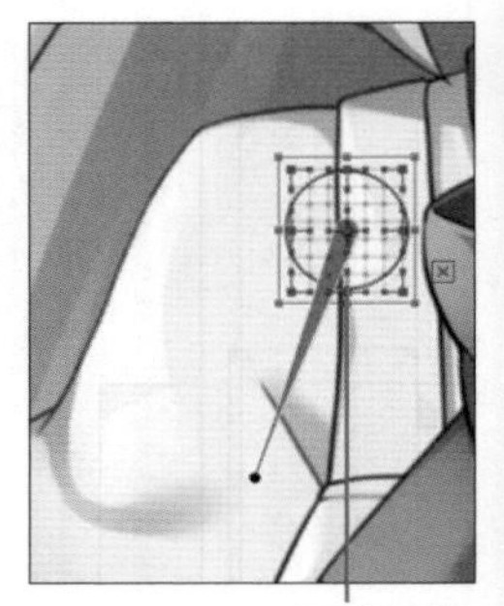
用于移动的弯曲变形器

1 在手臂的旋转变形器上创建用于移动的弯曲变形器，同时选择腋窝的弯曲变形器，并向腋部内侧拖动。若向左侧大幅度拖动；反之，向右侧小幅度拖动，这样便可完成自然的左右转向动作。

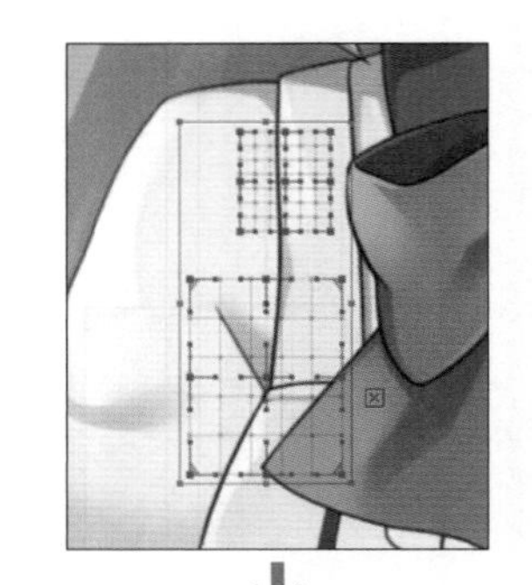

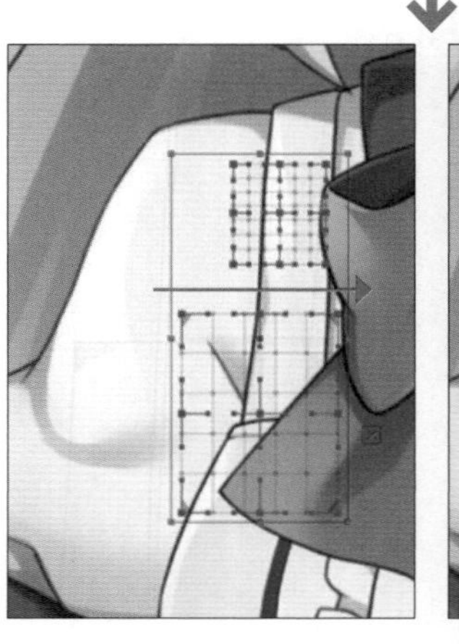

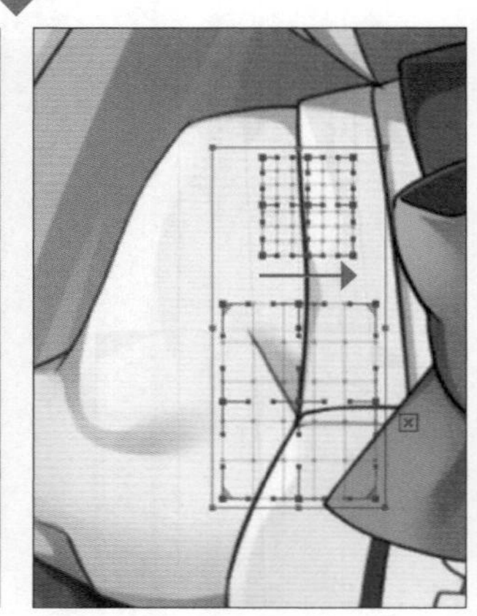

2 当身体面向左侧时，如果将右臂的丝带往里移动，手臂会显得更加收拢。

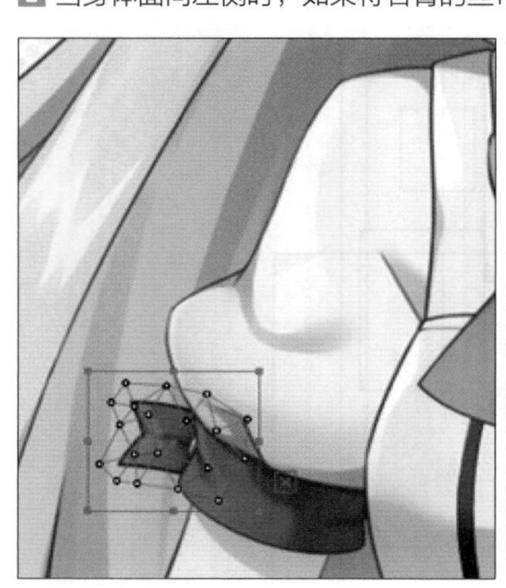

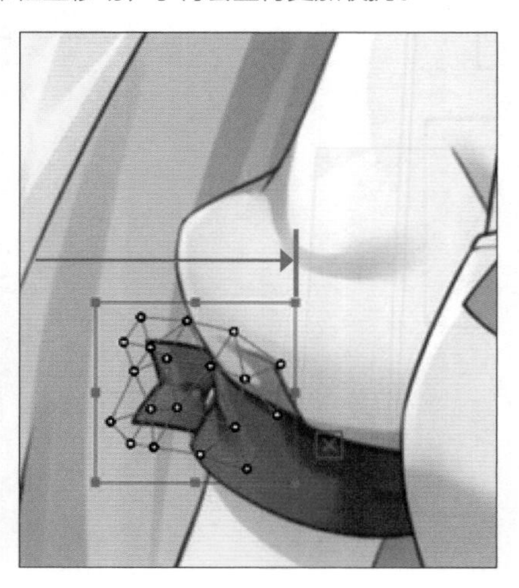

●腿部的变形

当身体朝向右侧时，以膝盖为轴将腿部向左侧变形，当身体朝向左侧时，则以大腿为轴向右侧变形。鞋子的部分不要移动。

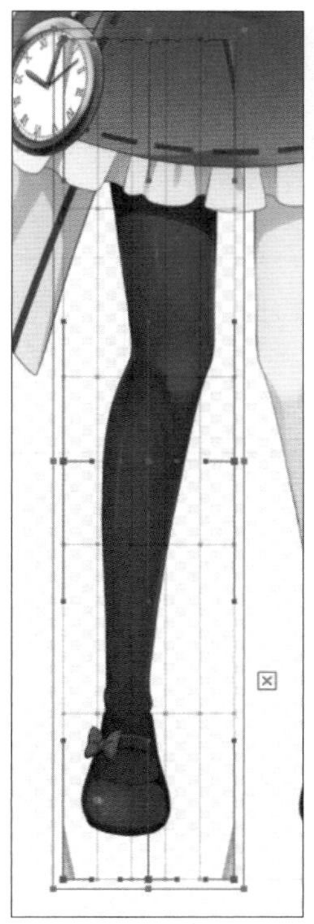
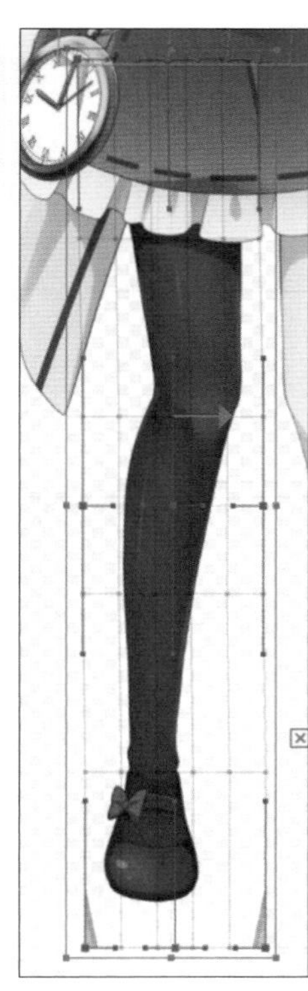
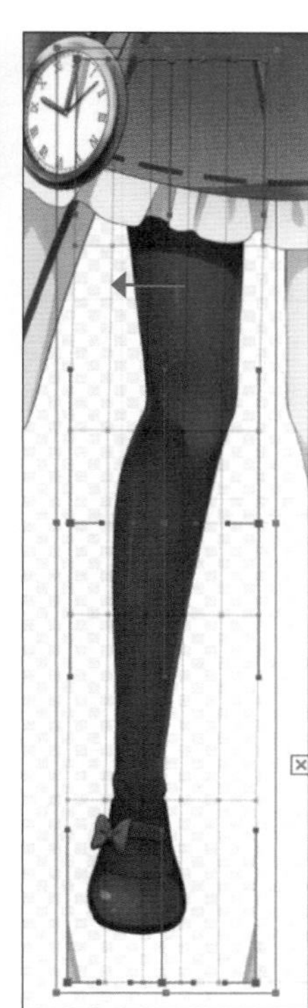

在进行了以上的变形后，就能呈现下图所示的整个身体稍微斜向侧面的效果。

5 创建身体上下移动的参数

下面添加身体上下移动的动作。身体朝向左右的动作从上半身开始设置，而身体上下移动的动作从脚部开始设置。参数“身体旋转 Y”的数值为正数时，身体向上抬起，为负数时则向下蹲。

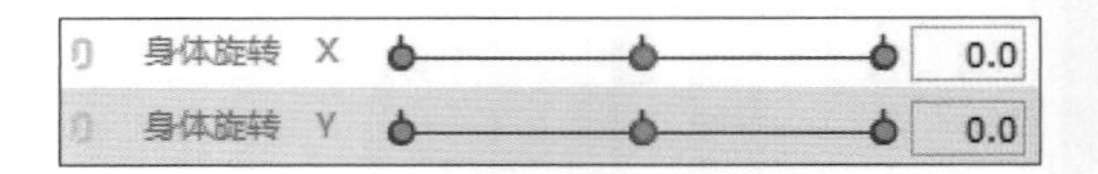

●腿部的变形

当身体向下蹲时膝盖向下变形（弯曲）；当身体向上抬起时则膝盖向上变形（拉伸）。

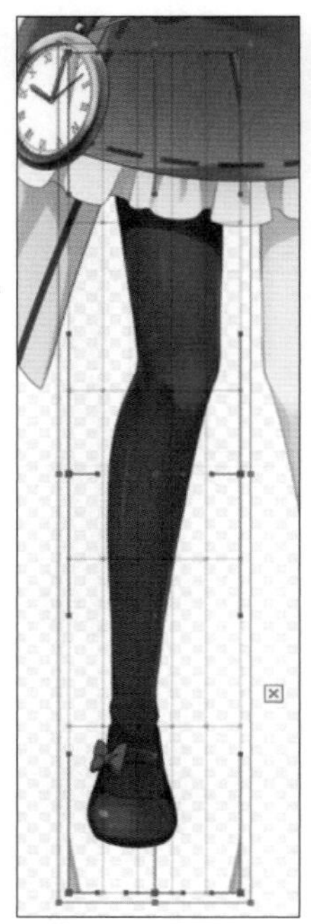

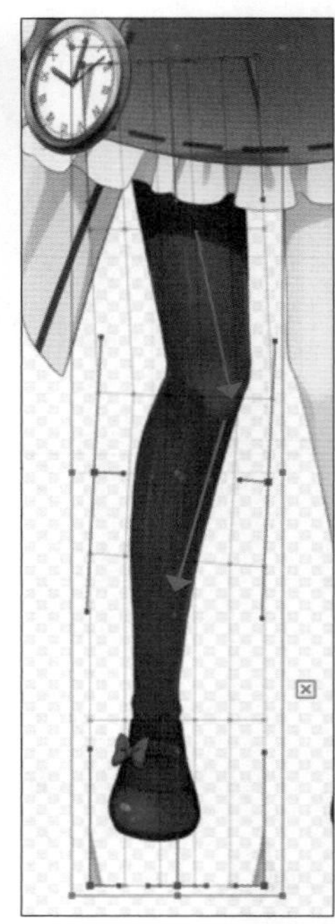

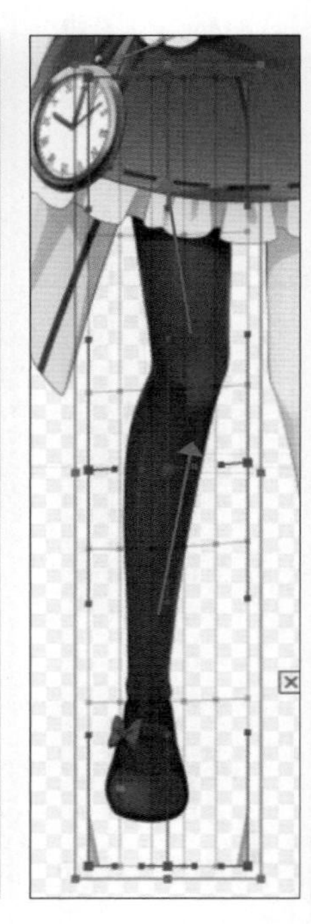

●短裙的变形

使短裙分别朝上、下方向变形。将变形器的内部网格变形为图示的弧形效果。

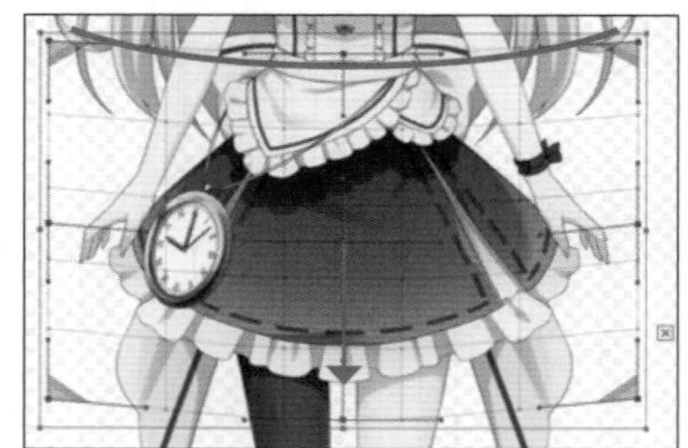

●围裙的变形

使围裙分别朝上、下方向变形。和短裙的变形相同，将变形器的内部网格变形为图示的弧形效果。

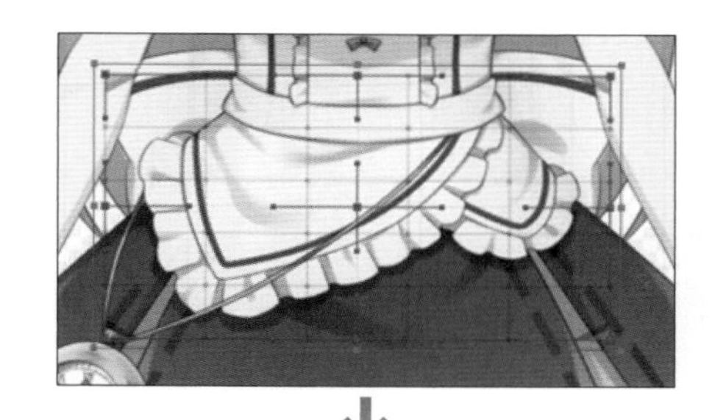

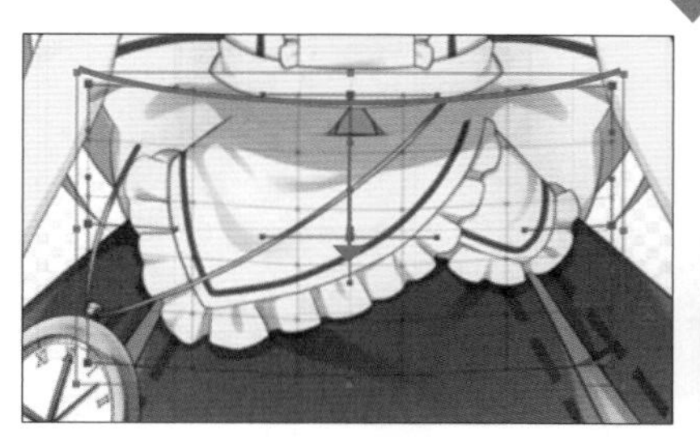

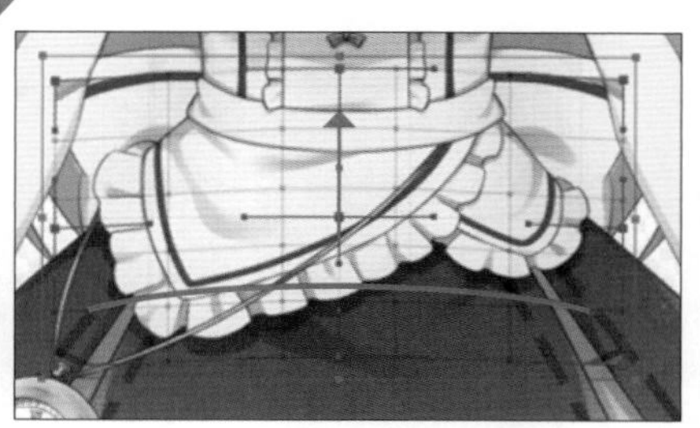

●身体的变形

使身体分别朝上、下方向变形。这里也一样将变形器的内部网格变形为图示的弧形效果。

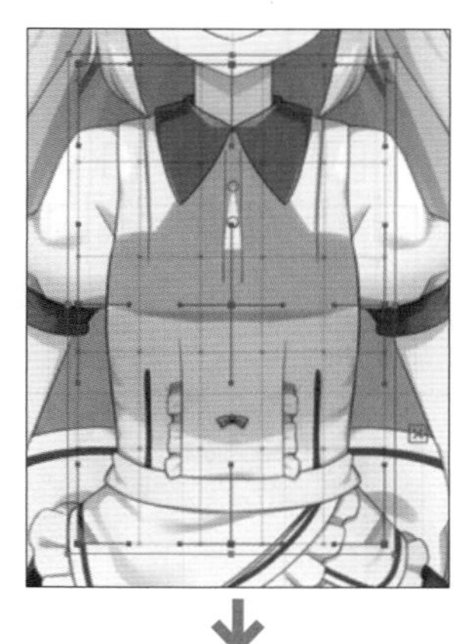

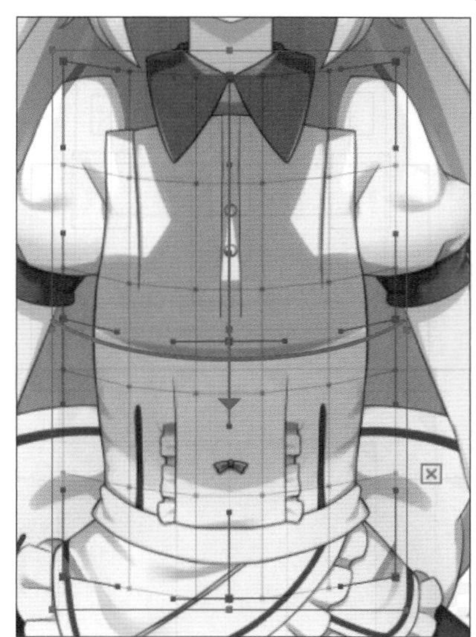

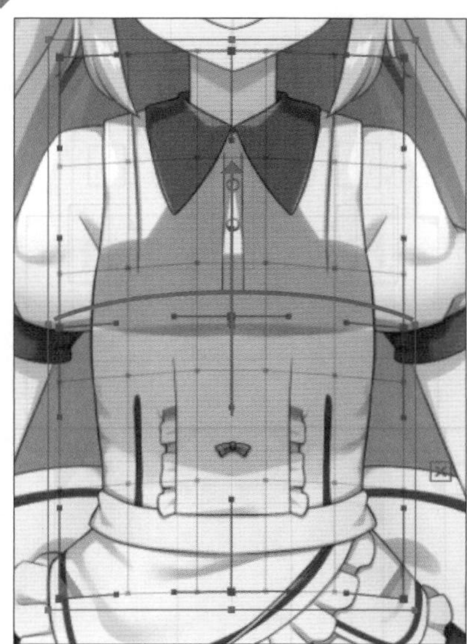

●衣领的变形

使衣领分别朝上、下方向变形。当身体向下方移动时将衣领部分如鱼眼镜头那样上下拉伸变形，当身体向上方移动时则向相反方向变形。

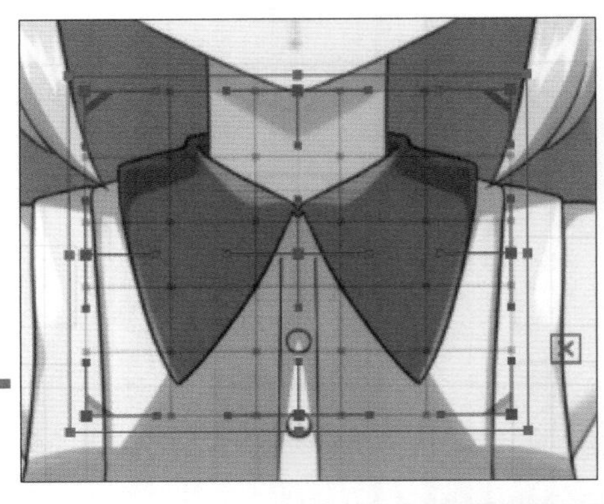

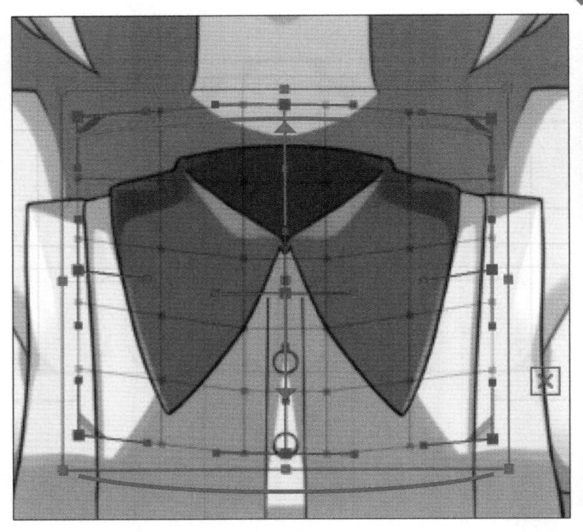

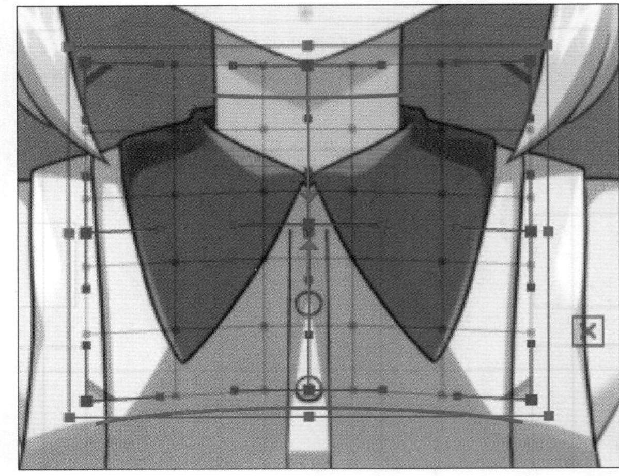

●胸部的变形

使胸部分别朝上、下方向变形。将变形器的内部网格变形为图示的弧形效果。

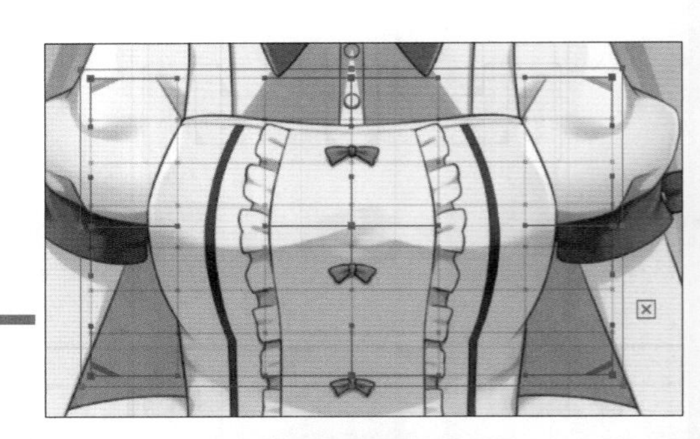

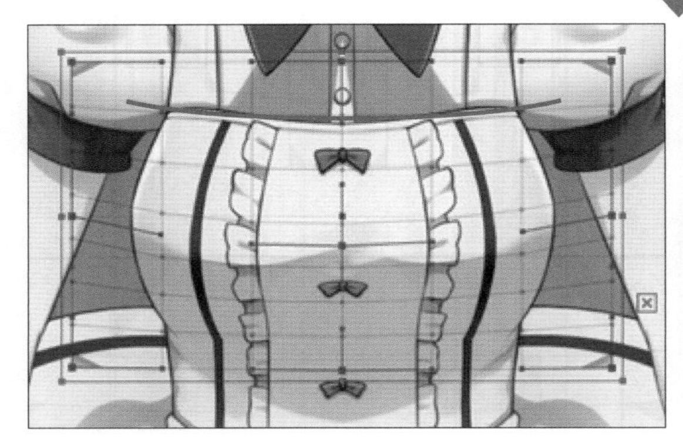

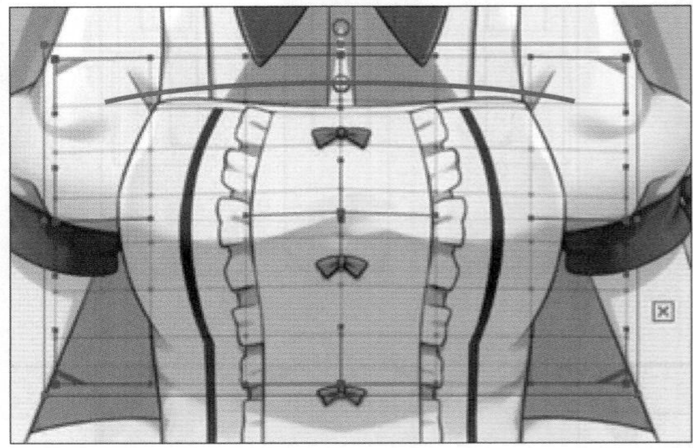

●丝巾的变形

分别朝上、下移动丝巾的弯曲变形器。丝巾不要过度变形，丝巾结的位置要和衣领的位置一致。当身体向下移动时丝巾稍微伸展，向上移动时丝巾稍微缩短变形即可。

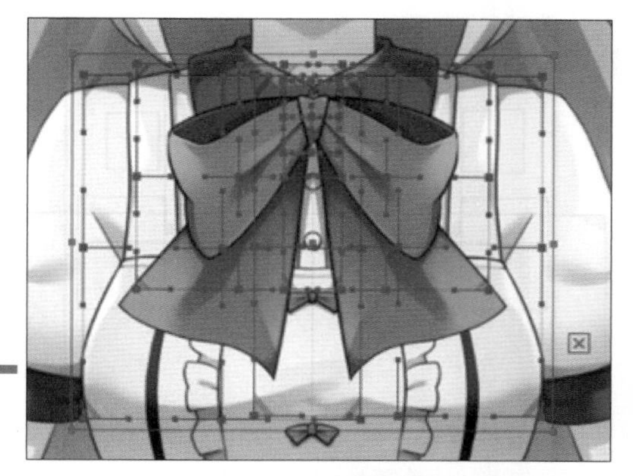

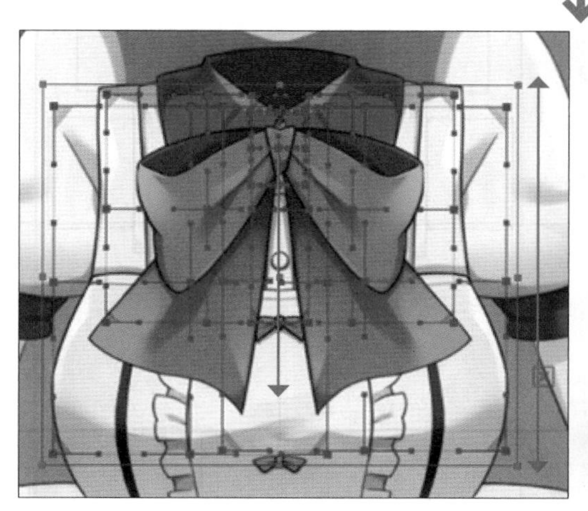

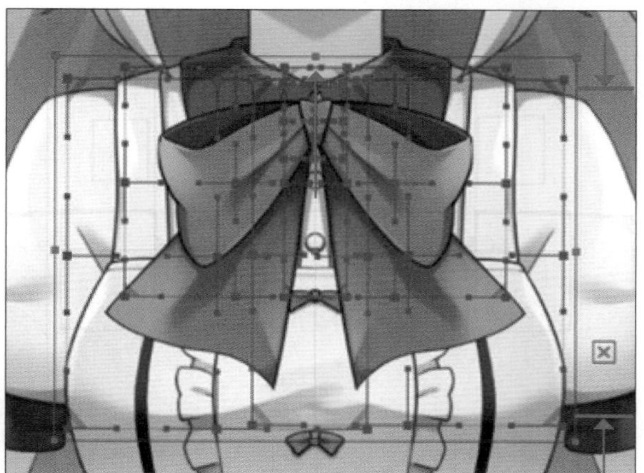

●脸部和脖子的位置

1 脸部和脖子的位置要配合身体上下移动的动作。分别选择“弯曲 脖子”和“弯曲 脸部”这两个变形器，创建“脸部和脖子的位置”弯曲变形器。

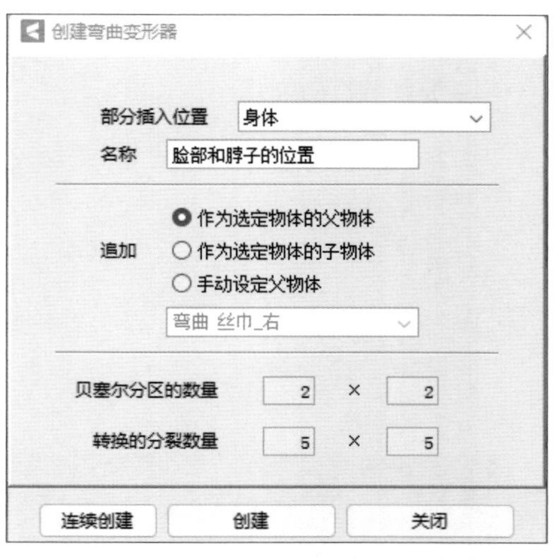

2 为参数“身体旋转 X”和“身体旋转 Y”分别追加3个动作记录点。

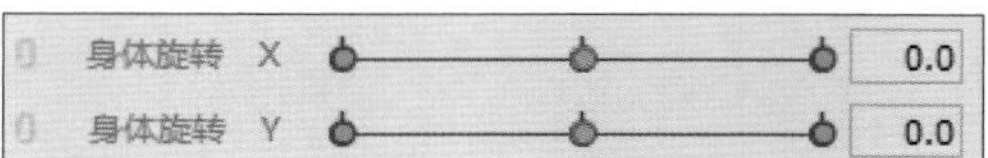

3 通过参数“身体旋转 Y”动作记录点的移动，调整脸部和脖子的位置。

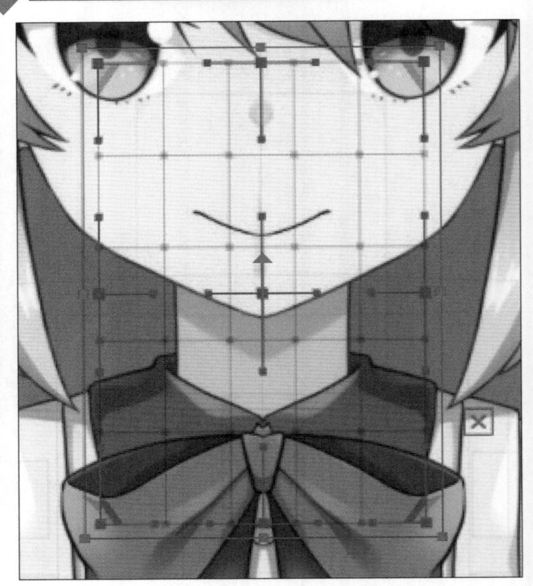

● 手臂和腋窝的位置

分别朝上、下移动手臂和腋窝的弯曲变形器。手臂和腋窝无须变形，配合肩部线条的位置即可。

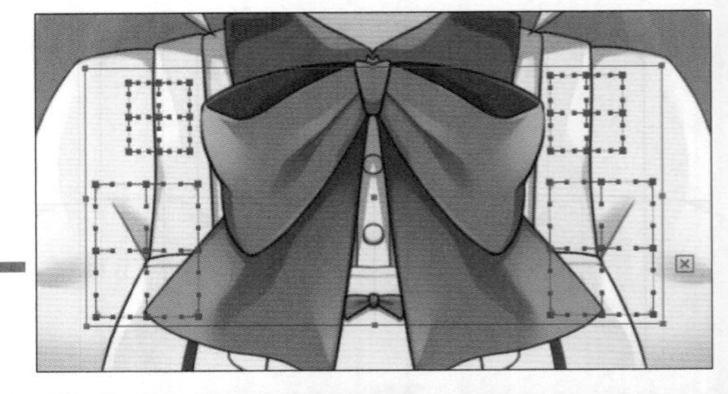

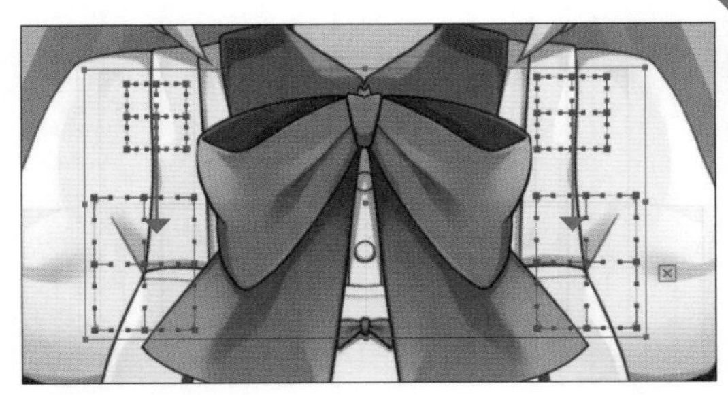

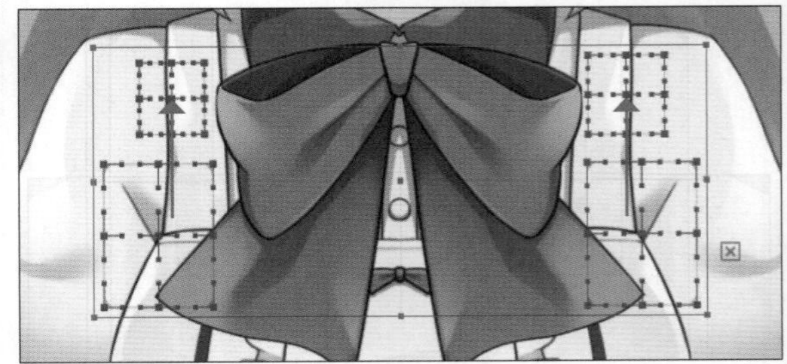

腰间丝带的位置

分别向上、下移动腰间丝带的弯曲变形器。腰间丝带无须变形，身体向下蹲时腰间丝带向上移动，身体向上抬时腰间丝带向下移动即可。

时钟的移动和变形

在进行时钟和带子的移动和变形时，保证支点部分不偏移。

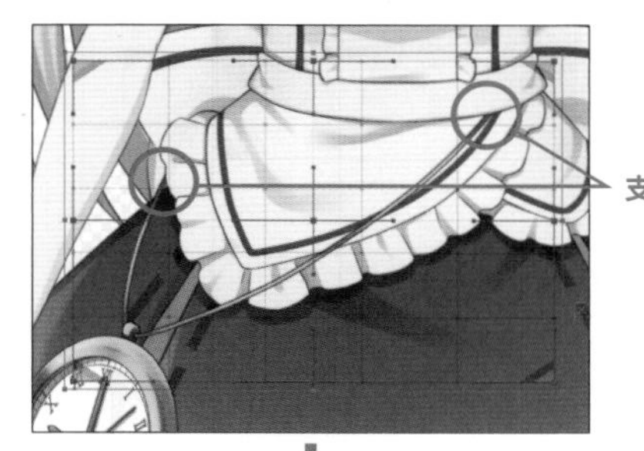

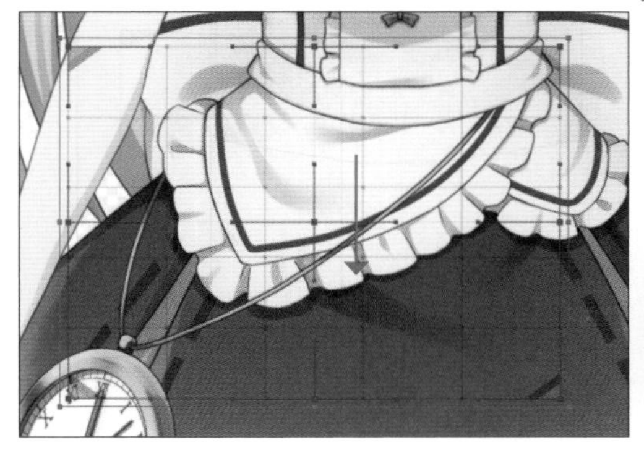

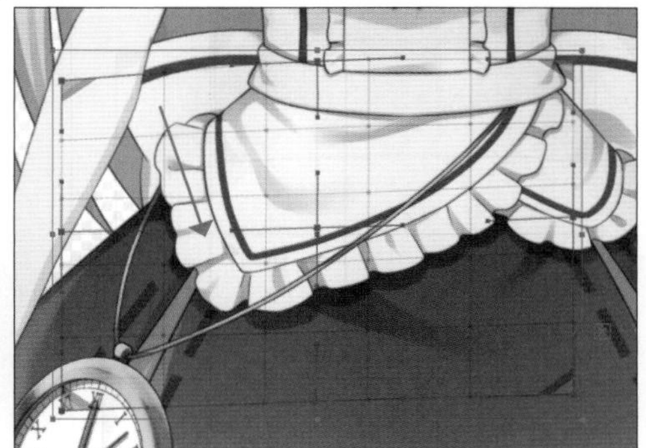

6 添加倾斜、呼吸、角度“Z”的动作

●倾斜的动作

1 给所有的变形器添加好上下移动的动作后，选择这些变形器，并从参数面板的下拉菜单中选择“四角形状合成”，以添加倾斜的动作。

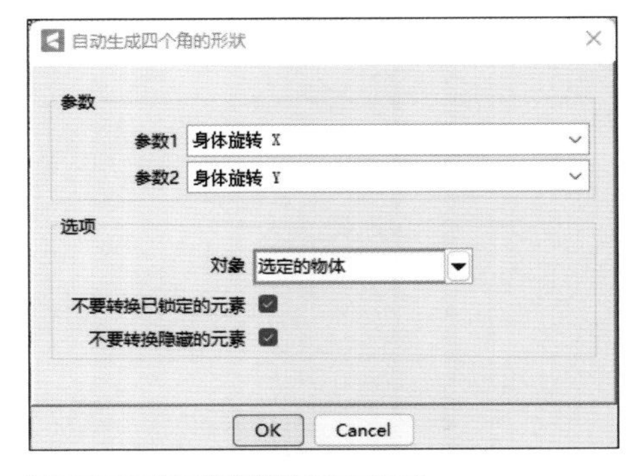

2 生成四角形状后，结合参数“身体旋转X”和“身体旋转Y”，斜向移动动作记录点，确认动作自然，部件和部件的重叠或连接处没有偏差即可。

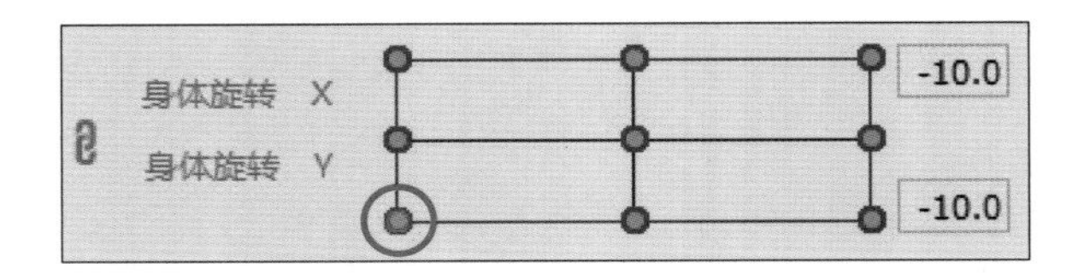

●呼吸的动作

1 下面制作呼吸的动作。全选“身体的旋转”部分使用的变形器，创建名为“呼吸”的弯曲变形器。确认已选中身体所有部件，使得所有部件能同时移动。

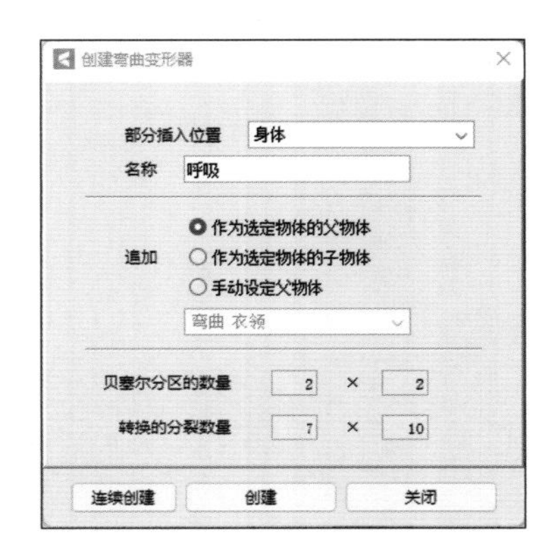

2 为参数“呼吸”追加两个动作记录点。当“呼吸”参数的动作记录点位于“1.0”的位置时，即可添加动作。调整转换的分裂数量，使变形器的网格节点位于胸部附近。

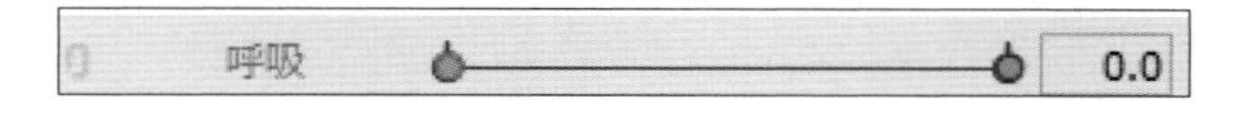

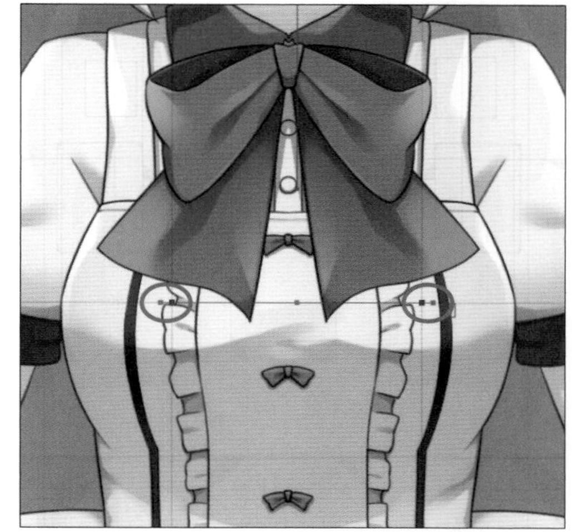

3 分别将这两个点朝斜上方移动，使胸部稍微隆起。这样，即可使胸部附近稍微伸缩，做出像呼吸一样的动作。

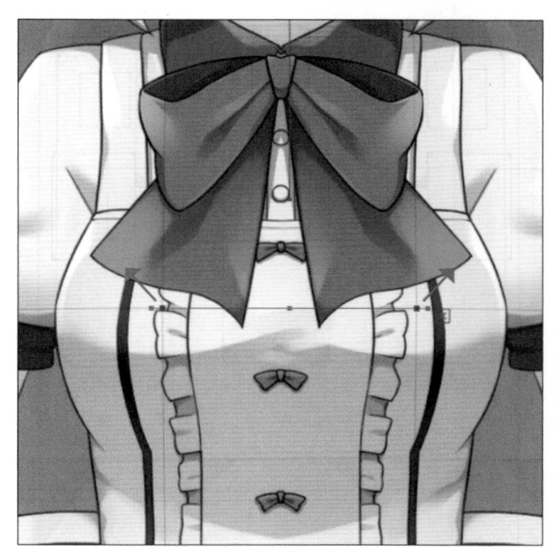

●身体的角度“Z”的动作

1 通过变形改变整个身体的角度。在“呼吸”弯曲变形器上创建高一层级的“身体旋转 Z”弯曲变形器（父变形器），即创建一个变形范围更大的弯曲变形器。

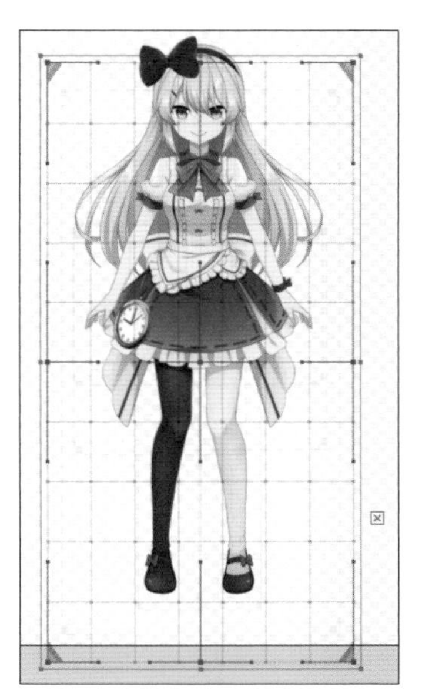

2 以腰部为支点将上半身变形为倾斜的曲线状。然后使用动作反转制作身体偏向另一侧的动作。

至此，所有动作就添加完成了。注意制作过程中要仔细地调整好每一个部件与变形器。单击“查看区域”的播放按钮（默认选项为“参数随机化”），角色就会随机做出姿势，如下图所示。

Chapter 4

试着让制作好的模型动起来

模型制作完成后试着实际运行。设置物理模拟和纹理并导出文件。导出完成后，可以通过动作捕捉软件对模型的动作进行检验。

标注有图标的内容，
表示有对应的教学视频可供参考。

给参数加上物理模拟

模型制作完成后，还要给各参数加上物理模拟，使部件在运动时自动产生模拟惯性、重力等物理现象的效果。如脸部转向与身体摇晃时，头发、发带等会随之自然地动起来。

1 加上物理模拟前的准备

直播时主要展现角色的上半身，尤其是头部的动作。因此本书的模型中，需要重点进行物理模拟设置的是控制头发和发带运动的参数。这里只简单介绍物理模拟相关的基础操作。

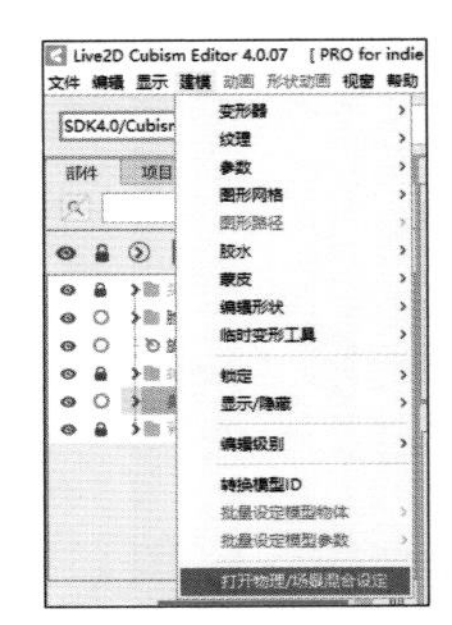

1 在菜单栏中选择“建模”→“打开物理/场景混合设定”，即可打开物理模拟专用的窗口。

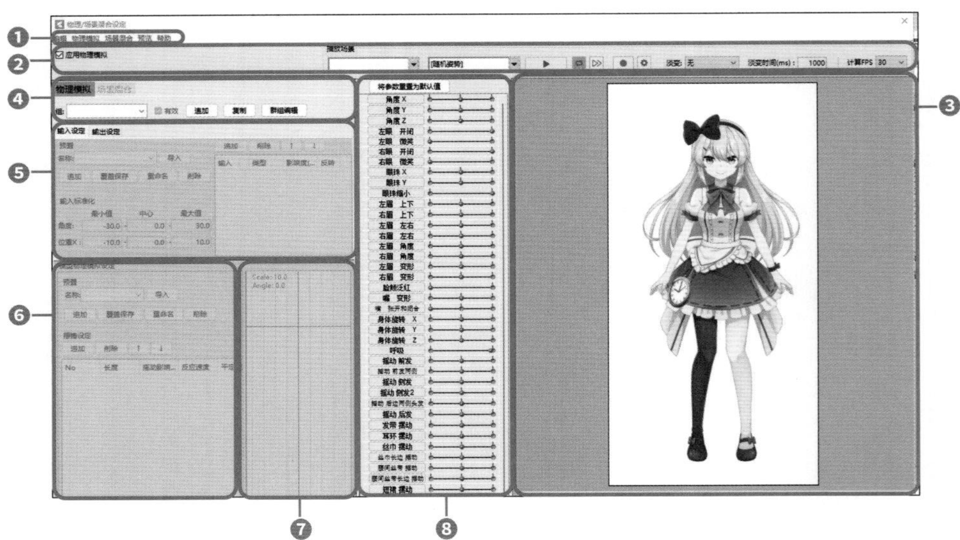

❶菜单：包括用于物理模拟、场景混合设定的菜单命令。

❷播放栏：如有动画，则可以对场景或随机姿势进行播放。

❸查看区域：可以在此处预览模型跟随光标移动的效果画面。

❹群组设定：设定物理模拟的群组；可以以群组为单位设定需要移动的参数。

❺输入设定、输出设定：进行物理模拟的输入及输出的设定。

❻模型物理模拟设定：用于设定实际摇动动作。

❼钟摆预览：输入设定和模型物理模拟设定中的计算结果以钟摆的形式预览。

❽参数列表：可监控每个参数的动作。

2 在查看区域中拖动鼠标，角色的朝向将跟随鼠标移动。

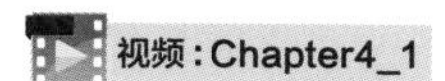

3 在菜单栏中选择“预览”→“鼠标追踪的设定”，将“角度Z”设定为“鼠标左键X”、“身体旋转Y”设定为“鼠标左键Y”、“身体旋转Z”设定为“鼠标左键X”，此时查看区域中的模型可以随着鼠标的移动而灵活地动起来，但头发等部件还只能不自然地整体摆动。

预览 帮助

- 显示重叠检测
- ✓ 追踪光标
- ✓ 自动眨眼
- ✓ 呼吸
- 鼠标追踪的设定
- 录制设定

参数名称	参数ID	...	...	类型
角度 X	ParamAngleX	...	☐	鼠标左键X
角度 Y	ParamAngleY	...	☐	鼠标左键Y
角度 Z	ParamAngleZ	...	☐	鼠标左键X
左眼 开闭	ParamEyeLOpen		☐	未设定
身体旋转 X	ParamBodyAngleX		☐	鼠标左键X
身体旋转 Y	ParamBodyAngleY		☐	鼠标左键Y
身体旋转 Z	ParamBodyAngleZ		☐	鼠标左键X

2 加上物理模拟

下面以刘海儿和发带两个部件的参数为例，为它们加上物理模拟。

1 添加要进行物理模拟的群组。单击“物理模拟”选项卡里组名旁的“追加”。

2 此时会弹出“追加组”对话框，设置“名称”“输入预设”“物理模拟模型预设”。以刘海儿部分为例，在“名称”处输入“刘海儿”，“输入预设”“物理模拟模型预设”这两个选项分别设置为“头输入”“头发（长）”。

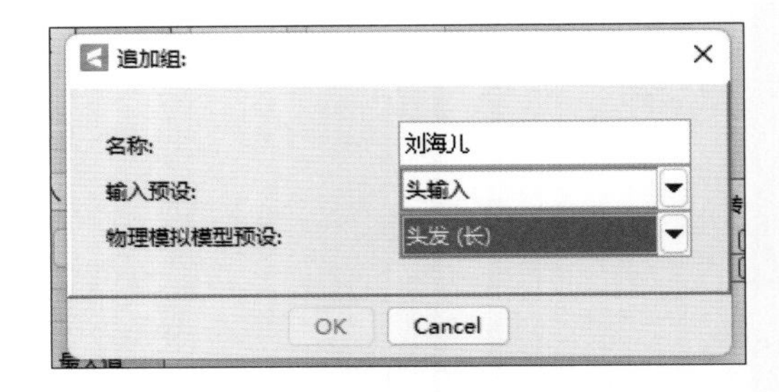

3 设置完成后单击“OK”，“物理模拟”选项卡如左下图所示。下面进行摇动刘海儿的物理模拟设定。选择“输出设定”选项卡。此时仅仅添加了群组，还未指定具体的输出参数，还须单击下面的“追加”。

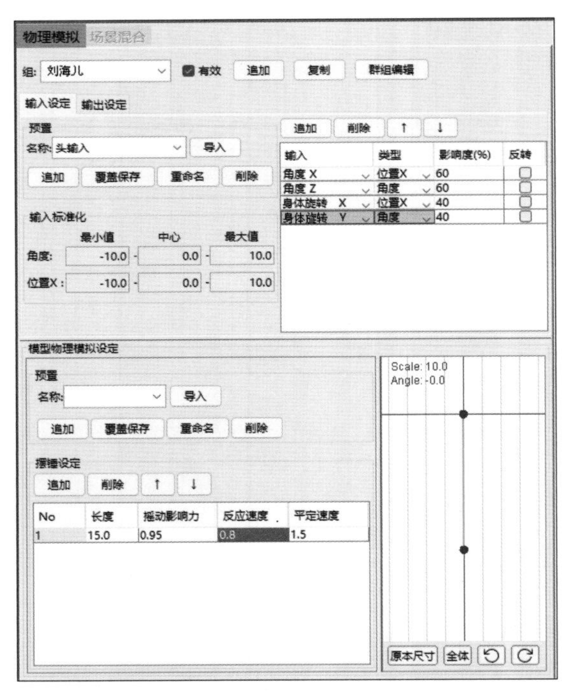

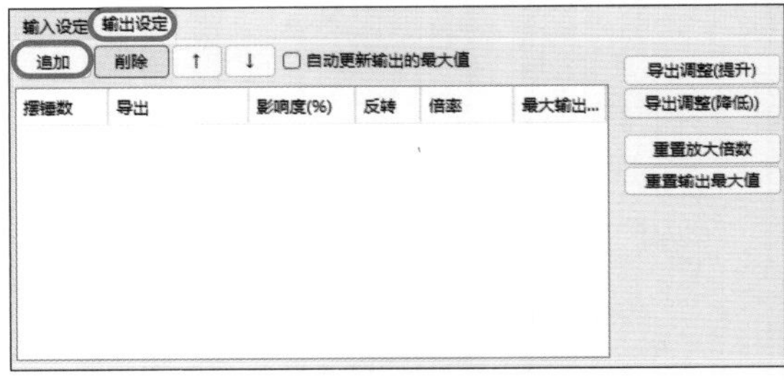

4 此时会弹出“输出参数”对话框，选择要通过进行物理模拟来自动运动的参数，因为这里是用于刘海儿飘动的群组，所以选择“摇动 前发”。选择好后单击“OK”，即可添加参数“摇动 前发”。

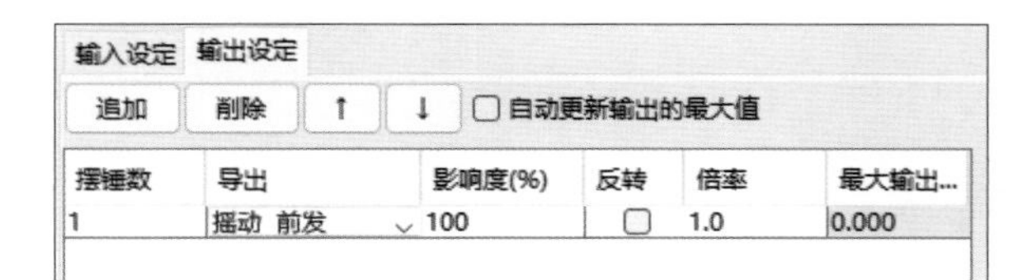

5 在此状态下移动查看区域的模型，设定好的刘海儿会随着头部运动而自然地轻轻飘动。

6 此时，刘海儿的飘动和模型物理模拟设定中钟摆的摇动是联动的。通过变更钟摆的设定，可以变更刘海儿的飘动程度等。

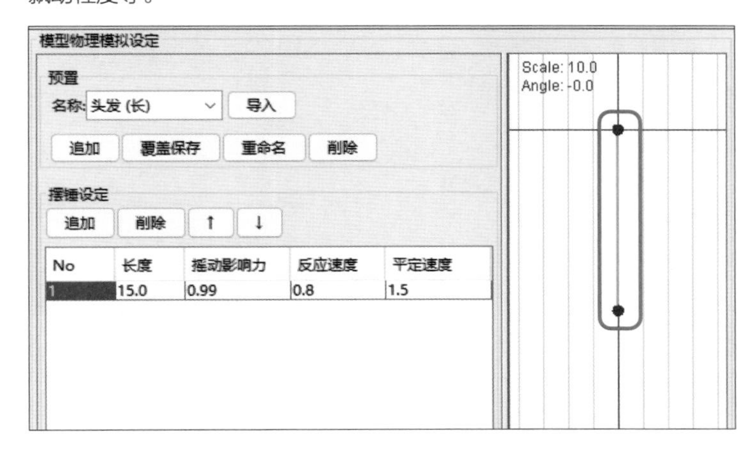

摆锤设定的四个子项如下图所示。

长度	更改钟摆的长度。钟摆变短摇动的间隔也变短，钟摆变长则摇动的间隔也变长
摇动影响力	可以设置钟摆的易摇动性。若想轻轻地移动，一般设定为0.95~1.0较合适
反应速度	可以设置钟摆的响应速度。反应速度的值越大，钟摆的响应速度越快；反应速度的值越小，钟摆的响应速度则越慢
平定速度	可以设置钟摆停止的速度。数值越大，钟摆越快停止；数值越小，钟摆会越慢停止

7 为发带进行与刘海儿相同的设置。单击“追加”，添加发带摆动的群组。

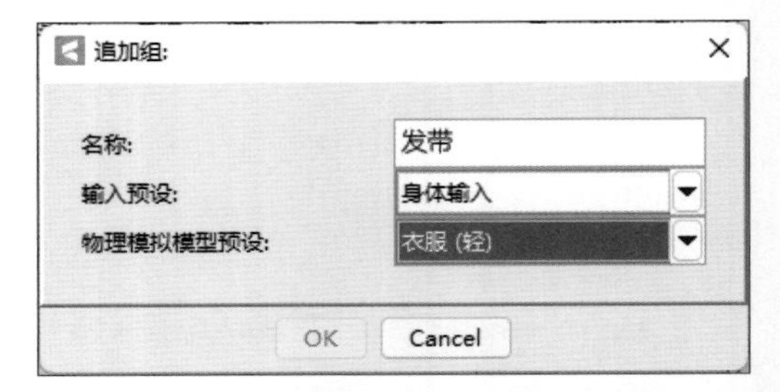

8 在“输出设定”选项卡中追加“发带 摆动”参数。同刘海儿一样，在查看区域内即可看到发带会随着头部运动而自然摆动。

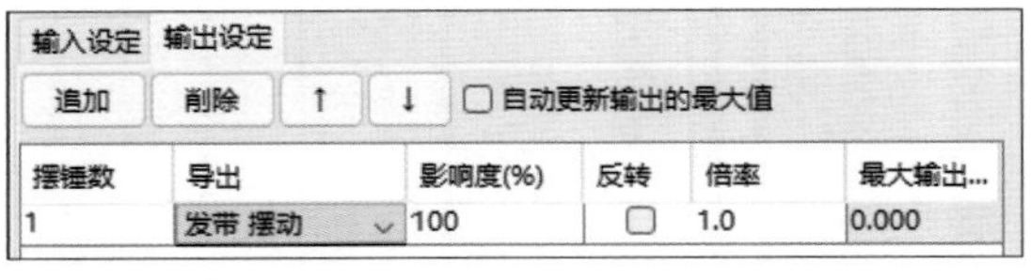

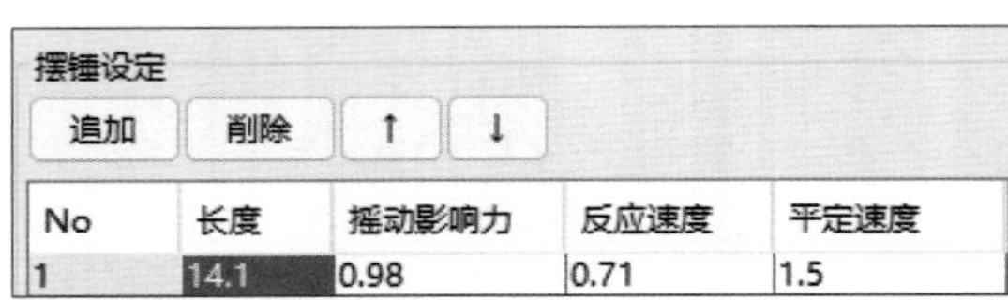

像这样对一个个的动作添加物理模拟群组并设定输出参数，即可给模型设定物理模拟。此外还可以设定多个项目、方法、钟摆，但要牢记的是对每个群组只设定一个物理模拟。另外，输入设定中的输入项目一般指定为“角度X”“角度Y”“角度Z”即可。在FaceRig、Animaze等动作捕捉软件中“身体旋转X”等参数难以做出体感反应，因此应注重设定头部的动作。虽然也可以使用软件的默认设置，但若进行有针对性的调整，则能够更容易通过物理计算来摇动头发和其他部件。对所有的摇动部件参数设定物理模拟后，角色整体即可生动地动起来。

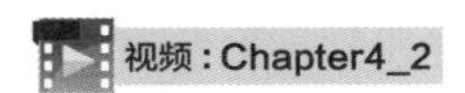

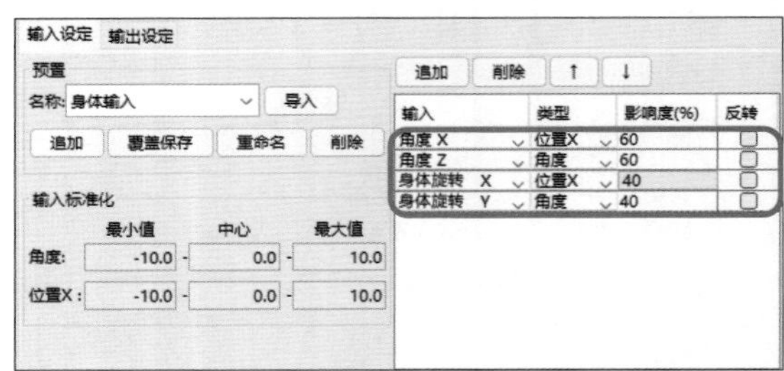

评论

输入标准化

在“输入设定”选项卡中有一栏“输入标准化”，它用于指定输入的角度或位置。一般情况下无须更改“位置 X”的数据。

输入标准化

	最小值		中心		最大值
角度:	-10.0	-	0.0	-	10.0
位置X：	-10.0	-	0.0	-	10.0

“角度”的“最大值”和“最小值”表示的是相对于输入的钟摆的角度。该角度最好与实际模型的角度一致。

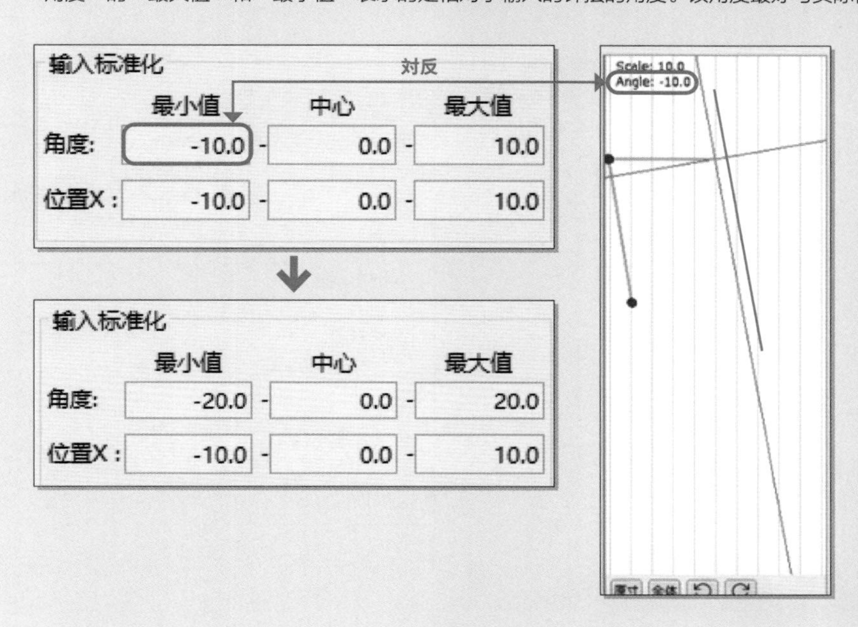

此时身体倾斜的角度大于 10 度，因此设置为 20 度。这样设定的话，摇动的动作能更好地与模型匹配。

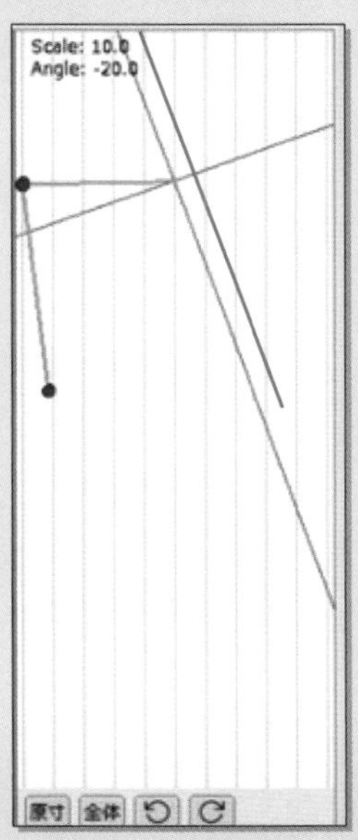

设置纹理集

在导出文件前，必须设置纹理，可在纹理图层编辑画面实现。

1 在菜单栏中选择“建模”→“纹理”→“编辑纹理集”。此时会弹出“新纹理集设定”对话框，按右图所示进行设定。若部件很多，一般不设置默认布局。

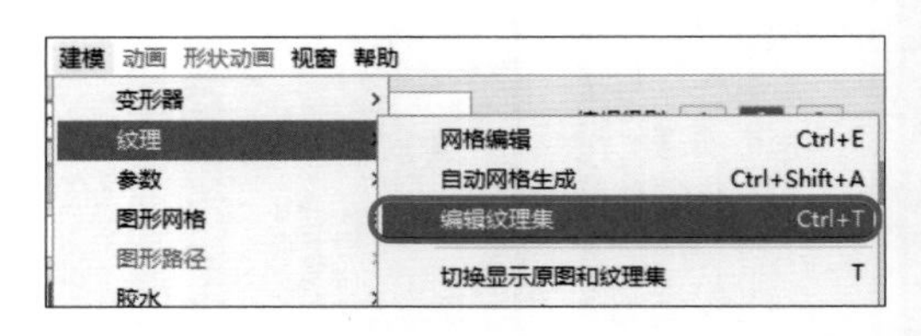

2 设置完成后单击“OK”打开“编辑纹理集”对话框。

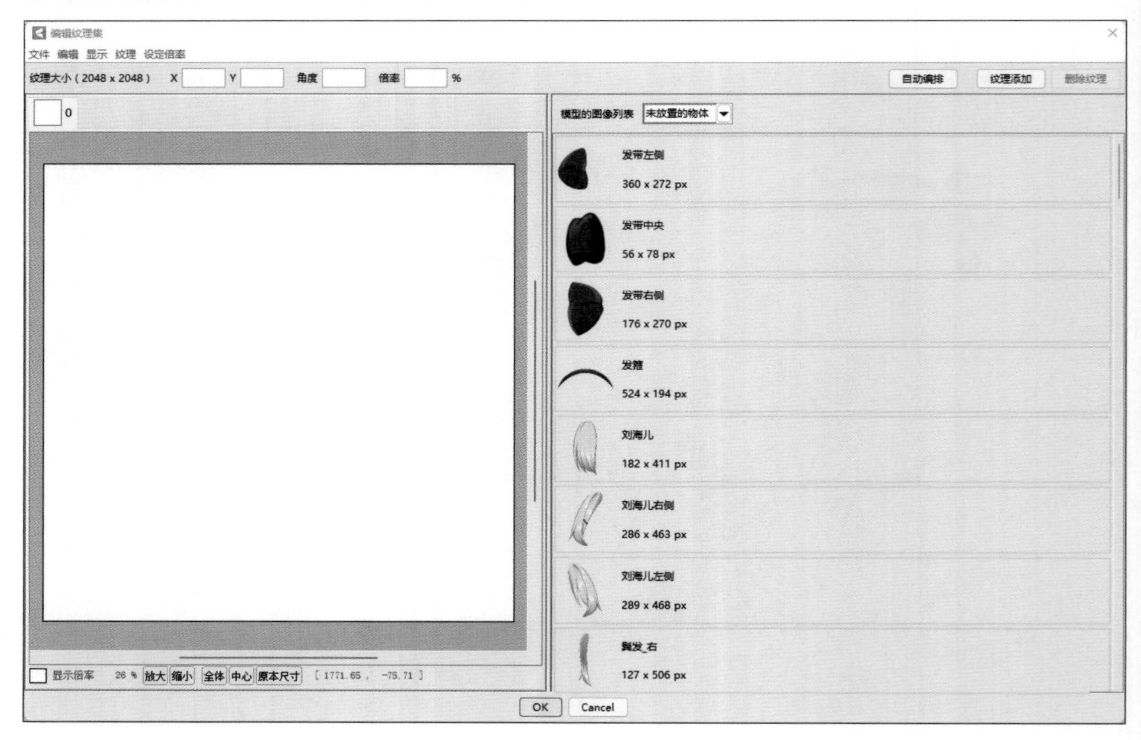

3 往左侧的白色画布中添加部件。一般通过双击向画布中添加部件。

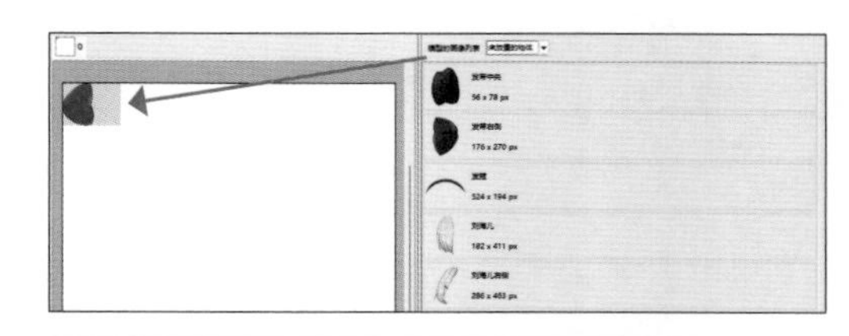

4 放置了几个部件后选择“自动编排”，即可自动完成编排，如右图所示。

5 当画布上的部件已满时，单击“纹理添加”建立一个新的纹理画布。虽可将所有部件放于同一个纹理画布中，但因大小限制，部件会缩小而影响画质。所示当画布上的部件已满时，请新建纹理画布并将未放置的部件置于其中。本案例各部件的放置位置如右图及下面两张图所示。

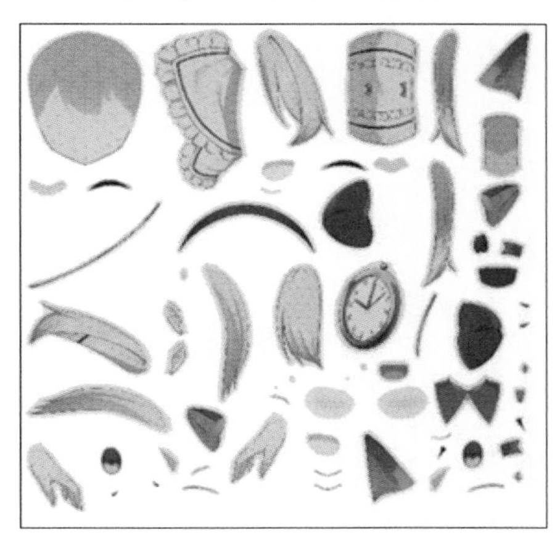

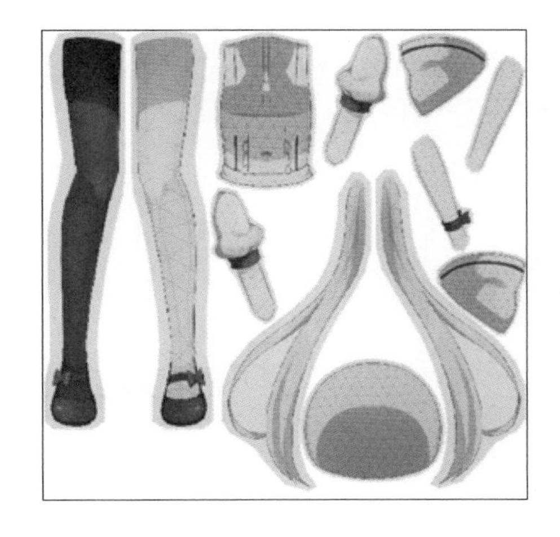

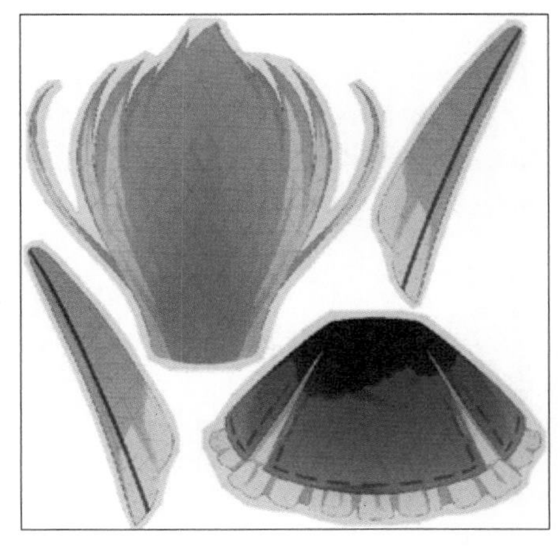

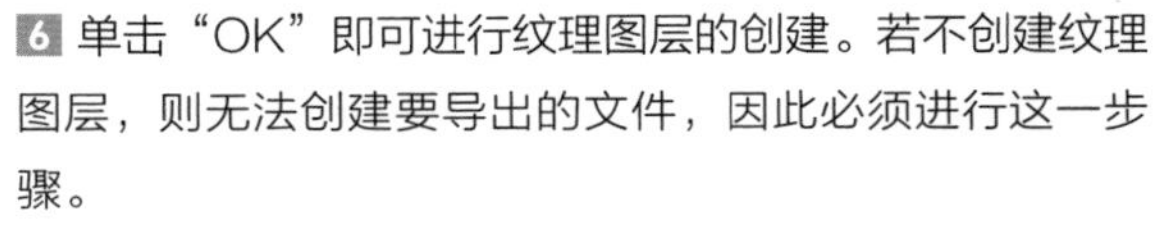

6 单击“OK”即可进行纹理图层的创建。若不创建纹理图层，则无法创建要导出的文件，因此必须进行这一步骤。

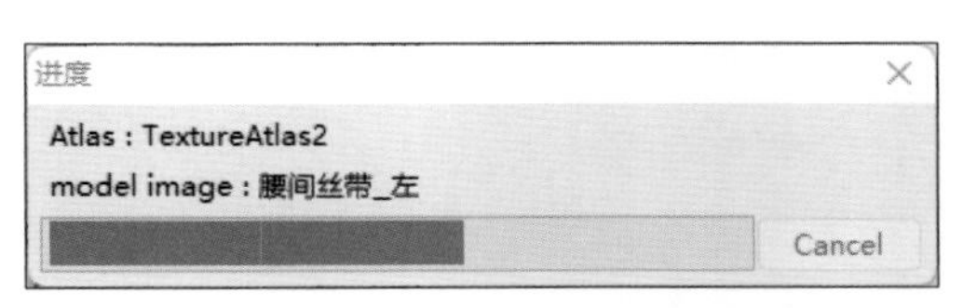

导出文件

在完成了制作模型、设定物理模拟及创建纹理图层后，就可以导出文件了。

1 在菜单栏中选择“文件”→“导出运作档”→“导出为moc3文件”。

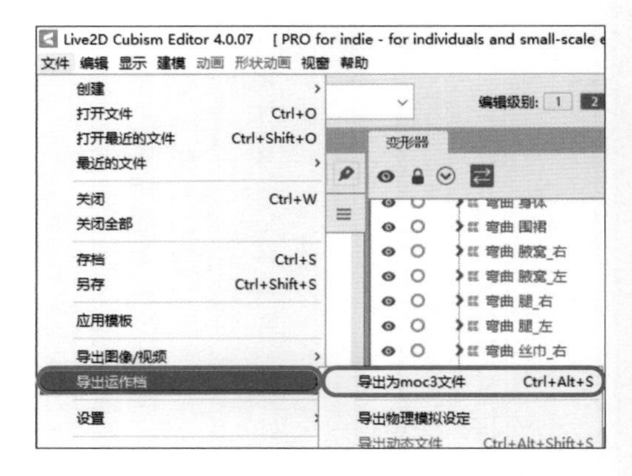

2 此时会弹出“导出设定”对话框，选择输出版本、输出类型后单击“OK”。输出版本也可在工具栏中的“输出版”处更改。

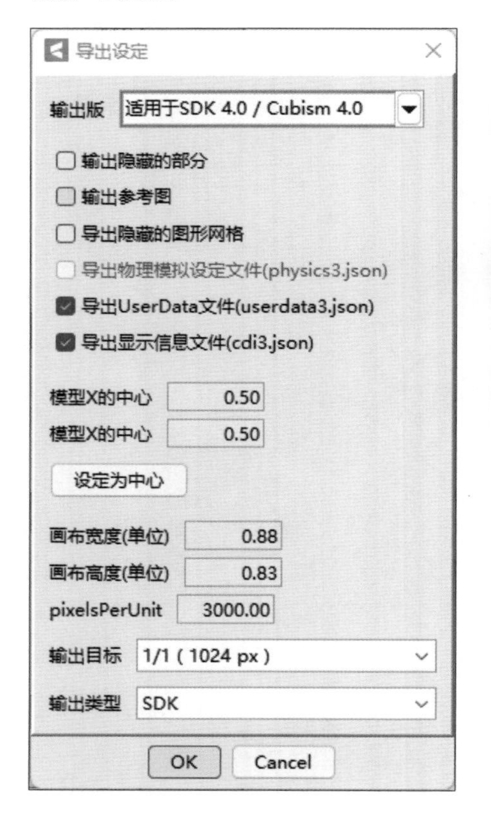

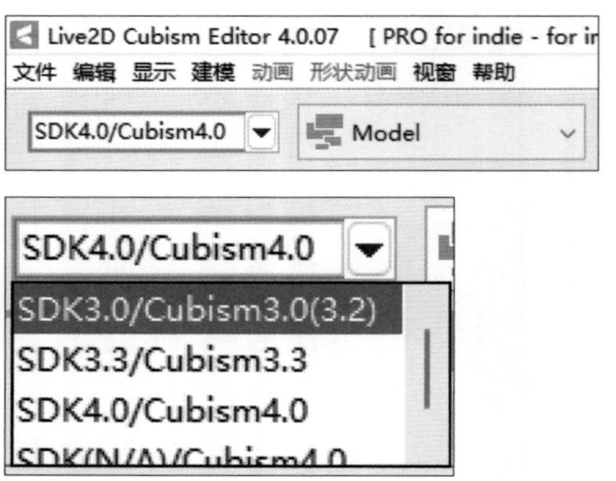

若使用FaceRig、Animaze、VTube Studio，一般设置输出版本为“SDK4.0/Cubism4.0”即可。若在FaceRig中出现显示错误，将输出版本设置为SDK3.0/Cubism3.0（3.2）即可。除上述3个软件外，使用其他软件时应先确认对应的输出版本。

3 此时会弹出“保存”对话框，设置文件的保存位置。这里强烈推荐将文件保存至与文件同名的文件夹内。若文件夹或文件名中含有中文，有可能会发生错误。请务必使用英文字母及数字来命名文件及文件夹。单击“保存”打开“进度”对话框，等待完成。

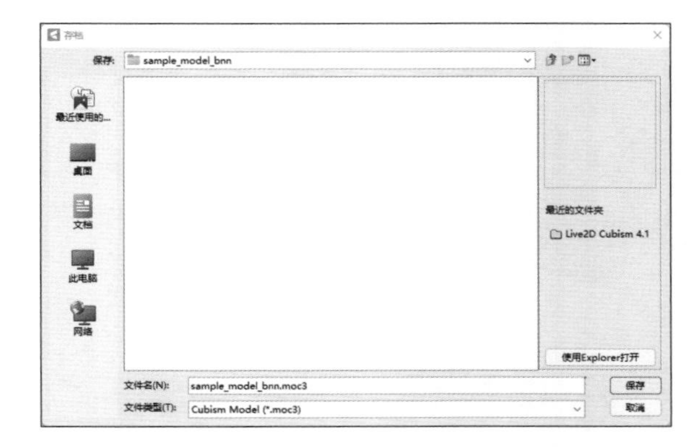

4 一般情况下，右图所示的一组文件即为导出的文件。

5 可以在Live2D Cubism Viewer中打开导出的文件。

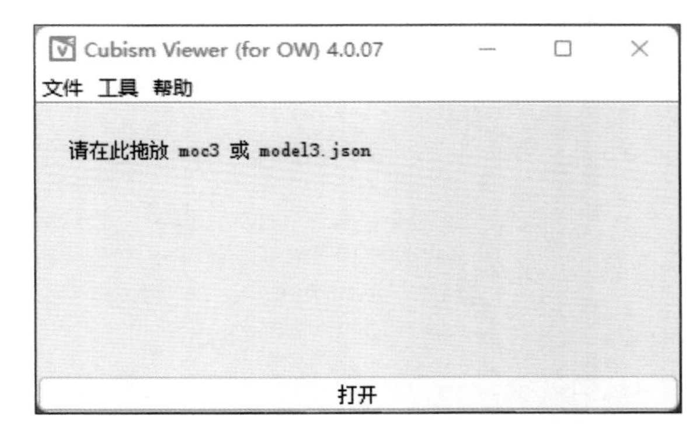

6 读取文件后，可以在右图所示的查看区域确认显示内容。在查看区域还可以进行部件的切换及动画的关联等，但这里的目标是制作基本的模型并使其动起来，因此不进行设置。详细的设置请参考官方手册，可以在软件菜单栏中选择“帮助”→“用户指南”进行查阅。

关于动画及动作记录点的设置这里不做详细说明，可在熟悉了模型的制作后，再试着逐步挑战。

导入到动作捕捉软件

在Live2D Cubism Editor中导出的文件，可导入到动作捕捉软件中使用。

1 主要的动作捕捉软件

目前有3款具有代表性的动作捕捉软件占据了大量的市场份额，分别是FaceRig、Animaze、VTube Studio。

名称	FaceRig	Animaze	VTube Studio
特征	在Live2D中运动模型的市场占有率第一的软件；可以通过Web相机来跟踪表情，并根据表情来移动模型	继FaceRig之后的软件；实现了极高精度和流畅的动作	专用于智能手机和Web相机的跟踪，移动Live2D模型的软件
优点	因为市场占有率第一，所以使用者很多，发生问题时易解决。官方提供了用于导入Live2D等的支持软件（nizimane），即nizima Manger for FaceRig	将Live2D作为官方搭载功能。高精度的跟踪是该软件的一大亮点	使用智能手机上搭载的面部认证进行高精度跟踪；另外还支持Web相机，使用范围更广；对Live2D可以进行设定等的变更，自由度极高
缺点	不是专用于Live2D的软件，因此需另外购买用于Live2D的组件。该软件已停止销售，所以无法得到售后支持	该软件目前为抢先体验版，还处于开发中；规格和设定有突然变更的可能性；因为是推出不久的软件，因此使用人数较少	由于智能手机版和Steam版的部分跟踪精度存在差异，因此有时需要选择使用哪一种软件
试用	无	有功能限制；Logo的显示及虚拟相机有试用时间限制	仅在移动端免费试用；Steam版中的基础版免费
价格	1480日元(FaceRig) + 398日元(FaceRig Live2D Module)	1.99美元/月、4.99美元/年	2820日元（智能手机专业版） 1520日元（Steam版）
平台	Steam	Steam	Windows、macOS、iOS、Android
备注	于2021年内停止销售	截至2021年2月，可以享受抢先体验版（预售）订阅优惠	在智能手机版和Steam版中，部分追踪的方式可能不同

（以上信息更新截至2021年3月。）

2 导入 Live2D 模型的方法

下面分别介绍在3个软件中导入模型文件的方法。

● FaceRig

在FaceRig中，除了手动导入外，还可以使用nizimane导入模型文件。nizimane是Live2D官方提供的用于FaceRig导入模型文件的支持软件，下面介绍使用nizimane导入模型文件的方法。

1 下载并安装nizimane，然后启动nizimane，此时会弹出模型选择界面，将之前导出的文件中的“****.model3.json”文件拖入，即选择文件。选择后会开始读取文件，完成后会显示提示信息。

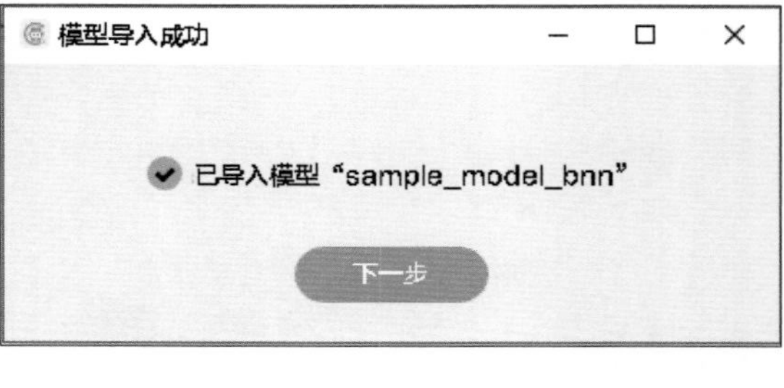

2 进行动作登录。这里没有制作动画，因此可以跳过动作登录。

3 进行参数设置。例如，若想进行眼部的扩大和缩小快捷键的设置，选择“ParamEyeBallForm”，将参数“ON”指定为“-1”。然后，当按下FaceRig中设置好的快捷键时，便会进行参数更改，眼睛切换缩小成“三白眼”的样子。

4 设置详细信息。设置画面中模型的位置及镜头、模型的名称及图标、说明文字等。图标的尺寸设置为256px×256px即可。

5 单击“FaceRig文件夹登录”，文件就会保存至FaceRig的文件夹中并导入。保存时会打开保存的文件夹，以便确认。

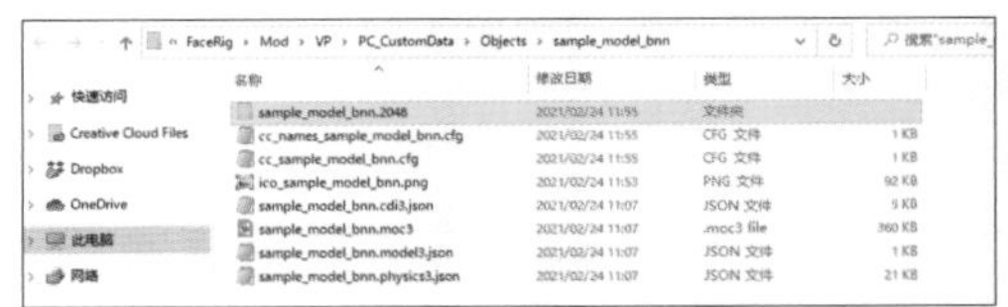

6 启动FaceRig并选择模型文件。这个用nizimane制作的文件，其他软件也兼容，因此在接下来的Animaze和VTube Studio介绍中也会使用。

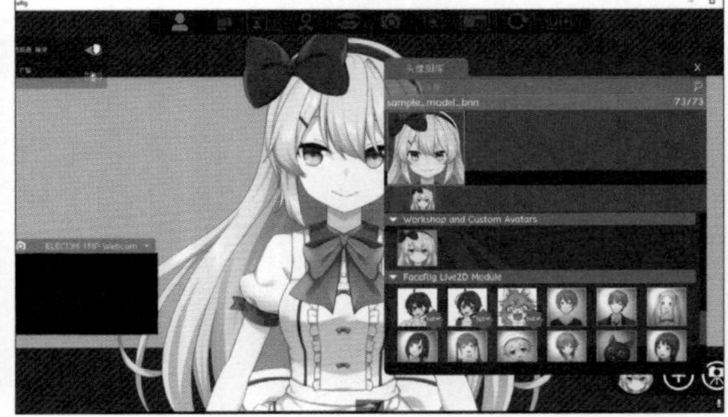

● Animaze

在Animaze中可以使用两种方法导入模型：直接导入，以及转换为虚拟形象导入。下面将介绍转换为虚拟形象导入的方式。

1 打开安装好的Animaze Editor，在菜单栏中选择“Assets”→“Import Live2D Avatar”，选择使用nizimane制作的文件，然后单击“Open”。

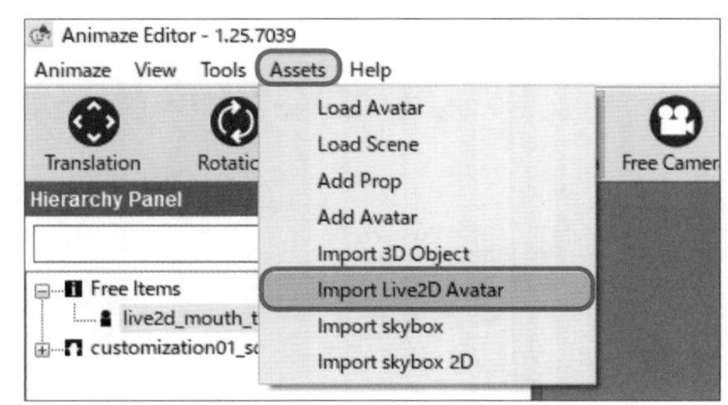

2 弹出“Import”对话框，单击“Import”，会出现日志，单击“OK”即可。

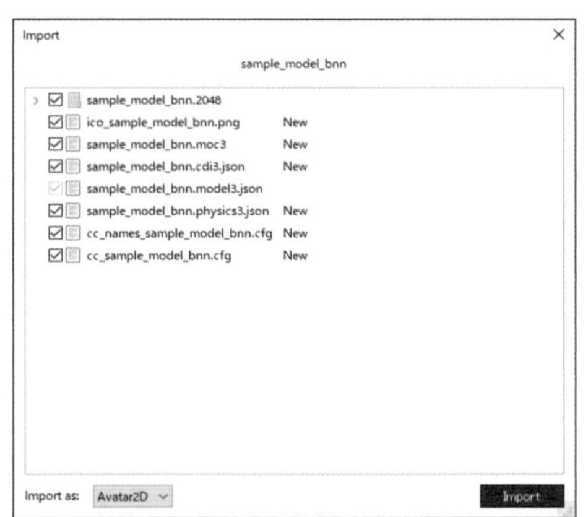

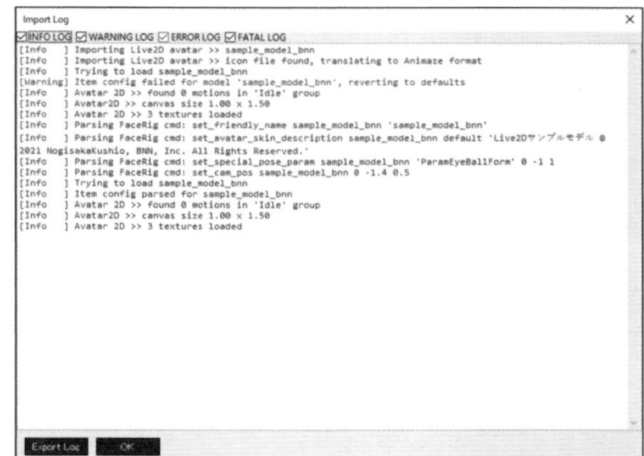

3 导入完成后如右图所示。可以在Animaze Editor中进行各种设置，但这里将模型导入Animaze中即可。

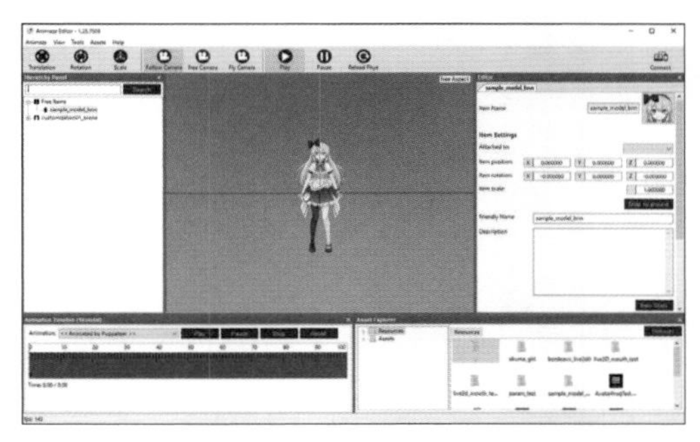

4 使用鼠标右键单击左侧的Hierarchy Panel面板中的模型名称，选择“Bundle”，弹出“Select export folder”对话框后保存文件。

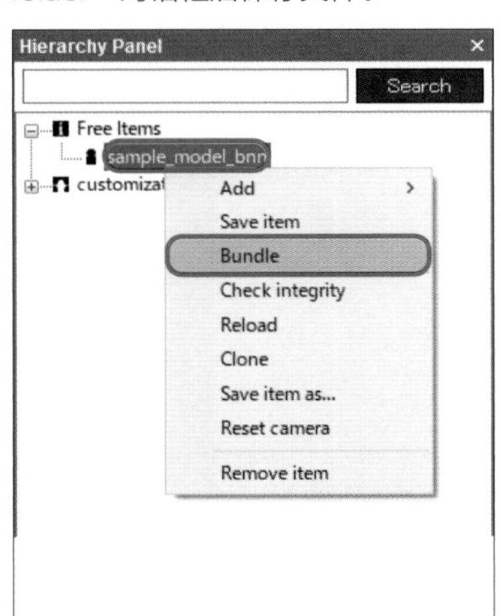

5 保存好的文件扩展名为“.avatar”。

sample_model_bnn.avatar	2021/02/24 12:24	AVATAR 文件	4,501 KB

笔记

直接导入时

也可以打开 Animaze，从菜单栏的“导入”中选择“导入 Liver2D 模型”，便可将 Nijimqne 中设置完毕的模型文件原封不动地导入软件。不过，由于图像质量可能会因纹理图集的大小而降低，因此本书不讲解此方法。

6 打开Animaze，单击“导入模型”，便可将Live2D模型添加至Animaze。

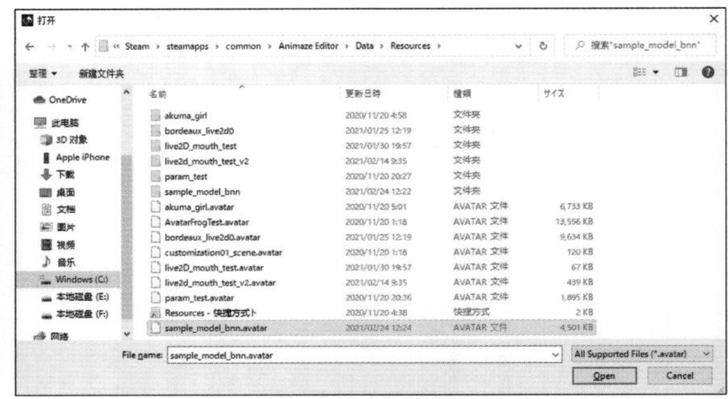

7 模型读取后如右图所示。模型可能位于上方，可以通过鼠标滚轮、Shift+左键、Ctrl+左键的方式移动模型，将模型置于中央位置。

● VTube Studio

在VTube Studio中，可以将iOS、Android的智能手机终端单体或者智能手机的相机连接到电脑上使用。因为这次是面向直播的，所以下面说明在PC版中导入模型的方法。

1 打开VTube Studio的官方网站，下载PC版软件。另外，智能手机端也需要软件的关联，因此在对应的手机商店中下载VTube Studio。下载完成后将文件解压并保存至相应位置。解压后的文件如右图所示。打开“VTube Studio_Data”→“StreamingAssets”→“Live2DModels”，将nizimane制作的模型文件夹全部放入“Live2DModels”文件夹中。

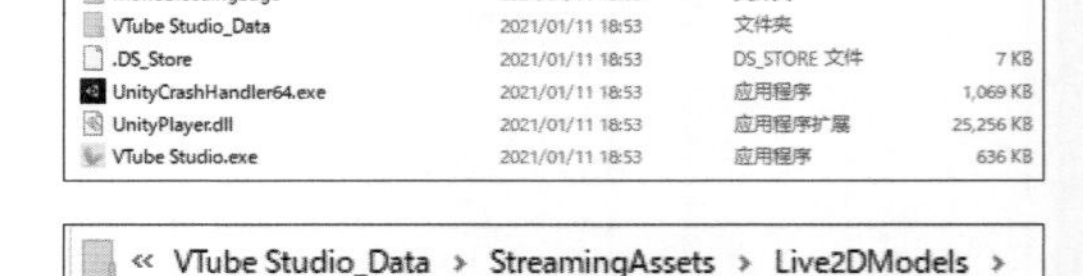

2 打开智能手机端和电脑端的VTube Studio，开启智能手机端中“串流PC/Mac”中的“连接至PC”，同时开启PC端中“串流配置”中的“启动服务器”。这样即可连接智能手机与电脑，关联摄像头。

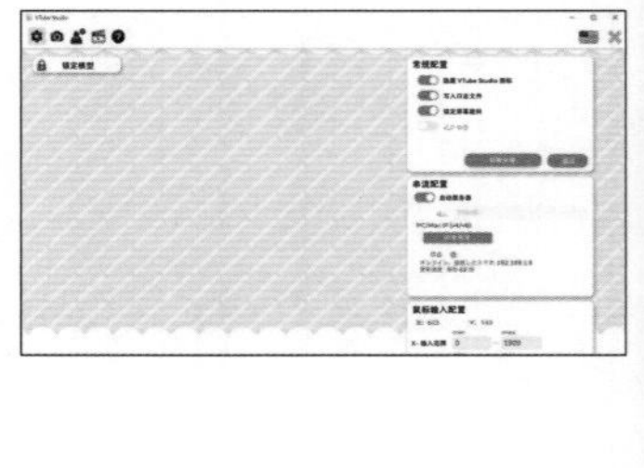

3 在此状态下选择模型名称，即可开始模型的导入。

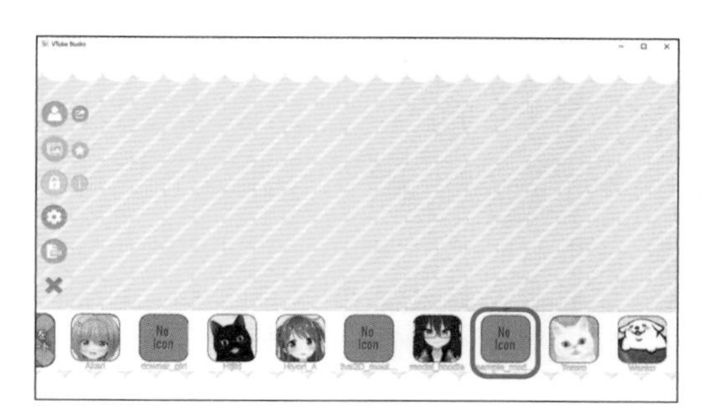

4 打开自动设置，指定使用的智能手机，然后单击“确定”。

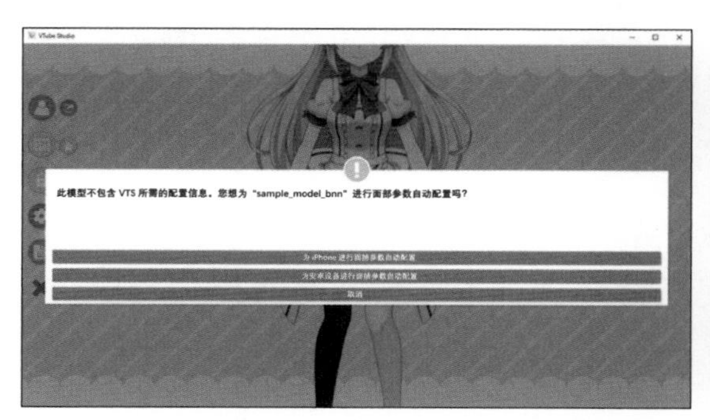

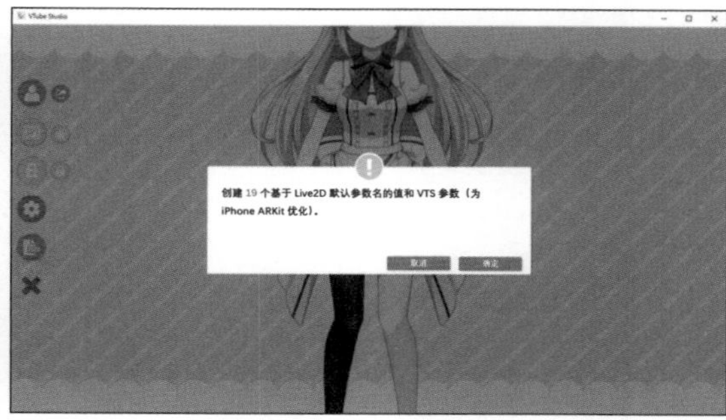

5 这样，就能在VTube Studio中使模型动起来，如右图所示。

以上内容就是3款软件导入模型文件的步骤解说。一般情况下，使用nizimane设置、制作的文件在这3款软件中都能使用。其中细节的设置可能会有所不同，但基本部分是相同的，请务必使用nizimane。

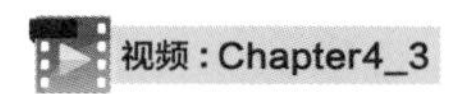
视频：Chapter4_3

笔记

设置更复杂的效果

因为本书是面向初学者的，所以不涉及更复杂的效果的解说，但是通过动画或动作记录点，可以在Live2D模型上进行更多的变形。若已熟悉并能大致制作模型，且对此感兴趣，可以阅读官方手册（在软件菜单栏选择“帮助”→“用户指南”），进行更丰富的效果设置。

使用虚拟相机在OBS中显示模型

OBS（Open Broadcaster Software）是OBS Project开发的免费流式录音软件，是在YouTube和Twitch等媒体平台进行直播和拍摄视频所使用的免费软件。在这样的直播软件中，通过各种动作捕捉软件的虚拟相机显示模型，从而实现基于Live2D模型的各种直播和录像等。

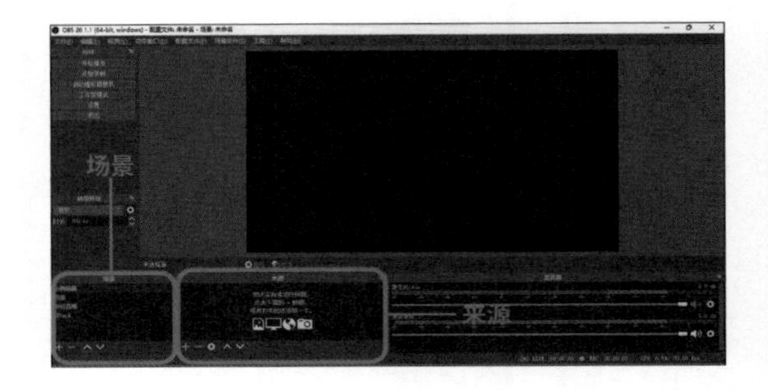

OBS的界面如右图所示。选择“场景”并添加“源”，即可添加各种各样的要素。要想使用虚拟相机，可选择“视频采集设备”。

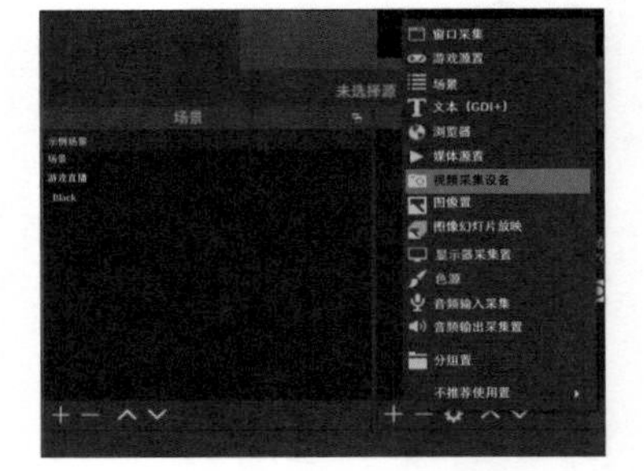

创建后，就会出现图像捕获设备的属性界面，从“设备”下拉列表中选择相应的虚拟相机。本书介绍的动作捕捉软件的虚拟相机如下所示。

FaceRig：FaceRig Virtual Camera
Animaze：Animaze Virtual Camera
VTubeStudio：VTubeStudioCam

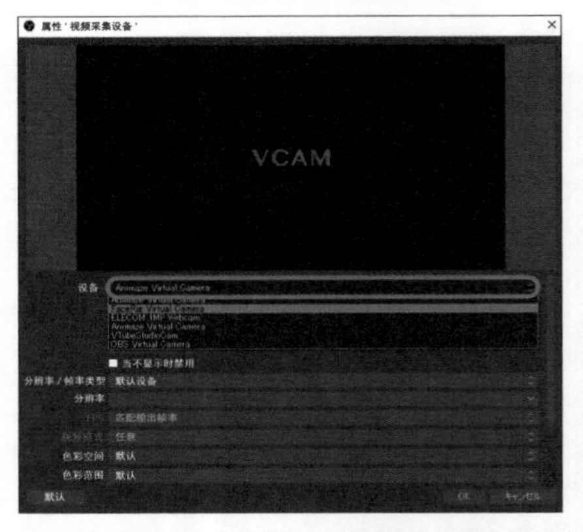

在启动动作捕捉软件的状态下，选择虚拟相机后，会在OBS的界面中显示角色，如右图所示。此外，使用OBS还可以进行透过背景、播放游戏画面等操作。试着用OBS让自己制作的模型动起来。

使用OBS在YouTube上进行直播

下面使用OBS在YouTube上进行直播。在OBS中单击“设置”，将“推流”选项卡中的“服务”设定为“YouTube-RTMP”。

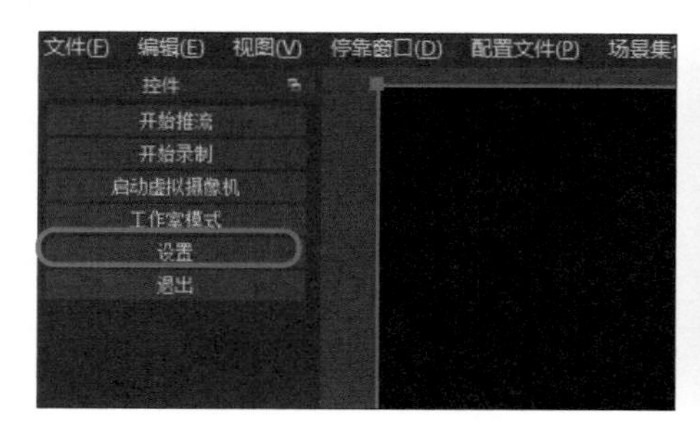

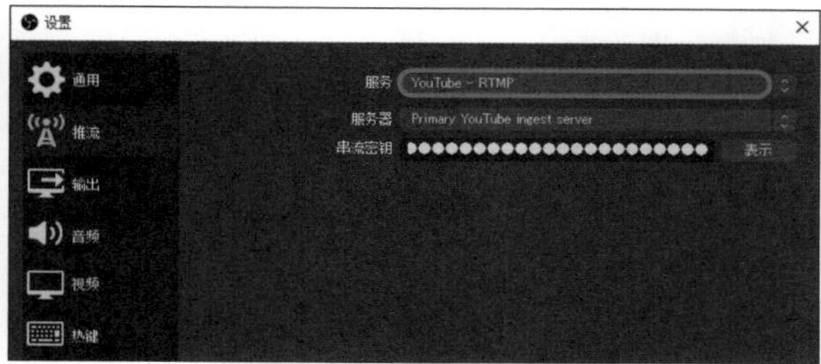

用Web浏览器访问YouTube，登录发布账户。单击右上角的■，选择“开始直播”。单击“流传输”，复制“直播码”中显示的码（初始设置为隐藏）。

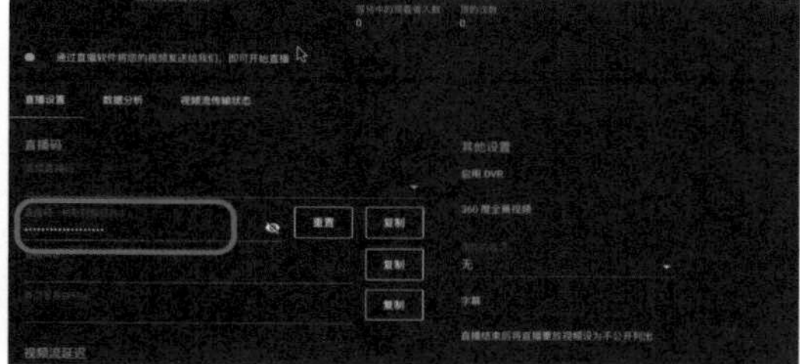

回到OBS，在“串流密钥”文本框中粘贴刚才复制的码，依次单击“应用”→“OK”。单击“开始推流”后，即可在YouTube上开始直播。另外，结束直播时单击“结束推流”（开始直播后“开始推流”的按钮会切换为“结束推流”）。

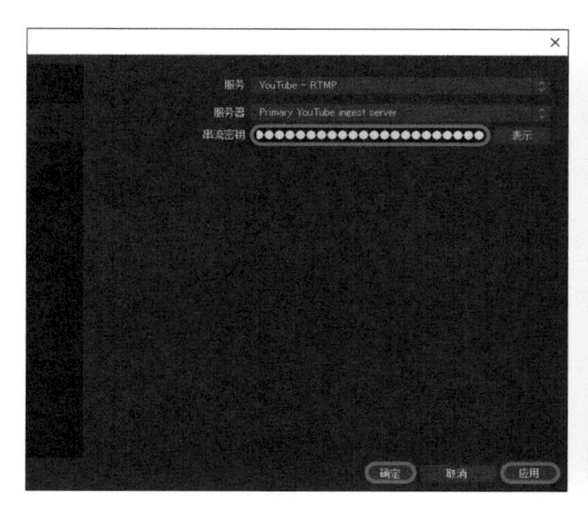

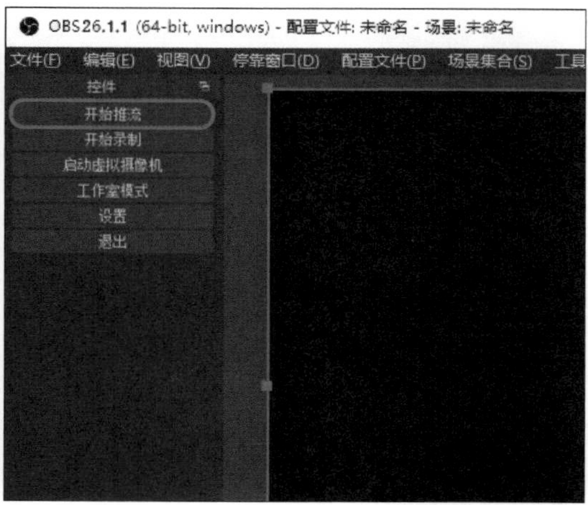

作者简介

[日]乃树坂串绪（Nogisaka Kushio）

自由插画师，Live2D设计师，主要负责绘制游戏和动画相关插画和Live2D模型制作。担任京都艺术大学通信教育部外聘讲师、Pictoria股份有限公司“MOKUROKU”美术与Live2D总监、DELTA-V股份有限公司“电子妖精Project”美术设计师。同时热衷于编写绘画软件优动漫PAINT的教程，著有《优动漫PAINT（CSP）漫画教室：人物上色技法》等。